Alain Hertz

Der Graf der Graphen

Alain Hertz

Der Graf der Graphen

Kriminalistische Verwicklungen mit mathematischer Pointe

POPULÄR

Bibliografische Information der Deutschen Nationalbibliothek
Die Deutsche Nationalbibliothek verzeichnet diese Publikation in der
Deutschen Nationalbibliografie; detaillierte bibliografische Daten sind im Internet über
<http://dnb.d-nb.de> abrufbar.

Prof. Alain Hertz
École Polytechnique
Département de Mathématiques et de génie industriel
CP 6079, succ. Centre-ville,
Montréal (Qc), Canada H3C 3A7
Alain.Hertz@gerad.ca

Übersetzung aus dem Französischen:
Micaela Krieger-Hauwede, Leipzig, Deutschland
micaela.krieger@online.de
und
Ines Laue, Leipzig, Deutschland
Ines.Laue@gmx.net

1. Auflage 2011

Lektorat: Ulrike Schmickler-Hirzebruch | Barbara Gerlach

Vieweg+Teubner Verlag ist eine Marke von Springer Fachmedien.
Springer Fachmedien ist Teil der Fachverlagsgruppe Springer Science+Business Media.
www.viewegteubner.de

Umschlaggestaltung: KünkelLopka Medienentwicklung, Heidelberg
Textlayout: Micaela Krieger-Hauwede
Illustrationen (Umschlag und zu jedem Kapitelbeginn): Abigail Hauwede
Druck und buchbinderische Verarbeitung: AZ Druck und Datentechnik, Berlin
Gedruckt auf säurefreiem und chlorfrei gebleichtem Papier

ISBN 978-3-8348-1814-0

Prolog

ICH HEISSE MAURICE MANORI. Ich bin Kriminalinspektor der Sûreté du Québec[1], genauer des Instituts für Kriminaltechnik in Montréal. Obwohl ich seit rund dreißig Jahren in Québec wohne, sind meine Wurzeln italienisch. Sie liegen in Belfiore, einer Gemeinde in der Provinz Verona in der Region Venetien. Ich war sechs Jahre alt, als meine Eltern den Entschluss fassten, sich in Neuenburg (*französisch* Neuchâtel) in der Schweiz niederzulassen, wo sich meine gesamte Ausbildung bis zum Abschluss des Studiums der angewandten Mathematik abspielte. Mein Diplom in der Tasche, packte ich meine Sachen und beschloss, mein Glück in Québec zu versuchen. Zwei Monate später lernte ich Isabelle kennen, eine gebürtige Québecerin, die aus Alma in der Region Saguenay-Lac-Saint-Jean stammt. Inzwischen ist sie meine Frau geworden und hat mir zwei hübsche Kinder geschenkt. Sie heißen Samuel und Julie und sind heute 26 und 23 Jahre alt.

Während einige der mir nahestehenden Personen den Spitznamen Momo verwenden, nennen mich meine Arbeitskollegen ganz einfach Manori. Ich weiß allerdings, dass mich deutschsprachige Freunde insgeheim ›Graf der Graphen‹ nennen und mich etliche

[1] Provinzweite Polizeieinheit, die den Weisungen des Ministeriums für öffentliche Sicherheit in Québec unterstellt ist.

französischsprachige Kollegen als ›l'agrapheur[2]‹ betiteln. Wenn Ihre Französischkenntnisse hinreichend gut sind, dann werden Sie mir vermutlich gerade einen Rechtschreibfehler unterstellen wollen, weil sich die französischen Wörter ›agrafer‹ und ›agrafeuse‹ nicht mit ›ph‹, sondern mit ›f‹ schreiben. Stellen Sie sich nun aber nicht vor, dass ich die Angewohnheit habe, mit einer Heftmaschine oder einem Tacker zu rasseln, so als würde ich mich bedroht fühlen, oder dass ich es mir zur Aufgabe gemacht habe, alle Aktenblätter zusammenzuheften, die ich am Institut für Kriminaltechnik zu bearbeiten habe. Nein, der Ursprung meines Spitznamens ist subtiler, und um ihn richtig zu verstehen, muss man wissen, dass die französische Sprache eine Vielzahl von Verben bereithält, um die Festnahme einer Person durch die Polizei zu beschreiben. Anstatt einen Tatverdächtigen zu ergreifen oder zu verhaften, könnte man den umgangssprachlichen Ausdruck ›einen zwielichtigen Typen schnappen‹ bevorzugen. Im Volksmund werden auch die Verben jemanden packen, ertappen, erwischen oder ergreifen – agrafer – verwendet. In aller Bescheidenheit glaube ich behaupten zu können, dass mir in meiner Karriere einige große Fänge geglückt sind, indem ich hier Diebe oder Kriminelle aller Arten griff und dort ein paar Ganoven und Straßenräuber schnappte. Mein Spitzname rührt also zum Teil auch von meinen beruflichen Erfolgen her.

Demzufolge hätten mir meine französischsprachigen Kollegen aber genauso gut den Spitznamen ›le cravateur‹ (*französich* Packer), ›le pinceur‹ (*französich* Ertapper) oder ›l'épingleur‹ (*französich* Erwischer) geben können. Wenn ihre Wahl schließlich auf l'agrapheur fiel, wohlgemerkt mit ›ph‹ geschrieben, so ist das kein Zufall. Sie haben diesen Spitznamen gewählt, weil ich einen Großteil meiner Heldentaten bei der Polizei einer Theorie verdanke, die ich seit eh und je bei meinen Ermittlungen anwende, die Graphentheorie. Kurz gesagt, erlaubt es mein Spitzname, in einem Wort zwei Eigenschaften zusammenzufassen, die mich sehr gut beschreiben: Ich bin ein Kriminalinspektor, der mithilfe der Graphentheorie Tatverdächtige ergreift.

Das Wort ›Graph‹ besitzt mehrere Bedeutungen. Zum Beispiel wurde uns allen in der Sekundarstufe I oder II beigebracht, wie man den Graphen einer Funktion zeichnet. Es sind nicht diese Graphen, die mich interessieren. Die Graphen, die ich im Rahmen meiner Ermittlungen verwende, sind mathematische Objekte, deren Ursprung auf die Arbeiten des Schweizer Mathematikers Leonhard Euler an der Akademie in Sankt Petersburg aus dem Jahr 1735 zurückgeht. Es handelt sich um eine sehr einfache Struktur, die man ohne jegliche mathematische Kenntnisse konstruieren kann. Nehmen Sie ein Blatt Papier, wählen Sie einige Stellen, die Sie markieren, beispielsweise durch kleine Kreise, und ergänzen Sie einige Verbindungen zwischen bestimmten Paaren von Markierungen. Die von Ihnen gewählten Markierungen, diese kleinen Kreise auf Ihrem Blatt, werden als ›Knoten‹ oder ›Ecken‹ bezeichnet, während die Striche, die Sie gezogen haben, um einige davon zu verbinden, als ›Kanten‹ bezeichnet werden. Die-

[2] L'Agrapheur ist der Titel des französischen Originalwerkes. Agrafeur bedeutet im Französischen Hefter oder auch Abhefter.

se Striche können gerade oder gebogen sein, wesentlich ist, ob zwischen zwei Knoten eine Verbindung existiert oder nicht. Folglich ist zum Beispiel die Zeichnung aus der nachfolgenden Abbildung ein Graph, der 29 Knoten und 27 Kanten enthält.

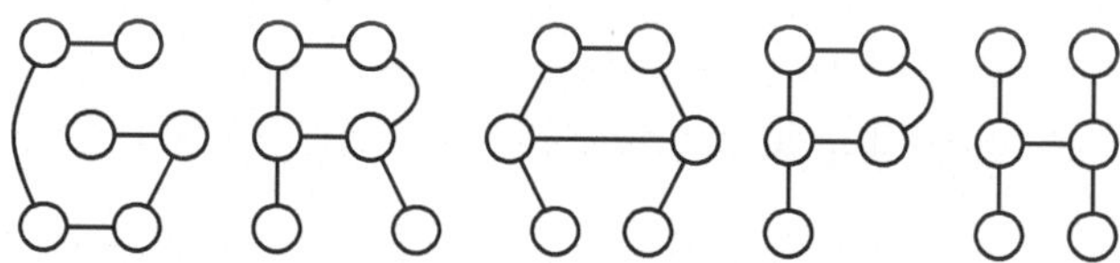

Auf die Graphen bin ich bei meinen Studien in Neuenburg gestoßen, und im Rahmen meiner Abschlussarbeit in angewandter Mathematik habe ich mich darauf spezialisiert. Diese sehr einfache Struktur, die man ein Kind von fünf Jahren zeichnen lassen kann, ist ein äußerst mächtiges Modellierwerkzeug, mit dessen Hilfe man eine Vielzahl von Alltagssituationen einfach abbilden kann. Durch Anwendung dieser Theorie im Rahmen meiner Ermittlungen war ich mitunter in der Lage, den Täter in Fällen zu benennen, die meine Kollegen nicht lösen konnten. So manches Mal konnte ich also beweisen, dass es tatsächlich möglich ist, einen Übeltäter einfach mithilfe eines Blatt Papiers, eines kleinen Bleistiftstummels und ein bisschen Logik zu überführen.

Im Moment befinde ich mich in einem Flugzeug der Air Canada in Richtung Genf. Ich bin auf dem Weg in die Schweiz, um an der COPS – COnference de la Police Scientifique[3] – teilzunehmen. Jedes Jahr treffen sich die Kriminaltechniker der ganzen Welt, um über die letzten Entdeckungen und die technologischen Fortschritte zu berichten, mit deren Hilfe die Methoden zur Identifizierung von Personen und die Spurensuche an den Tatorten weitergebracht und perfektioniert werden können. In diesem Jahr wird die Tagung in der bezaubernden Stadt Lausanne stattfinden, die am Ufer des Genfer Sees liegt, ungefähr 60 Kilometer von Genf entfernt. Die erste COPS fand vor fünfzehn Jahren in Brüssel statt, und das Institut für Kriminaltechnik in Montréal hatte mich damals dorthin delegiert, damit ich mich über die neuesten wissenschaftlichen Entdeckungen informiere, die uns bei unseren Ermittlungen helfen könnten. Seitdem habe ich keines der jährlichen Treffen verpasst. Jedes Mal bin ich von dort mit einer großen Menge an neuen Erkenntnissen zurückgekehrt, die sich für unseren Polizeidienst als nutzbringend erwiesen.

Die Tagung wird von Montag bis Mittwoch dieser Woche stattfinden. Ich habe mich entschlossen, schon am Sonntagvormittag in der Schweiz anzukommen, damit ich mich noch in Ruhe an die Zeitverschiebung gewöhnen kann, denn ich brauche dringend einen wachen Verstand, um während der zahlreichen Präsentationen, die ich mir anzusehen vorgenommen habe, aufmerksam zu bleiben. Ich werde selbst Vortragender sein und habe mir zur Aufgabe gemacht, meine Kollegen davon zu überzeugen, dass ihnen die Graphen bei ihren Ermittlungen sehr hilfreich sein können.

[3] Internationale Tagung der Kriminaltechnik.

Meine Gefühle schwanken im Moment zwischen der Vorfreude, meine Freunde und Kollegen wiederzutreffen, die im Ausland leben, und dem Schmerz, dass ich meine liebe Gattin Isabelle nicht vor nächsten Donnerstag wiedersehen werde. Sie ist insbesondere von meinen Aufenthalten im Ausland nicht gerade begeistert, vornehmlich weil unsere Kinder aus dem Haus sind und Isabelle demzufolge abends oft allein ist. Ich habe ihr aber versprochen, sie jeden Tag anzurufen, und ich bin jemand, auf dessen Wort man sich verlassen kann.

Inhaltsverzeichnis

1 Das Befolgen der Regeln

DER GENFER FLUGHAFEN IST EINER MEINER LIEBSTEN. Seine relativ kleine Dimension erspart es uns, unendliche Korridore entlanglaufen zu müssen, um von einem Ort zum anderen zu gelangen. Und im Allgemeinen muss man nicht allzu lange auf die Gepäckausgabe warten. Ein weiterer unbestreitbarer Vorteil ist, dass sich der Bahnhof nur 5 Gehminuten vom Flughafen entfernt befindet, und ich muss den Zug nehmen, um nach Lausanne zu kommen.

Ich befinde mich jetzt in einem Zug, der in vollem Tempo Richtung Lausanne rast. Sobald ich im Hotel bin, werde ich meine Frau anrufen können und ihr versichern, dass die Reise ohne Zwischenfälle verlaufen ist und dass wir in Zürich keine Verspätung hatten, weshalb ich meinem Anschluss nach Genf zum Glück nicht hinterherlaufen musste.

Obwohl ich wegen der Zeitverschiebung etwas müde bin, verweigere ich mir den Schlaf, denn die Landschaft, die sich vor meinem Zugfenster ausbreitet, ist einfach ganz zauberhaft. Als ich noch in der Schweiz lebte, habe ich der Schönheit der Natur um mich herum kaum Beachtung geschenkt. Ich musste erst nach Kanada auswandern, um mich bei jeder Reise in die Schweiz aufs Neue von dem von Mutter Natur gebotenen Gratis-Schauspiel beeindrucken zu lassen. Ich möchte den Parks und natürlichen Ressourcen Québecs, die mich seit mehreren Jahrzehnten in Erstaunen versetzen, nichts von ihrem Reiz absprechen. Aber die von schroffen Berglandschaften auf mich ausgeübte Anziehungskraft lässt sich wohl nur durch meine in den Alpen verbrachte Kindheit erklären. Der Himmel ist heute vollkommen wolkenlos, und aus dem am Genfer See entlangfahrenden Zug kann ich das benachbarte Frankreich und die schönen hohen schneebedeckten Gebirgszüge bewundern, die zum Greifen nahe scheinen. Einer berufsbedingten Macke gehorchend, kann ich es mir nicht verkneifen, einen Graphen zu zeichnen, der an diese, in der Umgebung Montréals so wenig anzutreffenden Höhenlagen erinnert.

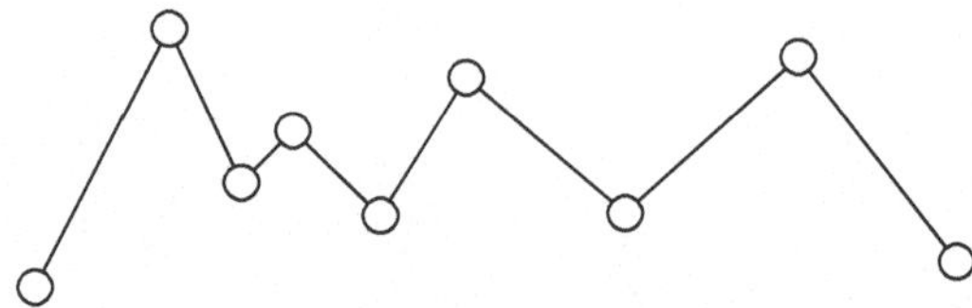

Es ist geschafft, der Zug fährt in den Bahnhof von Lausanne ein. Ich kenne diese Stadt gut genug, um zu Fuß zu meinem Hotel zu gelangen, dem Bellevue, wo alle Teilnehmer der COPS untergebracht sind. Ich hoffe, der Name des Hotels ist ein Vorbote des Panoramas, das sich mir von meinem Zimmer aus eröffnen wird. Bei der Reservierung hatte ich den Wunsch nach einem Zimmer in den oberen Stockwerken angegeben, um einen Blick über den See genießen zu können.

Ich lege die etwa 500 Meter zurück, die den Bahnhof vom Hotel trennen, und atme dabei die frische und belebende Luft dieses Sonntagmorgens in Lausanne ein. Glücklicherweise habe ich den Rat meiner Frau befolgt, die mir immer nahelegt, ohne größeres Gepäck zu reisen, und ich muss demzufolge meine alten Knochen nicht zu sehr strapazieren. Freilich bin ich nicht einmal eine Woche von Montréal weg, und es wäre unnötig, 20 Kilo Gepäck mit mir herumzuschleppen. Dieser kleine Fußweg bringt mir auch ein wenig sportliche Betätigung, zumal mein Arzt sich wegen meiner auf 1,78 Meter verteilten 120 Kilo Sorgen macht und wünscht, dass ich etwas mehr Sport treibe.

Ich biege in die Rue des Délices ein, und unvermittelt erscheint das Hotel Bellevue vor mir, stattlich und mit einem altehrwürdigem Charme, den ich viel anziehender finde als diese viel zu zahlreichen unpersönlichen und rundum verglasten Riesenwürfel mit über 10 Stockwerken. Diese bieten gewiss einen tadellosen Komfort, geben einem aber keinen Anhaltspunkt, ob man sich in Montréal, Tokio oder Rom befindet, wenn man das Hotel nicht verlässt.

Einige Meter vor dem Eingang begrüßt mich ein Portier, der mich hat kommen sehen. Er kümmert sich um mein Gepäck und zeigt mir den Weg zur Rezeption. Ich kann es jetzt kaum erwarten, meine Zimmerschlüssel zu bekommen, um zu duschen und mich umzuziehen.

»Es ist Zimmer 504 im obersten Stockwerk mit einem wunderbaren Blick auf den See.« Beim Verkünden dieser Worte erkannte die Dame an der Rezeption wahrscheinlich sofort an meinem strahlenden Gesicht, dass sich meine Wünsche erfüllt hatten. Nachdem sie mir einige Hinweise zu den Frühstückszeiten und dem kostenlosen Internetzugang gegeben hatte, hielt sie mir den Schlüssel hin, besann sich aber sogleich eines anderen.

»Ich habe ganz vergessen«, sagte sie, »dass Sie zur COPS hierher gekommen sind. Die Organisatoren haben mich gebeten, jedem Teilnehmer diesen Umschlag zu geben. Darin finden Sie unter anderem einen Fragebogen, den Sie uns nach dem Ausfüllen bitte zurückgeben, am besten vor dem heutigen Abendessen. Hier ist jetzt Ihr Schlüssel. Ihr Gepäck wartet schon in Ihrem Zimmer auf Sie. Ich wünsche Ihnen einen angenehmen Aufenthalt im Bellevue.«

Ich danke ihr und beschließe, den Inhalt des Umschlags durchzusehen. Da fühle ich, wie sich eine Hand auf meine linke Schulter legt.

»Maurice! Welche Freude dich wiederzusehen! Ich habe schon geahnt, dass du an der COPS teilnimmst, wie jedes Jahr.« Jetzt erkenne ich meinen Freund Sébastien Courtel aus Marseille. Wir sehen uns nur selten, sagen wir durchschnittlich ein Mal pro Jahr, hauptsächlich im Rahmen von Tagungen. Nun sind es schon mehr als zwanzig Jahre, dass ich durch die Welt reise, um allerorten meine Graphen zu ›verkaufen‹ und meine Kollegen von der Leistungsfähigkeit dieses wissenschaftlichen Instrumentes zu überzeugen. Courtel und ich waren uns gleich sympathisch, er kam vor drei Jahren sogar mit seiner Frau und seinen zwei Kindern zum Essen zu mir nach Hause, da die COPS damals in Montréal stattfand.

»Ich freue mich auch, dich wiederzusehen, Sébastien. Wie geht es dir? Du scheinst mir in blendender Form zu sein. Bist du mit deiner Frau und den Kindern gekommen?«

»Ja, dort sind sie übrigens. Wir waren gerade im Begriff, einen Spaziergang am See zu machen. Wir sind gestern Nachmittag angekommen und haben beschlossen, diesen schönen Tag dafür zu nutzen, die Touristen zu geben.«

»Guten Tag«, rufen seine beiden kleinen Mädchen im Chor.

Nun kommt Françoise, Courtels Frau, heran und küsst mich zur Begrüßung auf die Wangen. »Guten Tag, Maurice. Wie ich sehe, hast du dich in den drei Jahren nicht verändert, vielleicht hast du ein wenig abgenommen.«

Ich muss zugeben, dass ich so etwas immer gern höre, besonders, weil ich auf mein Gewicht achte und es nur mühevoll schaffe, hier und da ein Kilo zu verlieren. Tatsächlich wog ich vor drei Jahren mehr als 125 Kilo. Wahrscheinlich bemerken nur Frauen einen Gewichtsverlust von fünf Kilo bei einem Mann.

»Guten Tag, Françoise. Isabelle wird neidisch sein, wenn ich ihr erzähle, dass Sébastien dich zur Tagung mitgenommen hat. Tatsächlich wäre sie gern mitgekommen, aber ihre Urlaubstage sind gezählt und wir konzentrieren uns lieber auf die Sommerferien. Zumal ich, anders als böse Zungen behaupten, nicht zum Vergnügen in Lausanne bin, sondern um zu arbeiten, obwohl ich versuche beides zu verbinden.«

Während dieses Austauschs höflicher Worte kann ich es mir nicht verkneifen, an den Umschlag zu denken, der mir an der Rezeption überreicht worden ist. Da Courtel aus dem gleichen Grund hier ist wie ich und er schon gestern in Lausanne eintraf, muss er dessen Inhalt wohl schon entdeckt und den Fragenbogen studiert haben.

»Sag mal, Sébastien, hast du auch diesen Umschlag von den Organisatoren bekommen? Offenbar enthält er einen Fragebogen, den wir ausfüllen und danach an der Rezeption abgeben sollen.«

»Der Fragebogen? Ach ja, ich hatte ihn schon wieder vergessen. Wenn du ihn ernsthaft ausfüllen willst, dauert es eine gute Viertelstunde. Aber niemand zwingt dich, so viel Zeit damit zuzubringen. Das liegt ganz allein bei dir.«

»Worum geht es denn dabei? Muss man wissenschaftliche Probleme lösen? Fragt man uns nach dem Schuldigen in einer laufenden Ermittlung?«

»Nichts von all dem, es ist viel einfacher. Sie teilen dir mit, dass wir 90 Tagungsteilnehmer sind und dass sie spezielle Sektionen mit dem Titel ›Ungelöste Fälle‹ einrichten wollen. Die Idee besteht darin, kleine Arbeitsgruppen zu bilden und uns mit festgefahrenen Ermittlungen auseinanderzusetzen. Wenn wir unsere Kräfte bündeln, können wir vielleicht eine davon voranbringen. Zum Beispiel wärst du mit deinen Graphen vielleicht in der Lage, einen Mörder zu entlarven, bei dem DNA-Analysen, Fingerabdrücke und ich weiß nicht was noch bisher nicht ausgereicht haben.«

Dieser Fragebogen beginnt mich ernsthaft zu interessieren. Und außerdem ist es immer angenehm festzustellen, dass bestimmte Menschen auf der Welt an meine Fähigkeiten glauben. Daher setze ich meine Befragung zum Inhalt dieses Fragebogens fort.

»Was genau wollen sie denn wissen? Sie kennen die Fertigkeiten jedes Einzelnen von uns und könnten daher die Gruppen zusammenstellen, ohne uns zu befragen.«

»Ziel des Fragebogens«, erklärt mir Sébastien, »ist Informationen zu sammeln, anhand derer Arbeitsgruppen gebildet werden können, in denen jeder in etwa die Hälfte der Mitglieder kennt. Wir sollen also mit einer geschickt dosierten Mischung aus alten Bekannten und neuen Kollegen arbeiten. Der Fragebogen ist somit ganz einfach eine Liste der 90 Teilnehmer und wir müssen die Namen derer ankreuzen, mit denen wir bereits in der Vergangenheit zusammengearbeitet haben.«

»Das ist alles? Es dürfte mich also nicht zu viel Zeit kosten. Ist ihnen bewusst, dass unsere Antworten nicht zwangsläufig übereinstimmen werden?«

»Ja, natürlich. Es kann zum Beispiel sein, dass du, Maurice, mit deinem Elefantengedächtnis dich daran erinnerst, dass wir in verschiedenen Angelegenheiten zusammengearbeitet haben, während ich mich infolge eines plötzlichen Anfalls von Alzheimer nicht mehr an diese Tatsache erinnere. Du hast dann also Courtel auf deinem Blatt angekreuzt, während ich Manori auf meinem Blatt nicht angekreuzt habe.«

»Und was werden sie in einem solchen Fall tun?«

»Sie gehen von der Annahme aus, dass die auf dem Fragebogen angekreuzten Erinnerungen an eine Zusammenarbeit wahrheitsgemäß sind, und die Inkohärenz zwischen zwei Fragebögen ganz einfach dem Vergessen, einer kleinen Gedächtnisschwäche, zuzuschreiben ist. In unserem Fall werden sie annehmen, dass wir zusammengearbeitet haben und sich ernsthafte Fragen zu meiner Gedächtnisleistung stellen.«

Ohne sie darum zu beneiden, stelle ich mir vor, wie die Organisatoren die 90 Fragebögen gewissenhaft überprüfen und analysieren, sofern jeder Teilnehmer seinen rechtzeitig ausgefüllt hat. Eine recht mühselige Aufgabe für eine einfache Arbeitsgruppenzuordnung. Gedanklich stellt sich mir noch eine Frage.

»Was werden sie mit unseren Antworten machen? Hast du eine Ahnung, wie sie ihre Gruppen zusammenstellen werden?«

»Du wirst sehen, Maurice, all das wird am Ende des Fragebogens erklärt. Sie werden mithilfe eines Computers sechs Gruppen zu 15 Personen bilden und dabei klar vorgegebene Regeln einhalten. Jeder von uns wird also mit 14 anderen Personen arbeiten und die Organisatoren, oder besser die Software wird es so einrichten, dass jeder mit sieben bekannten und sieben unbekannten Gesichtern zusammenarbeitet. Genauer gesagt, werden sie unsere Listen betrachten, auf denen sie Kreuze zur Kompensation unseres schwachen Erinnerungsvermögens hinzugefügt haben werden. Anschließend werden sie sich vergewissern, dass jeder von uns einer Gruppe zugeordnet wurde, die aus sieben angekreuzten und sieben nicht angekreuzten Personen besteht.«

»Wenn ich also deinen Namen ankreuze, muss das demzufolge nicht heißen, dass wir zusammenarbeiten werden.«

»Genau, es sei denn, du kreuzt nur sieben Namen an, darunter meinen, und keine der anderen 82 Personen kreuzt deinen Namen an. In diesem Fall hätten sie keine andere Wahl, als dich in die gleiche Gruppe zu stecken wie mich.«

Ein schneller Gedanke lässt mich unbewusst den Kopf schütteln. »Sie werden es nicht schaffen, das ist unmöglich.«

»Was willst du damit sagen? Ist diese Zusammensetzung zu schwer zu erreichen?«

»Nein, es ist weitaus schlimmer. Sie werden es aus dem guten und einfachen Grund nicht schaffen, dass die von ihnen gewünschte Aufteilung in Arbeitsgruppen unmöglich ist. Sie können nicht alle Regeln befolgen, die du mir genannt hast.«

»Wie kannst du eine solche Behauptung aufstellen, ohne die von jedem von uns angekreuzten Personen zu kennen? Ich finde, du bist sehr pessimistisch«, sagt Sébastien, durch meine Worte trotzdem etwas neugierig geworden. »Ich stimme mit dir darin überein, dass einige Teilnehmer Probleme verursachen und so zu einer unmöglichen Aufteilung führen können. Wenn sich beispielsweise ein junger Kollege vorstellt, der in seiner kurzen Karriere noch nicht mit sieben der Teilnehmer zusammengearbeitet hat, ist es für die Organisatoren unmöglich, ihn in einer Gruppe unterzubringen, ohne die zwingende

Regel zu verletzen, dass sich jeder in Gesellschaft von sieben angekreuzten Personen befinden muss.«

»Selbst wenn jeder mindestens sieben Personen auf seinem Fragebogen angekreuzt hat, ist die gewünschte Zusammensetzung unmöglich. Mit fünf Gruppen zu 18 oder neun Gruppen zu 10 Personen hätten sie mehr Glück. Oder sie könnten ihre sechs Gruppen zu 15 Personen behalten, aber mit dem Versprechen, dass jeder mit acht angekreuzten und sechs nicht angekreuzten Personen arbeiten wird.«

»Wie kannst du all diese Dinge behaupten? Ich will Beweise sehen.«

Während ich meinen Notizblock aus der Innentasche meiner Jacke hole, fährt mir Sébastien ins Wort: »Sag nicht, dass du schon mit der Arbeit beginnst und es wieder deine berühmten Graphen sind, die mich davon überzeugen werden, dass du recht hast.«

»Von meinen Graphen Gebrauch zu machen, würde ich nicht als Arbeit bezeichnen, es ist eher ein tägliches Vergnügen, meine Alltagsdroge. Ich behaupte seit sehr langer Zeit, dass Graphen zahlreiche Probleme des täglichen Lebens lösen können. Ich beweise dir sofort, dass meine Worte nicht aus der Luft gegriffen sind und das Dank der Graphen.«

»Ich höre dir zu.«

»Du weißt, dass ein Graph aus Punkten und Strichen besteht, die man als Knoten und Kanten bezeichnet.«

»Ja, ich erinnere mich gut daran.«

»Nun, ich betrachte einen Graphen, bei dem ich jedem Teilnehmer einen Knoten zugeordnet habe.«

»Du hast also 90 Knoten in deinem Graphen. Ihn zu zeichnen, wird sehr lange dauern.«

»Mach dir keine Sorgen, ich werde nicht den gesamten Graphen darstellen. Übrigens wäre dies sehr schwierig für mich, da ich nicht weiß, welche Personen jeder Teilnehmer auf seinem Fragebogen angekreuzt hat.«

»Ich mache dich darauf aufmerksam, dass du mir noch nicht gesagt hast, wie du in deinem Graphen die Kreuze aus dem Fragebogen berücksichtigen willst.«

»Ich komme gleich dahin. Anhand der im Fragebogen enthaltenen Informationen kann ich die zu zeichnenden Knoten und Kanten bestimmen. Genauer gesagt, werde ich zwei Knoten des Graphen durch eine Kante verbinden, wenn die beiden Knoten zu zwei Personen gehören, die in der Vergangenheit bereits zusammengearbeitet haben. So hat der Graph zum Beispiel einen Knoten mit dem Namen Courtel und einen mit dem Namen Manori. Ich verbinde diese beiden Knoten, weil wir bereits zusammengearbeitet haben.

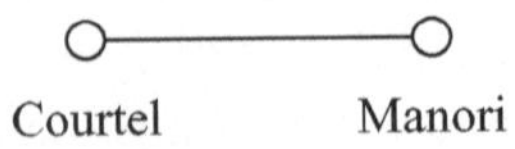

Wenn du also vergisst, meinen Namen anzukreuzen, aber ich kreuze deinen an, fügen die Organisatoren das fehlende Kreuz auf deinem Fragebogen hinzu und wir werden durch eine Kante im Graphen verbunden.«

»Es gibt somit genauso viele Kanten wie auf den Fragebögen angekreuzte Personen?«

»Nein, Sébastien, du musst diese Anzahl durch zwei teilen, denn wenn ich deinen Namen auf meinem Fragebogen ankreuze und dein Gedächtnis dich nicht im Stich lässt, kreuzt du ja auch meinen Namen auf deinem Fragebogen an, und diese beiden Kreuze entsprechen der einen Kante, die uns im Graphen verbindet.«

»Nimmt man nun aber an, dass jeder Teilnehmer mit etwa zwanzig anderen zusammengearbeitet hat, ergibt das eine Kantenzahl gleich der Hälfte von 90 mal 20, also 900.«

»Wie ich dir schon gesagt habe, brauchst du dir deshalb keine Sorgen zu machen. Ich habe keinesfalls die Absicht, all diese Kanten zu zeichnen, die ich ohnehin nicht kennen kann.«

»Ich verstehe immer noch nicht, worauf du hinaus willst. Ich habe geglaubt, dein Graph würde mir den Beweis dafür erbringen, dass die von den Organisatoren gewünschte Zusammenstellung unmöglich ist, und jetzt sagst du mir, du zeichnest ihn nicht.«

»Ich muss ihn nicht wirklich zeichnen. Ich werde dir lediglich beweisen, dass der von mir beschriebene Graph Eigenschaften besitzt, die nicht von den auf den Fragebögen angekreuzten Personen abhängen.«

»Du machst mich neugierig, wie üblich. Mach weiter, ich höre dir aufmerksam zu.«

»Stellen wir uns vor, um die Sache zu vereinfachen, die Organisatoren hätten beschlossen, Gruppen zu je sechs Teilnehmern zu bilden, wobei jeder sich in Gesellschaft von drei angekreuzten und zwei nicht angekreuzten Personen befindet.«

»Du änderst die Spielregeln.«

»Vertrau mir, ich möchte dich nur auf eine wichtige Eigenschaft aufmerksam machen. Wir werden später auf die ursprünglichen Gruppen von 15 Personen zurückkommen.«

»Ok, stellen wir uns also deine Sechsergruppen vor.«

»Wenn ich den Teil des Graphen zeichne, der deine Gruppe betrifft, hat dieser also einen Knoten ›Courtel‹, der für dich steht, sowie fünf weitere Knoten, die ich A, B, C, D und E nenne. Beachte, dass ich vielleicht zu diesen fünf Personen gehöre, aber das muss nicht unbedingt der Fall sein.«

»Es wäre schade, wenn wir nicht zur gleichen Gruppe gehören würden.«

»Da stimme ich dir zu. Ich werde dich jetzt ein wenig arbeiten lassen. Bist du in der Lage, mir ein Beispiel für den Teil des Graphen zu zeichnen, der deine Gruppe betrifft?«

Sébastien nimmt meinen Notizblock, zeichnet, streicht durch, fängt mehrmals wieder an und verkündet schließlich nach zwei Minuten triumphierend, dass er nicht nur eine, sondern zwei Lösungen zu dem von mir gestellten Problem gefunden habe. »Wenn ich deine Erklärungen richtig verstanden habe, muss jeder Knoten der Gruppe mit genau drei anderen verbunden sein, weil doch jeder mit drei anderen aus der Gruppe, und keinem mehr, bereits zusammengearbeitet haben muss. Mir scheint, dass diese beiden Graphen hier alle Regeln der Zusammensetzung befolgen. Es gibt also keine eindeutige Lösung. Ich glaube nicht, dass ich mich geirrt habe, denn jeder ist in Gesellschaft dreier bekannter Personen und zweier neuer Kollegen.«

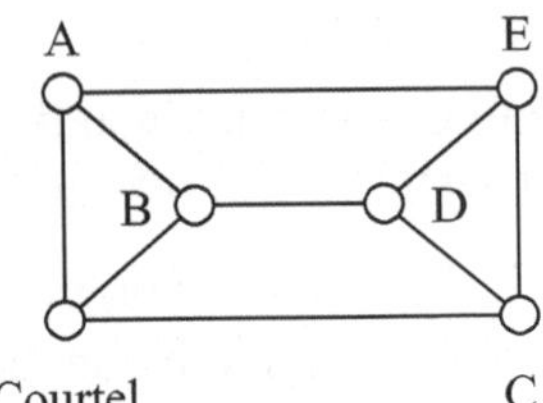

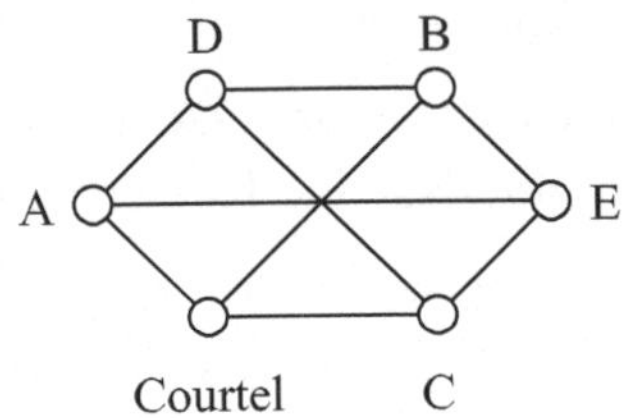

»Deine beiden Graphen, Sébastien, sind perfekt. Jeder Knoten liegt exakt an drei Kanten und das ist genau das, was ich wollte. Ich will dich trotzdem unbedingt darauf aufmerksam machen, dass es in Wirklichkeit überhaupt keine Lösung geben kann, selbst wenn jeder Teilnehmer mindestens drei Personen auf seinem Fragebogen angekreuzt hat.«

»Die beiden Graphen, die ich gerade gezeichnet habe, überzeugen dich nicht?«

»Doch, aber es ist möglich, dass die Kreuze auf den Fragebögen die Bildung solcher Gruppen nicht zulassen.«

»Kannst du mir ein Beispiel geben?«

»Natürlich, gern. Nehmen wir an, du hättest nur drei Namen angekreuzt, sagen wir A, B und C, und niemand außer diesen drei Personen hätte deinen Namen angekreuzt.«

»Ich würde mich also zwingend in der gleichen Gruppe wie A, B und C wiederfinden.«

»Genau. Wenn A, B und C alle drei schon zusammengearbeitet hätten, so könnte der Teil des Graphen, der euch betrifft, wie in folgender Abbildung gezeichnet werden.«

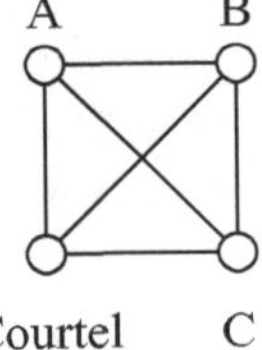

»Es fehlen noch zwei Personen in der Gruppe.«

»Du hast absolut recht, ich muss noch die Personen D und E hinzufügen. Da du keinen anderen Namen als A, B und C angekreuzt hast, sind D und E nicht mit dir durch eine Kante verbunden.«

»D und E könnten doch trotzdem mit A,B oder C verbunden sein.«

»Nein, nicht wenn du die Regeln befolgen willst, die wir aufgestellt haben, nämlich, dass jedes Gruppenmitglied nicht mit mehr als drei anderen Mitgliedern gearbeitet haben soll. Da nun jeder der vier Knoten des Graphen, den ich gerade gezeichnet habe, bereits durch eine Kante mit den drei anderen Knoten verbunden ist, können die beiden anderen Mitglieder der Gruppe, D und E, mit euch vier noch nicht gearbeitet haben.«

»Und nun?«

»Das bedeutet, dass die Teilnehmer D und E, die mit euch arbeiten werden, höchstens eine weitere Person aus der Gruppe kennen.«

»Höchstens eine? Nicht genau eine?«

»Ja, höchstens eine. Wenn D und E in der Vergangenheit zusammengearbeitet haben, hat jeder von ihnen einen bekannten Kollegen in ihrer Gruppe: D kennt E und E kennt D. Ansonsten kennen sie keinen in der Gruppe.«

»Ok Maurice, ich habe deine Argumentation verstanden, aber wie du selbst gerade gesagt hast, weißt du nicht, welche Namen die Teilnehmer auf ihrer Liste angekreuzt haben. Es kann also sein, dass es sehr wohl eine Zusammensetzung gibt, die alle Regeln befolgt. Ich habe dir zwei Beispiele gegeben, die keine Vorgabe verletzen.«

»Du hast recht, Sébastien. In den beiden Graphen, die du mir gezeichnet hast, liegt jeder Knoten genau an drei Kanten, was bedeutet, dass jede Person sich in der gleichen Gruppe wiederfindet wie die drei Teilnehmer, die sie angekreuzt hat. Folgen wir nun meiner Argumentation. Ich werde dir zeigen, dass deine beiden Graphen Ähnlichkeiten aufweisen, die den Zusammensetzungsregeln geschuldet sind. Kannst du mir die Anzahl der Kanten jedes deiner Graphen nennen?«

»Da jeder der sechs Knoten meiner Graphen an drei Kanten liegt, habe ich notwendigerweise sechs mal drei, also 18 Kanten in jedem Graphen.«

Sébastien ändert sofort seine Meinung, da er unschwer erkennen kann, dass jeder seiner beiden gezeichneten Graphen lediglich neun Kanten enthält. »Ups! Entschuldige Maurice, meine Schlussfolgerung war etwas zu voreilig. Ich habe mich bei meiner Rechnung geirrt, weil ich jede Kante doppelt gezählt habe. Zum Beispiel habe ich die Kante, die mich mit A verbindet, sowohl bei den drei Kanten mitgezählt, die an meinem Knoten liegen, als auch bei den drei Kanten, die an A liegen. Ich muss also mein Ergebnis durch zwei teilen. Meine Gruppe, und übrigens jede andere Sechsergruppe, hat also genau die Hälfte von 18, also neun Kanten.«

»Ganz genau, Sébastien, du hast das Talent eines guten Mathematikers. Nehmen wir nun an, die Organisatoren möchten Gruppen von sieben Personen bilden, und jeder soll sich mit drei angekreuzten und drei nicht angekreuzten Personen wiederfinden. Versuche nochmals, den deine Gruppe betreffenden Teil des Graphen zu zeichnen.«

»Ich sehe, dass du abermals die Regeln änderst. Ich hoffe, wir kommen bald zu den 15er-Gruppen.«

Sébastien versucht gut zwei Minuten lang, mir eine Lösung vorzulegen, aber ohne Erfolg. Letztendlich beschließe ich sein Leiden zu verkürzen: »Hör auf, deine Zeit zu verschwenden, du wirst es nicht schaffen. Es ist genau so unmöglich wie die Absicht der Organisatoren, Gruppen aus 15 Teilnehmern mit je sieben angekreuzten und sieben nicht angekreuzten Personen zusammenzustellen.«

»Erkläre mir, wie du das meinst, du machst mich neugierig«, sagt Courtel.

»Der Graph, den du versuchst zu zeichnen, muss sieben Knoten haben, und jeder Knoten muss genau an drei Kanten liegen.«

»Das ist genau das, was ich versucht habe.«

»Wenn du einen beliebigen Graphen zeichnest, kannst du immer die Anzahl der Kanten angeben, die an jedem Knoten liegen. In deiner Sechsergruppe lag jeder Knoten an drei Kanten.«

»Ja, und in dem Graphen, den ich versuchte zu zeichnen, musste jeder Knoten auch an drei Kanten liegen.«

»Beachte, dass es sehr gut sein kann, dass in einem beliebigen Graphen ein Knoten nicht an der gleichen Anzahl von Kanten liegt wie ein anderer Knoten. Bei dem Graphen hier unten liegen die beiden äußeren Knoten zum Beispiel nur an einer Kante, während der mittlere Knoten an zweien liegt.«

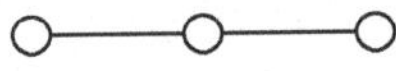

»Bis hierher kann ich dir folgen.«

»Man kann also neben jedem Knoten die Anzahl der Kanten angeben, an denen er liegt. Rechnet man diese Zahlen zusammen, erhält man, wie du vorhin gesagt hast, genau das Doppelte der Anzahl der Kanten, weil die vorgenommene Rechnung jede Kante zwei Mal zählt. In dem kleinen Beispiel mit drei Knoten und zwei Kanten, das ich gerade gezeichnet habe, haben wir zwei Knoten, die an einer Kante liegen und einen Knoten, der an zwei Kanten liegt. Die Summe, die mich interessiert, ist $1 + 1 + 2 = 4$, das ist genau das Doppelte der Anzahl der Kanten.«

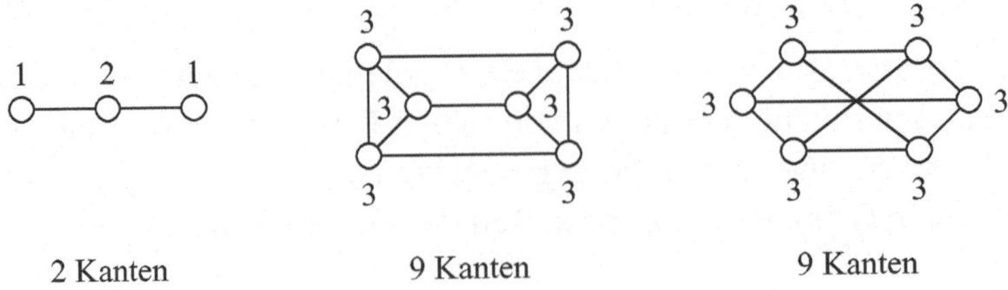

»Und in den beiden Graphen, die ich dir vorhin gezeichnet habe, gibt es sechs Knoten, die an jeweils drei Kanten liegen, also insgesamt 18, was exakt das Doppelte der Kantenzahl ist, die in meinem Fall neun beträgt.«

»Du hast es genau verstanden. Betrachte jetzt den Graphen mit sieben Knoten, den du nicht zeichnen konntest. Jedes Mitglied der Gruppe muss mit exakt drei anderen Mitgliedern zusammengearbeitet haben, was bedeutet, dass jeder Knoten genau an drei Kanten liegen muss.«

»Du verknüpfst also die Zahl drei mit jedem Knoten, und die Summe dieser Zahlen beträgt dann nicht sechs mal drei, sondern sieben mal drei, also 21.«

»Nun Sébastien, kannst du mir sagen, wie viele Kanten es in dem Graphen gibt, den du nicht geschafft hast zu zeichnen?«

»Die Hälfte, das heißt? Uh, warte. Es gibt ein Problem, die Anzahl der Kanten ist zwangsläufig eine ganze Zahl, aber die Hälfte von 21 ist $10,5$. Was bedeutet das?«

»Das heißt ganz einfach, dass der Graph, den ich dich zu zeichnen aufgefordert habe, unmöglich existieren kann. Du hast gerade selbst den Grund dafür genannt: Die Anzahl der Kanten in einem Graphen ist immer eine ganze Zahl, weil es keine *halbe Kante* geben kann. Wie du richtig beobachtet hast, erhältst du, wenn du die Summe über die Kanten an jedem Knoten bildest, das Doppelte der Kantenzahl, was bedeutet, dass diese Summe gerade sein muss.«

»Deshalb habe ich also den Graphen nicht zeichnen können.«

»Ja, Sébastien, und ich kann jetzt meine Beweisführung abschließen, die dir zeigt, dass die COPS-Organisatoren es nicht schaffen werden, die gewünschten Arbeitsgruppen für ihre speziellen Sektionen ›Ungelöste Fälle‹ zu bilden. Ich werde dir beweisen, dass sie mindestens eine der von ihnen selbst aufgestellten Regel verletzen müssen, was die Zusammensetzung der Arbeitsgruppen betrifft.«

»Ich bin ganz Ohr.«

»Denk daran, sie wollen Gruppen zu 15 Personen so bilden, dass jeder bereits mit sieben anderen Gruppenmitgliedern zusammengearbeitet hat. Wenn wir die Argumentation von gerade eben wiederholen, können wir daraus schließen, dass das Doppelte der Kantenanzahl des Graphen für eine solche Arbeitsgruppe gleich sieben mal 15, also 105 sein müsste. Da diese Zahl ungerade ist, ist die Zusammensetzung unmöglich.«

»Ich verstehe jetzt, warum du mir gesagt hast, es wäre besser Gruppen von 10 oder 18 Personen zu bilden. Egal welche genaue Anzahl angekreuzter Personen jeder in seiner Gruppe hätte, würde man durch die Multiplikation dieser Zahl mit 10 oder 18 immer eine gerade Zahl erhalten. Und wenn sie unbedingt ihre Gruppen von 15 Personen beibehalten wollen, würde es also zum Beispiel ausreichen, vorzuschreiben, dass jeder mit genau acht angekreuzten Personen zusammen ist, weil acht mal 15 gerade ist.«

»Ich sehe Sébastien, du hast meine Argumente genau verstanden. Beachte trotzdem, dass allein die Tatsache, sich für Gruppen von 10 oder 18 Personen bzw. Gruppen von 15 Personen mit acht angekreuzten Mitgliedern zu entscheiden, nicht die Existenz einer Lösung garantiert. Ich habe dir einen Fall mit Sechsergruppen gezeigt, der unsere Zusammensetzung unmöglich machte. Alles, was man erhält, ist eine Wahrscheinlichkeit größer als Null, dass aus dem Ausfüllen der Fragebögen durch die Teilnehmer eine Zusammensetzung resultiert, die alle aufgestellten Regeln befolgt.«

Wir waren so sehr auf unser Zusammensetzungsproblem konzentriert, dass wir den von den beiden Courtel-Töchtern verursachten Lärm in der Eingangshalle gar nicht gleich bemerkten. Seit einigen Minuten rannten sie in alle Richtungen im Slalom um die Koffer und Beine der Hotelgäste. Sie wurden langsam ernsthaft ungeduldig. Auch Françoise hatte Mühe, die Anzeichen einer gewissen Ungeduld zu verbergen.

»Hör zu Maurice, an dieser Stelle muss ich mich verabschieden. Ich habe meinen drei Frauen einen Spaziergang am See versprochen. Wir wollen auch die berühmten Barschfilets vom Genfer See probieren. Sie müssen exzellent sein. Ich denke, es ist an der Zeit, dass ich mich um meine kleine Familie kümmere. Wir sehen uns morgen bei der Eröffnungsveranstaltung der Tagung.«

»Ja, bitte entschuldige, Sébastien, ich habe nicht gemerkt, wie die Zeit vergangen ist. Aber du kennst mich ja seit Jahren und weißt, wie ich bin, wenn man mich auf die Graphen anspricht. Was den Fragebogen betrifft, werde ich ihn ausfüllen und am Seitenende eine Anmerkung machen, um den Organisatoren zu signalisieren, dass ich ihnen gern helfen möchte, falls sie mich für die Zusammenstellung der Gruppen brauchen. Viel Spaß beim Spazierengehen und amüsiert euch gut.«

»Auch du solltest ein wenig hinausgehen, Maurice, und die Sonne genießen. Du wirst sehen, es gibt nichts Besseres, um die Zeitverschiebung zu vergessen. Bye, bis morgen.«

2 Die Villen des Bellevue

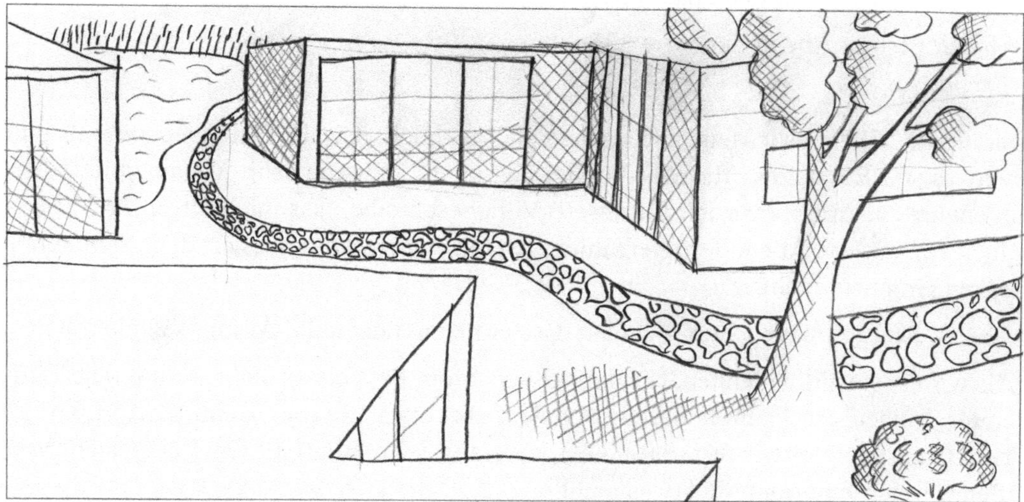

GESTERN ABEND GLAUBTE ICH, die Nacht würde lang werden, denn ich konnte wegen der Zeitverschiebung nicht einschlafen. Deshalb war ich zutiefst überrascht, als ich von meinem Wecker pünktlich 6.30 Uhr aus dem Schlaf gerissen wurde. Allerdings hatte ich gestern den ganzen Tag lang der Lust auf ein Schläfchen erfolgreich widerstanden und war daher gegen 23.00 Uhr todmüde ins Bett gefallen.

Mein Zimmer war genau so, wie ich es mir gewünscht hatte, mit großem Balkon, der eine wunderbare Aussicht auf den keine dreihundert Meter vom Hotel entfernten See bot. Ich liebe diese große Wasserfläche, ich finde sie entspannend. Den Abend habe ich größtenteils damit verbracht, die Uferpromenaden entlangzulaufen und dem Schreien der Möwen zuzuhören.

Obwohl die Eröffnungssitzung der Tagung erst für 9.00 Uhr vorgesehen ist, habe ich meinen Wecker zeitig gestellt, um noch ausgiebig duschen und vor allem noch ein reichhaltiges Frühstück genießen zu können.

Als ich in den Speisesaal komme, sehe ich sofort Courtel allein an einem Tisch sitzen. Man bemerkt ihn dank seiner Größe von reichlich 1,90 m schon von weitem. Ich mag seine Gesellschaft, da er immer gut gelaunt und seine Fröhlichkeit ansteckend ist. Das Vergnügen ist wohl gegenseitig, denn er lädt mich sofort an seinen Tisch ein, als er mich sieht. Seine Familie ist noch im Zimmer, und er freut sich über ein wenig Gesellschaft bei dieser ersten Mahlzeit des Tages. Ich frage ihn, wie sein Spaziergang in Familie verlaufen ist.

»Der Tag am See war außergewöhnlich und ich empfehle dir das Barschfilet vom Restaurant du Port. Bei unserer Rückkehr ins Hotel haben wir allerdings eine sehr schlimme Überraschung erlebt.«

»Ach ja? Was ist euch denn passiert?«

»Als wir gestern Abend in unsere Villa traten...«

»Eure Villa?«

»Ja, unsere Villa, unser kleines Häuschen. Wir wohnen nicht im Hauptgebäude. Es gibt so etwas wie Bungalows für mehrköpfige Familien. Das sind sehr gut konzipierte Miniwohnungen. Aber bevor ich dir unsere Villa beschreibe, lass mich dir unser Missgeschick von gestern Abend fertig erzählen. Ich bin sicher, es interessiert dich, schließlich stecken Graphen dahinter.«

Wenn er das sagt, weiß Courtel genau, dass er meine ungeteilte Aufmerksamkeit hat.

»Als wir unsere Villa betraten, bemerkten wir sofort, dass etwas nicht stimmt. Die Temperatur drinnen war kaum höher als draußen, also etwa 13 Grad. Beim Überprüfen des Thermostats stellten wir fest, dass die Temperatur korrekt auf 19 Grad eingestellt war. Offensichtlich funktionierte etwas nicht.«

»Ich nehme an, ihr habt sofort die Rezeption informiert.«

»Ja, und sie haben uns einen Techniker geschickt, der schnell die Ursache dieses Zwischenfalls gefunden hat. Der Strom war ausgefallen. Er sagte uns, dass dies nicht zum ersten Mal passiert war und dass er genau wüsste, was zu tun sei, und das Problem sehr schnell behoben werden könne.«

»Und war es so?«

»Ja, 15 Minuten später klopfte er an unsere Tür, um zu überprüfen, dass alles wieder funktionierte. Die Temperatur war schnell – in weniger als 15 Minuten – wieder auf 19 Grad gestiegen.«

»Ich hatte gestern Abend keine Probleme mit dem Strom.«

»Ja, das ist nicht verwunderlich, nur die kleinen Villen waren betroffen.«

»Aber wenn es, wie der Techniker sagt, ein wiederholtes Problem ist, warum ändern sie nicht ein für allemal etwas an ihrer Stromversorgung?«

»Das haben sie versucht, und genau da kommen deine Graphen ins Spiel, zumindest denke ich das.«

Bei diesen Worten verzehnfacht sich meine Aufmerksamkeit. Courtel setzt seinen Bericht der Ereignisse fort.

»Nach dem Zwischenfall gestern Abend bin ich an die Rezeption gegangen, um das Stromproblem etwas besser zu verstehen und sicherzustellen, dass es sich während meines Aufenthalts nicht wiederholt. Dort hat man mir erklärt, dass es mit den drei Häusern, die ans Gas-, Wasser- und Stromnetz angeschlossen sind, einige Probleme gibt. Alle Anschlüsse befinden sich unter der Erde, in genau 30 Zentimeter Tiefe. Die Kanalisation, die Stromkabel, alles versteckt sich unter unseren Füßen, wenn wir im Garten des Hotels herumlaufen.«

»Ich selbst habe von meinem Balkon in der fünften Etage des Hauptgebäudes einen wunderbaren Blick nicht nur auf den See, sondern auch auf den Hotelgarten. Ich hätte nie gedacht, dass sich unter dem wunderbaren Rasen, den Bäumen und Pflanzen so viele Rohre, Kabel und wer weiß was noch verbergen.«

»Sie haben mir einen Plan mit den Anschlüssen der Villen ans unterirdische Netz gezeigt. Er sieht so aus wie die folgende Abbildung, die einem deiner Graphen sehr ähnelt.

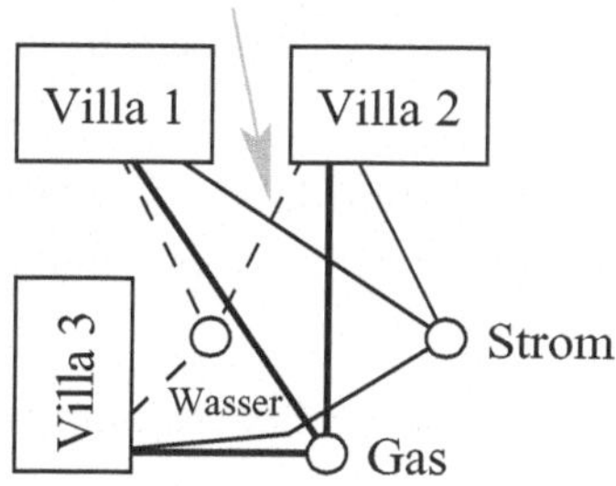

Auf dem Plan kannst du erkennen, dass es mehrere Kreuzungen von Rohren und Kabeln gibt. Wir bewohnen die Villa Nr. 1 und der Stromausfall wurde wahrscheinlich durch den Kontakt eines Kabels mit Wasser verursacht, dort, wo ich den kleinen Pfeil eingezeichnet habe.«

Ich schaue mir die Zeichnung einige Sekunden lang an und frage ihn: »Wie handhaben sie die Kreuzungen? Du hast mir gesagt, dass sich alles 30 cm unter der Erde befindet.«

»Da sich alles genau 30 cm unter unseren Füßen befindet, haben sie die Rohrleitungen an einigen Stellen etwas abgewinkelt, um sie über oder unter den anderen Anschlüssen entlang zu führen. An der mit dem Pfeil markierten Stelle weist die Rohrbiegung, die Villa Nr. 2 mit Wasser versorgt, ein kleines Leck auf. Ein Wassertropfen muss auf die zu unserer Villa führenden Elektrokabel gefallen sein. Dieser Kurzschluss hat dann einen Stromausfall in allen drei Villen verursacht.«

»Und was wollen sie gegen dieses wiederholt aufgetretene Problem unternehmen?«

»Sie werden den Verlauf der Rohre und Kabel ändern. Den Stromanschluss meiner Villa hätten sie zum Beispiel ganz ohne Kreuzung der Gas- und Wasserleitungen vornehmen können, so wie in der Abbildung auf der nächsten Seite.

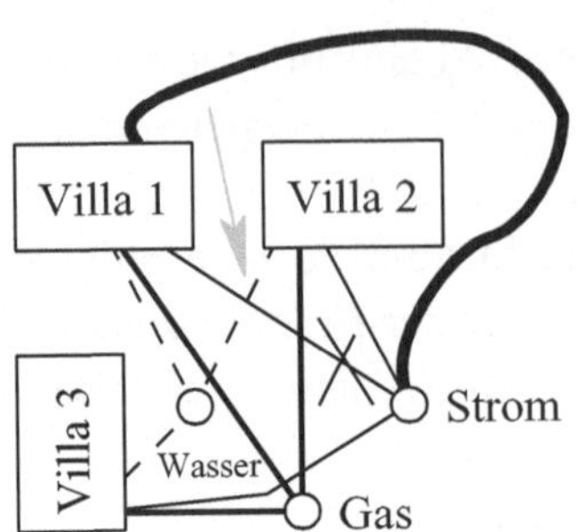

Sie wollen eine minimale Anzahl von Verbindungen so modifizieren, dass sich überhaupt keine Kreuzung von Wasser-, Gas- und Stromleitungen mehr ergibt. Bis jetzt habe ich es durch Änderung zweier Verbindungen geschafft, dass nur eine Kreuzung übrig bleibt. Noch ist es mir nicht gelungen, alle Kreuzungen zu eliminieren, aber du kennst ja meine Beharrlichkeit.«

»Du hattest recht, Sébastien, als du sagtest, das sei ein Graphenproblem. Man kann es modellieren, wenn...«

»Hör zu, Maurice, ich würde lieber später darauf zurückkommen, denn jetzt muss ich Françoise und die Mädchen wecken und mich fertig machen, um rechtzeitig zur Eröffnungssitzung der Tagung zu kommen.«

»Kein Problem, wir sehen uns gleich im großen Tagungssaal.«

»Ja, bis gleich.«

Durch unsere Diskussion war mir ganz entgangen, wie die Zeit verging. Ein letztes kleines Croissant aus purer Esslust und ich gehe auf mein Zimmer, um mich vorzubereiten.

Der große Tagungssaal des Hotels füllt sich beträchtlich, 90 Personen scheinen es aber nicht zu sein. Vielleicht kommen einige Teilnehmer erst im Laufe des Tages oder morgen, möglicherweise sind einige noch im Frühstücksraum geblieben. Das Programm erscheint jedenfalls sehr interessant. Die anzugehenden Themen reichen von der Abnahme von Fingerabdrücken über die Prüfung gefälschter Schecks, das Fotografieren von Beweisstücken bis zur Aufnahme genetischer Spuren. Ich kann es kaum erwarten, an den speziellen Sektionen ›Ungelöste Fälle‹ teilzunehmen.

Ah, endlich kommt der Organisator, Inspektor Nicolet vom Institut für Kriminaltechnik und Kriminologie der Stadt Lausanne. Er heißt uns willkommen und bestätigt, dass wir 90 Teilnehmer sind. Er erklärt uns auch die Programmdetails. Wie ich es vorausgesehen und gestern Morgen auch Courtel gezeigt hatte, musste man die Zusammensetzungsregeln für die Sektionen ›Ungelöste Fälle‹ etwas abändern. Nicolet nennt uns keine Gründe dafür, erklärt aber, dass sie schließlich aufgrund der Angaben aller in den Fragebögen 6 Gruppen zu 15 Personen gebildet hätten. Und dass sie versucht haben, jeden einer Gruppe mit mindestens 5 angekreuzten und 5 nicht angekreuzten Personen zuzuordnen. Auch das war nicht immer möglich und er versicherte, sein bestes gegeben zu haben. Er bittet uns, diese Aufteilung zu befolgen, da er versucht hat, die Kompetenzen so zu mischen, dass jedes Mitglied jeder Gruppe von den ergänzenden Kenntnissen der anderen Gruppenmitglieder profitieren kann.

Sieh mal an, da kommt Courtel, der den Anfang der Eröffnungssitzung verpasst hat.

»Grüß dich nochmal, Maurice...«

»Pst, Sébastien, ich erkundige mich nach dem Programm, wir sprechen uns später.«

Für den morgigen Abend ist im Casino von Montreux, einige Kilometer von Lausanne entfernt, ein Bankett vorgesehen. Die Schweizer meinen es wirklich gut mit uns.

»Ah, da ist die Gruppenliste. Wo ist mein Name?... Hier, Gruppe 4 ›Gestohlenes und Verschwundenes‹. Ich muss sagen, ich ziehe Angelegenheiten dieser Art kriminalistischen Ermittlungen vor, bei denen man öfter mit gefährlichen Menschen in Berührung kommt. Ich wende mich an Courtel.«

»In welcher Gruppe bist du?«

»In Gruppe 4 wie du. Wir werden wieder zusammenarbeiten, du mit deinen Graphen und ich mit meinen Sicherheits- und Überwachungseinrichtungen.«

»Die Eröffnungssitzung ist beendet. Wir haben eine gute halbe Stunde Pause vor den ersten Vorträgen. Kommst du mit auf einen Kaffee?«

Courtel folgt mir und bittet mich, ihm mein Zimmer zu beschreiben. Ich merke, dass er es kaum erwarten kann, gleiches mit seiner Villa zu tun, um meinen Ehrgeiz anzustacheln.

»Mein Zimmer hat nichts Außergewöhnliches. Es ist groß genug, dass ich beim Herumlaufen nicht gegen die Möbel stoße. Es gibt ein großes Bett mit einer guten harten Matratze, so wie ich es mag, ein sehr sauberes Bad mit einer großen Badewanne und vor allem einen großen Balkon über dem Hotelgarten, mit einem Blick auf den See, der all meine Erwartungen übertrifft.«

Ich beschließe, ihm endlich die Freude zu machen und stelle ihm die Frage, die er seit Beginn unseres Gesprächs erwartet: »Und eure Villa, wie sieht sie aus?«

»Gigantisch, mit einem sehr großen G. Wir haben zwei große Schlafzimmer, eins für Françoise und mich, das andere für die Kinder. In der Mitte unserer Miniwohnung haben wir ein Badezimmer, in dem sich gut und gern 10 Personen aufhalten könnten, ohne beengt zu sein.«

»Hast du einen Blick auf den See?«

»Nein, und das ist vielleicht das einzige Manko der Villa. Aber dafür schauen wir auf den zauberhaften Hotelgarten und wir haben eine riesige, schön gestaltete Terrasse mit einem eigenen Gartenstück für unsere Villa. Um das Hotel zu verlassen, müssen wir nur quer durch den Garten und durch ein Portal nach draußen gehen. Wir müssen nicht an der Rezeption vorbei.«

»Trotzdem vermisst du vielleicht etwas Helligkeit, wenn du zu ebener Erde wohnst.«

»Überhaupt nicht, durch die Fenster überall ist es sehr hell in unserer Wohnung. Jedes der beiden Schlafzimmer hat ein Fenster zur Außenseite des Hotels und eins zum Garten, genauso verhält es sich mit dem Bad.«

»Müsst ihr durch das Zimmer der Mädchen, wenn ihr ins Bad wollt, oder ist es umgekehrt?«

»Weder das eine noch das andere. Jedes Zimmer hat einen direkten Zugang zum Bad.«

»Und ich wette, du sagst, dass die beiden Zimmer von euch und den Mädchen miteinander verbunden sind.«

»Genau.«

Ich überlege ein paar Sekunden und rufe schließlich: »Nun gut, du hast mir aber noch gar nicht gesagt, dass deine Villa zwei Etagen hat.«

»Ganz und gar nicht, du irrst dich, wir befinden uns komplett auf ebener Erde, alles auf dem gleichen Niveau.«

Nun erkläre ich lächelnd: »Mein lieber Sébastien, du machst dem Ruf der Marseiller wirklich alle Ehre. Dir gefällt deine Villa so sehr, dass du bei ihrer Beschreibung einfach etwas übertreiben musstest.«

»Aber kein bisschen, Maurice. Ich habe nichts als die Wahrheit gesagt. Komm und sieh selbst, wenn du mir nicht glaubst.«

»Ich mache nichts dergleichen und zwar aus zwei Gründen. Erstens will ich deine kleine Familie nicht stören, die gerade dort sein muss. Zweitens brauche ich mich gar nicht erst vor Ort zu begeben, um zu wissen, dass keine Villa deiner Beschreibung entsprechen kann.«

Courtel denkt – wahrscheinlich etwas verärgert – nach und versteht trotzdem nicht, was er in seiner Erklärung übertrieben haben soll.

Ich nehme also mein kleines Notizbuch und meinen Bleistift und zeichne drei kleine Kreise.

»Diese drei Knoten stellen die drei Zimmer eures imaginären Palastes dar. Ich verwende den Buchstaben E für das Zimmer der Eltern, M für das Zimmer der Mädchen und B für das Badezimmer. Du sagst, dass sowohl E als auch M einen direkten Zugang zu B hat und dass es eine Verbindungstür zwischen eurem Zimmer und dem der Mädchen gibt.«

»Ja, das habe ich gesagt. Und dabei bleibe ich auch.«

»Wenn ich zwei Knoten durch eine Kante verbinde, falls die entsprechenden Zimmer eine gemeinsame Tür haben, erhalte ich daraus das folgende Dreieck.

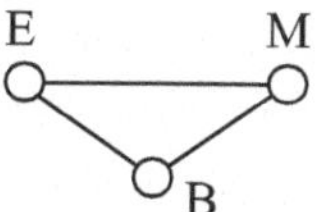

Nehmen wir nun einen Knoten G für den Garten hinzu. Deiner Beschreibung nach hat jedes der Zimmer E, M und B ein Fenster mit Blick auf den Garten.«

»Das stimmt. Und wenn du deine Definition einer Kante ein wenig modifizierst, indem du festlegst, dass zwei Knoten genau dann verbunden sind, wenn beide Orte durch eine Tür oder ein Fenster voneinander getrennt werden, hast du eine Verbindung zwischen G und jedem anderen Knoten deines Graphen. Schau, ich vervollständige deine Zeichnung, aber ich verstehe nicht, worauf du hinaus willst.«

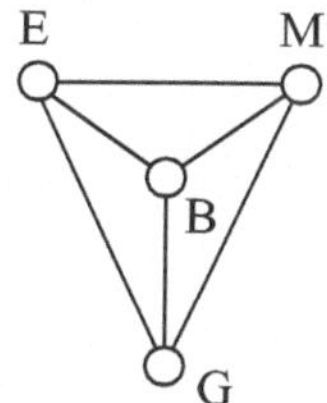

»Geduld ist die Mutter der Porzellankiste. In dem oben stehenden Graphen fehlt noch die Außenseite des Hotels. Du hast gesagt, dass jedes Zimmer E,M und B über ein Fenster zur Außenseite verfügt und dass man durch ein Portal am Ende des Gartens nach draußen gelangen kann. Es muss also ein fünfter Knoten hinzugefügt werden, den ich A nenne und der mit den anderen vier verbunden ist. Hier ist der komplette Graph mit Darstellung aller Verbindungen durch Türen oder Fenster zwischen den verschiedenen Zimmern eurer Villa, dem Garten und der Außenseite.«

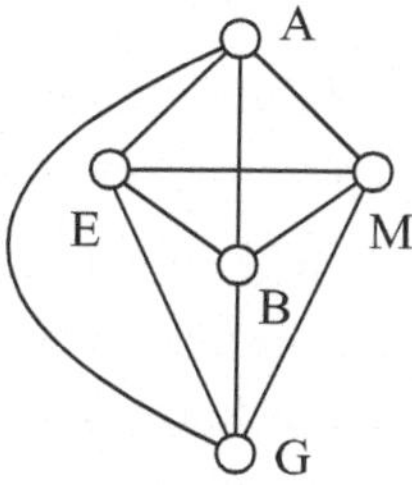

»Ich bestätige, Maurice, dass der von dir gezeichnete Graph den möglichen Verbindungen zwischen E, M, B, G und A entspricht. Aber ich verstehe nicht, wie du auf die Aussage kommst, ich hätte in meiner Beschreibung übertrieben. Was gibt es denn Unmögliches in diesem Graphen? Da du ihn gezeichnet hast, kann man daraus offenbar schließen, dass meine Villa mit Fug und Recht so existiert, wie ich sie dir beschrieben habe.«

»Bis hierher hat alles Hand und Fuß, Sébastien. Das Problem ergibt sich aus deiner Behauptung, alle eure Zimmer seien ebenerdig. Wäre dies der Fall, müsste man meinen Graphen zeichnen können, ohne dass sich zwei Kanten überschneiden.«

»Warum? Ich verstehe das nicht.«

»Jede Kante entspricht gewissermaßen einer Bewegung von einem Ort zu einem anderen, ohne dabei einen dritten zu passieren. Wenn du dich beispielsweise von deinem Zimmer zum Zimmer deiner Mädchen begibst, kannst du das tun, ohne dabei den Weg einer anderen Person zu kreuzen, die vom Bad durch das Fenster nach draußen geht. Alle diese Ortsveränderungen können auf der gleichen Ebene stattfinden, ohne eine Etage nach oben zu gehen oder eine Unterführung zu graben.«

»Wenn ich dir richtig folgen konnte, bedeutet das, dass sich die Kanten, die E mit M und B mit A verbinden, nicht überschneiden dürfen.«

»Das ist korrekt. Beachte trotzdem, dass ich meinen Graphen hätte so zeichnen können, dass sich diese beiden Kanten nicht überschneiden, zum Beispiel wie folgt:«

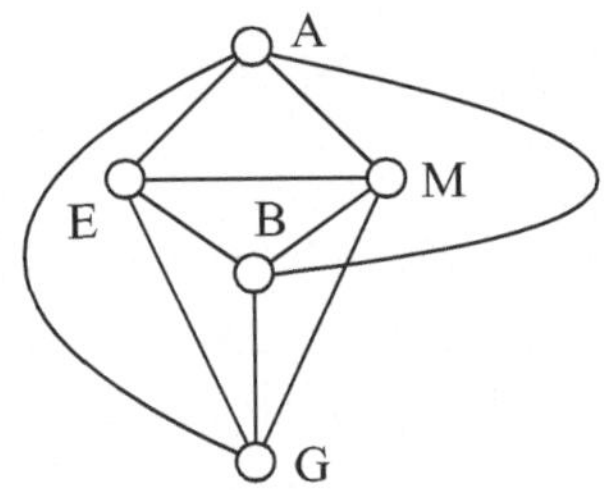

»Dein neuer Graph enthält trotzdem eine Überschneidung der Kanten, die B mit A und M mit G verbinden.«

»Ich sehe, du bist ein exzellenter Beobachter.«

»Und um dir zu beweisen, dass ich nicht übertreibe, muss ich also meinen Graphen neu zeichnen und dabei Überschneidungen von Kanten vermeiden.«

»Ja, aber verschwende deine Zeit nicht damit, das Unmögliche zu versuchen, da ich dir beweisen kann, dass du es nicht schaffst, selbst wenn du mehrere Stunden damit zubringst. Beachte, dass ich dir geglaubt hätte, wenn du gesagt hättest, dass sich eure Villa auf zwei Ebenen befindet. Sie hätte wie diese kleine Skizze aussehen können.«

Ich zeichne also vor seinen Augen eine Villa mit dem Zimmer der Erwachsenen zur Linken, einem großen Badezimmer in der Mitte und dem Zimmer der Mädchen auf der rechten Seite.

»Wie du feststellen kannst, befinden sich die Schlafzimmer E und M auf zwei Ebenen. Man erreicht die obere Ebene über eine Rampe. Die beiden Zimmer sind in der zweiten Ebene miteinander verbunden, oberhalb des Badezimmers.«

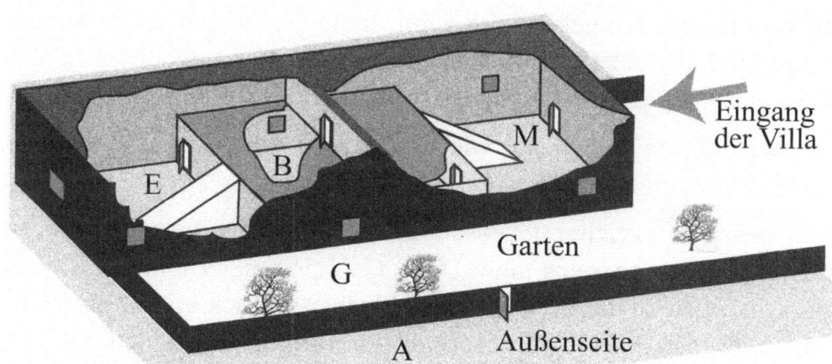

»Sehr hübsche Zeichnung«, sagt Courtel. »Tatsächlich ist der vereinfachte Grundriss meiner Villa deiner Skizze sehr ähnlich. Du hast dich nur ein wenig geirrt. Hier siehst du, wie sie in Wirklichkeit aussieht. Ich zeichne kurze dicke Striche zur Darstellung der Türen und Fenster.«

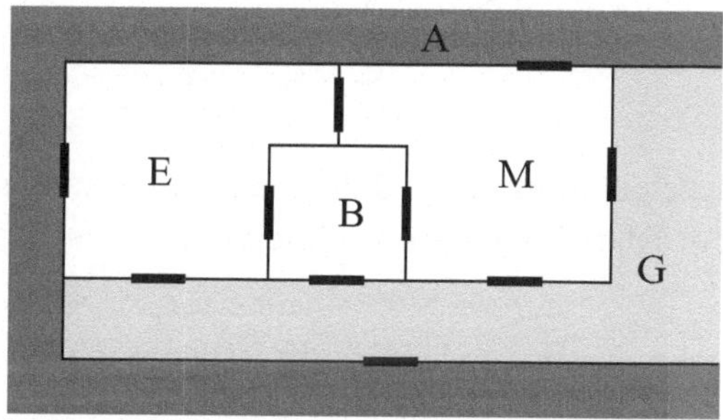

»Anders als du gesagt hast, kann man vom Bad aus nicht die Außenseite sehen, da das einzige Badfenster zum Garten zeigt.«

»Hm, da habe ich mich tatsächlich geirrt. Ein kleiner Fehler ohne jede Bedeutung.«

»Der Graph zur Darstellung deiner ebenerdigen Villa kann nun gezeichnet werden, ohne dass sich Kanten überschneiden. Man muss in meinem Graphen nur die Verbindung zwischen *B* und *A* entfernen, so wie hier.«

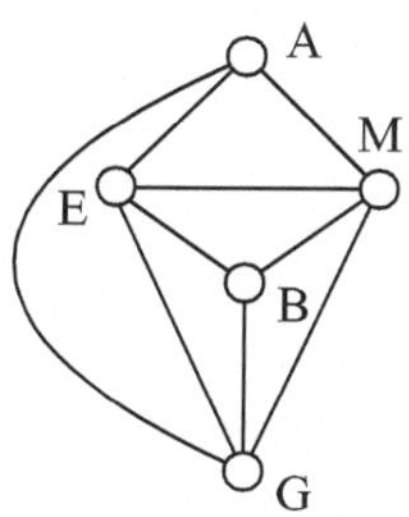

»Asche auf mein Haupt! Ich gebe zu, dass mir mein Gedächtnis einen Streich gespielt hat und ich mir ein Fenster zu viel in unserem Badezimmer eingebildet habe. Aber wie konntest du so sicher sein, dass die von mir beschriebene Villa nicht existieren kann?«

Ich überlege, wie ich am einfachsten die Eigenschaft des Graphen erklären kann, die meiner Behauptung zugrunde liegt.

»Wenn du einen Graphen zeichnest, dessen Kanten sich nicht überschneiden, schaffst du Gebiete, die von Kanten begrenzt sind. Diese Gebiete heißen Flächen. Beispielsweise gibt es in dem Graphen zu deiner Villa sechs Flächen, die ich mit $f1$ bis $f6$ bezeichne. Beachte, dass auch das Äußere dieses Graphen eine Fläche ist. Ich habe sie mit $f6$ bezeichnet. Die anderen fünf Flächen liegen im Inneren des Graphen.

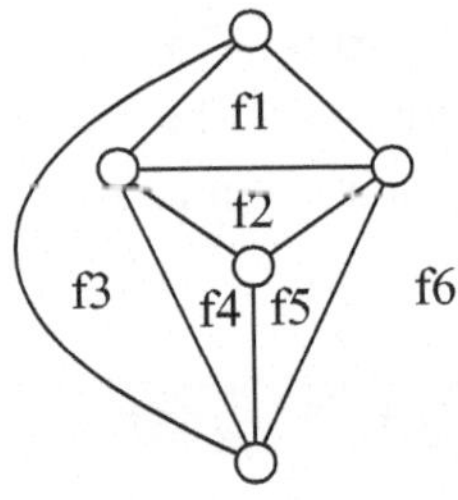

Um meine Erklärung zu erleichtern, lege ich fest, dass ein Graph genau dann *planar* ist, wenn man ihn auf einem Blatt Papier so zeichnen kann, dass sich seine Kanten nicht überschneiden.«

»Wenn ich richtig verstehe, ist also jeder Graph, in dem sich zwei Kanten überschneiden, nicht planar.«

»Nein, es kann sein, dass man alle Kantenüberschneidungen eliminieren kann, indem man den Graphen anders zeichnet. Zum Beispiel ist der Graph hier links planar, obwohl er zwei sich überschneidende Kanten enthält. Indem ich den Verlauf einer Kante ändere, erhalte ich den Graphen rechts, der tatsächlich eine andere Darstellung desselben Graphen ohne Kantenüberschneidungen ist.«

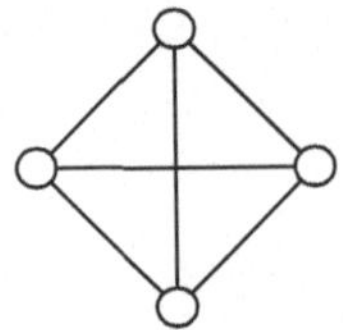

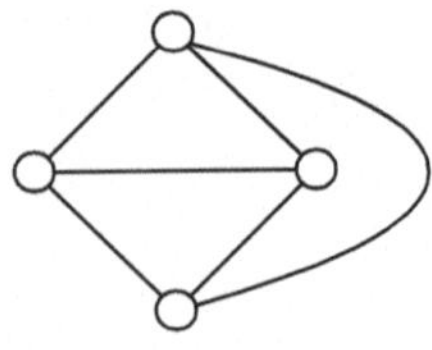

»Zusammengefasst, behauptest du also, dass der erste Graph, den du zur Darstellung meiner Villa gezeichnet hast, nicht planar ist, weil es unmöglich ist, den Verlauf der Kanten so zu ändern, dass sich keine Überschneidungen ergeben. Und du hast ihn durch das Weglassen der Kante von *B* nach *A* planar gemacht.«

»Genau. Nun muss ich noch einen letzten Begriff definieren, damit du auch ganz bestimmt keine Verständnisprobleme hast. Wenn du dich von jedem beliebigen Knoten des Graphen zu jedem anderen beliebigen Knoten des Graphen über Kanten des Graphen bewegen kannst, nennt man den Graphen *zusammenhängend*. Dieses Wort hat seinen Ursprung darin, dass jeder beliebige Punkt des Graphen mit jedem beliebigen anderen Punkt des Graphen über Kanten des Graphen ›zusammenhängt‹. Beispielsweise kannst du A von B aus auf verschiedenen Wegen erreichen. Hier sind drei davon:«

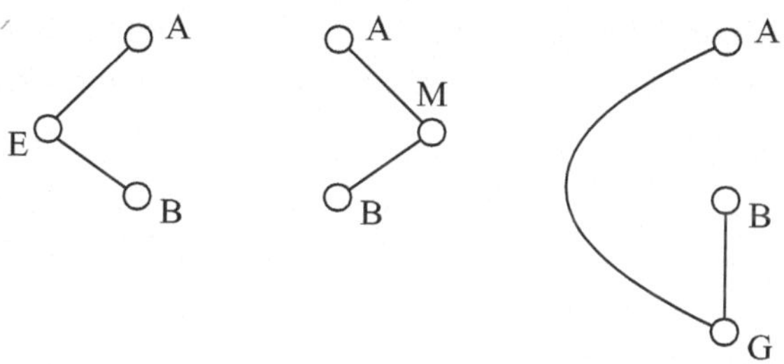

»Der Graph zu meiner Villa ist also zusammenhängend. Derjenige mit der Kante zwischen B und A war es übrigens auch.«

»Du hast wiederum recht, Sébastien. Wenn ich jetzt die Eigenschaften des Graphen ohne die Kante zwischen B und A zusammenfasse, kann ich sagen, dass er sechs Flächen hat und sowohl planar als auch zusammenhängend ist.«

»Und wobei hilft uns das weiter?«

»Ich muss dir von einem der größten Mathematiker erzählen, den die Schweiz jemals hervorgebracht hat, Leonhard Euler. Er hat im 18. Jahrhundert bewiesen, dass es in einem planaren, zusammenhängenden Graphen eine Relation zwischen der Anzahl der Knoten, der Anzahl der Kanten und der Anzahl der Flächen gibt. Diese Relation ist sehr einfach: Wenn du die Differenz aus der Kantenzahl und der Knotenzahl bildest und zu dem Ergebnis zwei Einheiten addierst, erhältst du die Anzahl der Flächen des Graphen. Beispielsweise hat der Graph, der die Villa abbildet, 9 Kanten und 5 Knoten. Bildet man die Differenz der beiden Zahlen und addiert 2 Einheiten, erhält man $9-5+2=6$, was tatsächlich der Anzahl der Flächen des Graphen entspricht.«

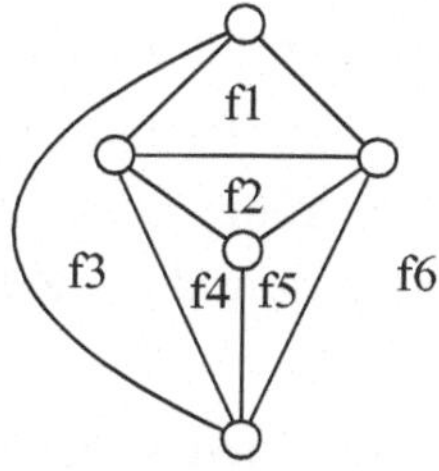

Dieser Graph hat 9 Kanten, 5 Knoten und 6 Flächen.

»Dieser Euler war ein Genie.«

»Ja, und ich werde dir diese Formel jetzt nicht beweisen, selbst wenn ich es könnte, wenn wir nur ein Stündchen Zeit hätten.«

Courtel dankt mir dafür, dass ich ihm diesen Beweis erspare und bezweifelt, eines Tages den Beweis einer mathematischen Formel verstehen zu können. Nachdenklich sagt er, dass er den Zusammenhang zwischen dieser Formel und dem Problem seiner Villa noch immer nicht versteht.

»Damit ich meine Erklärung fortsetzen kann«, sage ich, »musst du dich an unsere gestrige Diskussion über die Methode des Kantenzählens bei einem Graphen erinnern.«

»Oh, ich erinnere mich sehr gut. Man kann zu jedem Knoten die Anzahl der an ihm liegenden Kanten angeben. Wenn man die Summe über diese Zahlen bildet, so erhält man genau das Doppelte der Kantenzahl, weil die so ausgeführte Berechnung jede Kante zwei Mal zählt.«

»Du hast ein gutes Gedächtnis. Ich nenne dir jetzt eine andere Methode des Kantenzählens, die nur für planare Graphen gilt.«

»Ich höre dir zu.«

»Schreibe in jede Fläche deines planaren Graphen die Anzahl der Kanten, die sie begrenzen.«

»Man erhält für jede Fläche 3.«

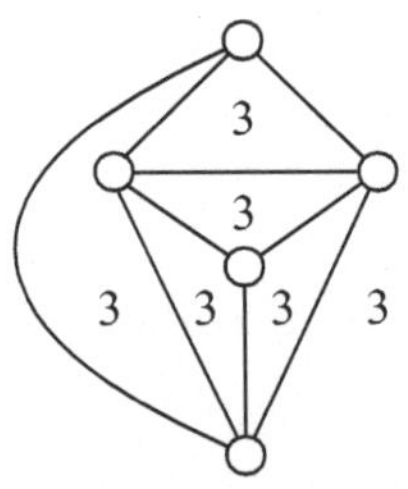

»Ja, aber das ist purer Zufall, denn man hätte jede beliebige Anzahl größer oder gleich 3 erhalten können. Wenn du jetzt die Summe dieser Zahlen bildest, erhältst du einen Gesamtbetrag, den ich mit dem Buchstaben T bezeichne. In unserem Graphen ist dieser Gesamtbetrag 6 mal 3, also 18, was wiederum das Doppelte der Kantenzahl ist.«

Courtel überlegt einen Moment lang, dann lächelt er. »Ich glaube, ich habe verstanden, warum. Weil jede Kante zwei Flächen trennt, wird jede doppelt gezählt, ein Mal beim Rand der einen Fläche und ein Mal bei dem der anderen. Es ist also ganz normal, dass man wieder das Doppelte der Kantenzahl erhält.«

»Du verstehst schnell. Jetzt, wo der Rand jeder Fläche mindestens drei Kanten enthält, ist der von uns gerade errechnete Gesamtbetrag T also mindestens das Dreifache der

Flächenzahl des Graphen. Außerdem haben wir festgestellt, dass T nichts anderes ist als das Doppelte der Kantenzahl. Daraus kann man also ableiten...«

»Warte, Maurice, ich sortiere gerade meine Gedanken. Wenn ich alle Informationen kombiniere, die du mir gegeben hast, erhalte ich Folgendes:

$$2 \text{ mal die Kantenzahl} = T \geq 3 \text{ mal die Flächenzahl}\,.$$

Ich schließe also daraus, dass das Doppelte der Kantenzahl mindestens so groß ist wie das Dreifache der Flächenzahl.«

»Bravo, Sébastien! Du hast ganz genau die Schlussfolgerung gezogen, zu der ich kommen wollte. Betrachtet man unseren Graphen, so stellt man fest, dass er 9 Kanten besitzt. Verdoppelt man diese Zahl, so erhält man 18, das Dreifache der Flächenzahl. Man hätte keine kleinere Zahl erhalten können. Andererseits gibt es planare Graphen, bei denen das Doppelte der Kantenzahl größer ist als das Dreifache der Flächenzahl. Wenn du zum Beispiel ein einfaches Quadrat wie das Folgende nimmst, hast du 4 Kanten und 2 Flächen. Das Doppelte der Kantenzahl beträgt 8, was größer ist als das Dreifache der Flächenzahl, die 6 beträgt.«

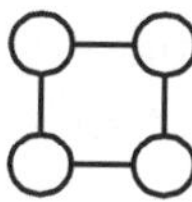

»Aber worauf genau willst du damit hinaus?«

»Ich möchte dieses Ergebnis jetzt mit der von Euler bewiesenen Formel kombinieren. Schreiben wir K für die Anzahl der Kanten, N für die Anzahl der Knoten und F für die Anzahl der Flächen des Graphen. Erinnerst du dich an die Formel?«

»Ja, Euler hat bewiesen, dass man die Flächenzahl des Graphen erhält, wenn man die Differenz aus Kantenzahl und Knotenzahl des Graphen bildet und zwei Einheiten zu diesem Ergebnis addiert.«

»Siehst du, Sébastien, die Schönheit der Mathematik besteht darin, in einer ganz kleinen Formel zusammenfassen zu können, was sonst wortreicher Erklärungen bedarf.«

»Mithilfe der von uns zur Bezeichnung der Anzahl der Kanten, Knoten und Flächen gewählten Buchstaben kann diese Formel von Euler ganz einfach folgendermaßen geschrieben werden:«

$$F = K - N + 2\,.$$

»Ich gebe zu, sie ist schön, aber ich verstehe immer noch nicht, worauf du hinaus willst.«

»Ich habe dich gerade überzeugt, dass in einem planaren Graphen das Doppelte der Kantenzahl immer mindestens gleich dem Dreifachen der Flächenzahl ist. Kannst du mir das als mathematische Formel aufschreiben?«

»Das ist ganz einfach. Diesmal hat man die folgende Ungleichung:«

$$2K \geq 3F\,.$$

»Exzellent! Nun müssen wir nur noch die beiden Ergebnisse kombinieren, um die Formel zu erhalten, die mich interessiert. Das F aus deiner letzten Formel werde ich durch $K-N+2$ ersetzen. Das ändert nichts, denn Euler hat ja bewiesen, dass diese beiden Mengen gleich sind. Ich kann also deine Formel wie folgt schreiben:«

$$2K \geq 3(K-N+2) = 3K-3N+6\,.$$

»Wenn mir mein mathematisches Gedächtnis keinen Streich spielt, dann kann man diese Formel vereinfachen, indem man alle K auf eine Seite bringt.«

»Gut gesehen. Wenn du alle K nach rechts und den Rest nach links bringst, erhältst du:

$$3N-6 \geq K\,.$$

Auf gut Deutsch, ich habe dir gerade gezeigt, dass die Kantenzahl K eines planaren, zusammenhängenden Graphen immer mindestens gleich der Zahl ist, die man erhält, wenn man die Knotenzahl N mit 3 multipliziert und vom Ergebnis anschließend 6 subtrahiert.«

»Ich werde gleich überprüfen, ob deine Formel für den Graphen meiner Villa richtig ist. Ich habe 5 Knoten, $3N-6$ ergibt 9, also exakt die Kantenzahl des Graphen.«

»Ich möchte nochmals betonen, dass $3N-6$ größer als die Kantenzahl sein kann. Wenn du zum Beispiel wieder mein kleines Quadrat mit 4 Knoten und 4 Kanten betrachtest, ergibt die Rechnung $3N-6=6$, was größer als die Kantenzahl ist.«

Courtel sieht mich an und gibt zu, bei der Sache ein wenig den Faden verloren zu haben. Es war vernünftig, ihm zu erklären, warum die von ihm beschriebene Villa nicht existieren konnte. Und ich habe ihm gerade gezeigt, wie man der Kantenzahl eines planaren, zusammenhängenden Graphen eine obere Schranke setzt.

»Mein lieber Sébastien, ich habe eine gute Nachricht für dich: Ich habe jetzt alle Elemente, die ich brauche, um dir zu erklären, wie ich erraten konnte, dass du dich bei der Beschreibung eurer Villa geirrt hast.«

»Endlich kommen wir zum Punkt. Es wurde auch Zeit.«

»Hätte dein Badezimmer ein Fenster zur Außenseite, so hätte der Graph mit allen Verbindungen zwischen den Zimmern der Villa, dem Garten und der Außenseite bekanntermaßen eine Form wie in der Abbildung auf der nächsten Seite.

Dieser Graph ist zusammenhängend und hat $N=5$ Knoten und $K=10$ Kanten. Wenn du $3N-6$ rechnest, erhältst du 9, was kleiner als die Kantenzahl ist. Dieser Graph kann

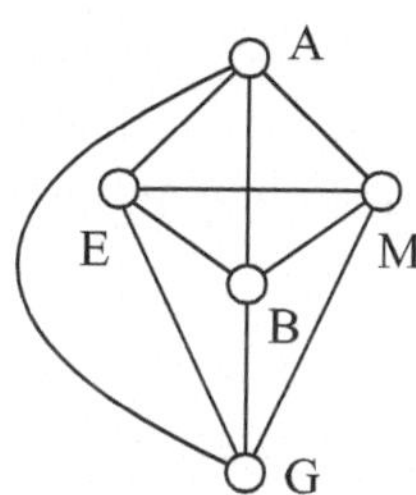

also nicht planar sein. Genau so konnte ich erraten, dass du in deiner Beschreibung etwas übertrieben hast. Hättest du meine Frage, ob deine Villa auf zwei Etagen gebaut ist, positiv beantwortet, wäre es anders. Dann hätte ich die wesentliche Einschränkung, dass der Graph zu deiner Villa planar ist, fallen gelassen, und ich hätte dir geglaubt.«

»Maurice, ich bin beeindruckt. Du hast mir ja hier eine regelrechte Lektion in Mathematik und Graphentheorie gegeben. Ich danke dir. Aber wenn du die Wahrheit wissen willst: Ich glaube nicht, dass ich dieses Ergebnis in Zukunft wiederverwenden kann.«

»Lass dich eines besseren belehren, Sébastien. Ich werde dir Gelegenheit geben, diese schöne Grapheneigenschaft sofort und unmittelbar wieder anzuwenden.«

»In welchem Zusammenhang?«

»Erinnerst du dich an das Stromproblem, von dem du mir heute früh erzählt hast?«

»Du meinst den Stromausfall gestern Abend?«

»Ja, genau diesen. Wenn ich deine Erklärung von gerade eben richtig verstanden habe, wolltest du versuchen, die drei Hotelvillen an Gas, Wasser und Strom anzuschließen, ohne dass sich Rohre, Kanalisation und Kabel kreuzen.«

»Das ist genau, was ich versuche.«

»Beginnen wir damit, noch einmal deinen Plan mit den drei Villen und den Anschlüssen an die drei Energiequellen zu zeichnen. Zu recht hast du gesagt, dass dies fast ein Graph sei. Eigentlich braucht man nur die rechteckigen Kästen für die Villen durch Knoten zu ersetzen und alle Verbindungen durchzuziehen, weil ich nicht zwischen Wasser, Gas oder Strom zu unterscheiden brauche. Hier sieht man, was sich daraus ergibt.

Dein Problem, Sébastien, oder vielmehr das des Hotels, besteht darin, Überschneidungen von Kanten in diesem Graphen zu vermeiden. Ihr nehmt alle an, dieser Graph sei planar. Ist er es nicht, wird es euch nie gelingen, ihn so neu zu zeichnen, dass sich keine Kanten überschneiden.«

»Und warum sollte er es nicht sein? Ah, ich sehe, was du vorhast. Du willst mir zeigen, dass $3N-6$ wieder kleiner als die Kantenzahl K ist.«

»Rechne selbst.«

»... Tut mir Leid, dir widersprechen zu müssen, lieber Maurice, aber diesmal haben wir $N=6$ Knoten und $K=9$ Kanten. In diesem Fall beträgt $3N-6$ also 12, was eindeutig größer ist als 9.«

»Freue dich nicht zu früh.«

»Sag nicht, dass du mir eine neue mathematische Formel beweisen willst.«

»Ich werde nur meine Argumentation von eben etwas modifizieren, um eine ganz besondere Eigenschaft zu berücksichtigen, die ich in diesem neuen Graphen sehe, die aber der Graph zu deiner Villa nicht hatte.«

»Was siehst du denn so besonderes?«

»Ich stelle fest, dass bei der Auswahl von drei beliebigen Knoten im Graphen immer wenigstens eine Kante zwischen zwei dieser drei Knoten fehlt.«

»Wie kannst du das so leicht sehen?«

»Es reicht festzustellen, dass ich die Knoten in zwei Gruppen einteilen kann, wobei eine die drei Villen und die andere die drei Energiequellen umfasst. Beachte, dass es keine Kante zwischen zwei Knoten derselben Gruppe gibt. Wählt man also drei Knoten im Graphen, so nimmt man mit Sicherheit mindestens zwei derselben Gruppe, und somit fehlt mindestens eine Kante zwischen zwei gewählten Knoten.«

»Ich verstehe und stimme dir zu, dass diese Eigenschaft nicht für den Graphen der Villa galt. Beispielsweise fehlt zwischen den Knoten E, M und B keine einzige Kante. Aber ich verstehe nicht, inwiefern diese Eigenschaft nützlich ist?«

»Ich kann daraus schlussfolgern, dass der Rand jeder Fläche von mindestens 4 anstatt von 3 Kanten gebildet wird.«

»Wenn der Rand einer Fläche tatsächlich nur drei Kanten enthält, würde das bedeuten, dass die drei Knoten, die sie begrenzen, alle untereinander durch eine Kante verbunden sind. Und weiter?«

»Die Zahlen, die ich in jede Fläche schreiben kann, betragen also alle mindestens 4. Der Gesamtbetrag T dieser Zahlen, den wir gerade berechnet haben, ist damit mindestens das Vierfache der Flächenzahl.«

»Ich muss also die mathematische Formel, die ich dir gegeben habe, etwas korrigieren. Sie besagte, dass in einem planaren Graphen das Doppelte der Kantenzahl immer mindestens gleich dem Dreifachen der Flächenzahl ist. Ich muss lediglich *Dreifaches* durch *Vierfaches* ersetzen.«

»Ja, Sébastien, und das ist die einzige Veränderung, die ich an der Argumentation von vorhin vornehmen werde. Die neue Formel ist also folgende:

$$2K \geq 4F.$$

Verwendet man wieder die Formel von Euler, so erhält man:

$$2K \geq 4(K-N+2) = 4K-4N+8.$$

Und bringt man alle K auf die rechte und den Rest auf die linke Seite, so hat man:

$$4N-8 \geq 2K.$$

Durch Kürzen wird daraus:

$$2N-4 \geq K.$$

Mit anderen Worten: Die Kantenzahl K in einem planaren, zusammenhängenden Graphen, der keine Fläche mit drei Knoten enthält, ist immer kleiner gleich dem Doppelten der Knotenzahl N vermindert um 4. Das ist fast so wie vorhin, nur dass jetzt $2N-4$ anstelle von $3N-6$ steht.«

»Lass mich überprüfen, was das im Fall unseres neuen Graphen ergibt. Wir haben $N=6$ Knoten und $K=9$ Kanten. $2N-4$ ergibt 8 und... tatsächlich, du hast recht, das ist kleiner als die Kantenzahl.«

»Was beweist, dass der Graph nicht planar ist.«

»Ja, ich habe tatsächlich eine Kante zu viel, und genau deshalb ist es mir sicher nicht gelungen, weniger als eine Überschneidung zu bekommen.«

»Du hast alles perfekt verstanden.«

»Ich habe verschiedene Lösungen mit nur einer Überschneidung gefunden, etwa die folgende Situation mit nur zwei veränderten Verbindungen.«

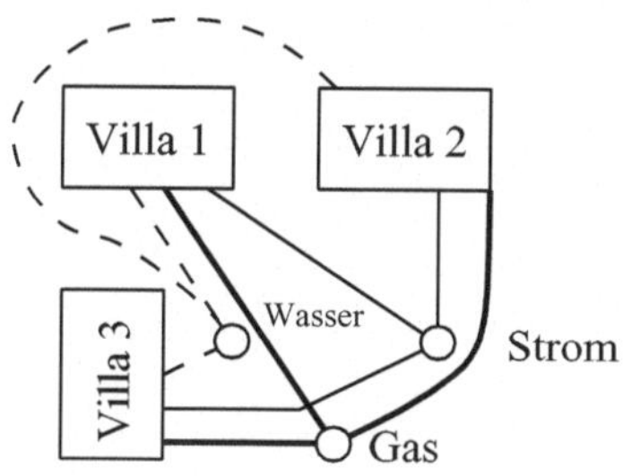

»Wenn du willst, kannst du ihnen jetzt sogar beweisen, dass sie keine bessere Lösung finden können.«

»Du bist ein Genie, Maurice.«

»Nein, das Genie war Euler. Ich habe dir nur das Potential seines Satzes gezeigt.«

»Du bist zu bescheiden. Übrigens, Maurice, verzeih mir bitte den Gedankensprung, aber kannst du mir sagen, wann du auf der COPS deinen Vortrag hältst? Ich möchte ihn nicht verpassen. Ich bin sicher, er wird sehr interessant.«

»Ich werde erst morgen Nachmittag vortragen. Aber lege die Messlatte nicht zu hoch, sonst bist du vielleicht enttäuscht. Das Thema, über das ich sprechen werde, ist sehr speziell. Es geht um neuere Verfahren, die unter Verwendung der Graphentheorie dabei helfen, in Datenbanken versteckte Informationen aufzuspüren.«

»Das scheint alles sehr kompliziert zu sein.«

»Ja, das ist es. Aber ich hoffe, meine Graphen vor allem in den speziellen Sektionen ›Ungelöste Fälle‹ verwenden zu können. Wenn ich meine Kollegen vom Nutzen dieses Arbeitsinstruments überzeugen will, muss ich wenigstens eine Ermittlung mit den Graphen voranbringen können.«

»Jetzt, denke ich, ist es höchste Zeit, sich in die Tagungsräume zu begeben. Das Programm ist ziemlich voll, scheint aber besonders interessant zu sein.«

3 Diebstahl aus dem Kantonsarchiv

DIE VORTRÄGE DIESES VORMITTAGS WAREN WIRKLICH SPANNEND. Manchmal hatte ich das Gefühl, Teil des Teams von ›CSI: Den Tätern auf der Spur‹ zu sein. Wir bekamen die neuesten Methoden vorgeführt, mit denen man den vermutlichen Todeszeitpunkt eines Menschen mit großer Genauigkeit bestimmen kann. Ich habe außerdem gelernt, wie man mithilfe eines neuen Pulvertyps auf Aluminiumbasis Spuren auf Holz sichert.

In einigen Minuten werde ich jedoch endlich von der Hauptspeise kosten können. Meine Arbeitsgruppe ›Gestohlenes und Verschwundenes‹ der Sektion ›Ungelöste Fälle‹ hat sich in einem kleinen Raum eingefunden und ich erkenne einige Kollegen, mit denen ich in der Vergangenheit bereits zusammengearbeitet habe. Da ist natürlich der neben mir sitzende Courtel, aber auch Inspektor Costello aus Mailand und Inspektorin Andrews aus Dallas. Ich ermittle sehr gern in Diebstahlsfällen und hoffe sehr, ihnen dabei helfen zu können, einen Täter zu fassen.

Der Moderator der Sektion ist Inspektor Morard von der Kantonspolizei Waadt. Seine natürliche Ausstrahlung macht ihn wahrscheinlich zu einem respektierten und geschätzten Chef. Er bittet um Ruhe und erklärt uns, wie diese erste Sitzung der ›Ungelösten Fälle‹ ablaufen wird. Zunächst gibt er uns eine detaillierte Zusammenfassung der

Diebstahlsangelegenheit, mit der wir uns befassen werden. Anschließend können wir Fragen stellen, um bestimmte Punkte zu präzisieren oder zu klären, die ergänzende Informationen verdienen. Er wird sie, so weit wie möglich, beantworten. Danach werden wir unsere Kenntnisse und Fähigkeiten einbringen, um zu versuchen, den Fall zu lösen.

Courtel ist genau so ungeduldig wie ich, die Details der Angelegenheit zu erfahren, mit der wir uns befassen werden. Wenn wir nebeneinander sitzen, habe ich oft das Gefühl, dass uns alle beobachten, so gegensätzlich ist unser Äußeres. Während er gut 15 cm größer ist als ich, übersteigt mein Bauchumfang den seinen um mindestens 40 cm. Außerdem kontrastiert mein grau melierter Bart mit seinem glatt rasierten Gesicht. Im Moment aber sind alle Augen auf Inspektor Morard gerichtet, der mit seinen Ausführungen beginnt.

Die ersten Fakten, die den Fall dieser Sitzung betreffen, liegen etwas mehr als zwei Jahre zurück. Anfangs handelte es sich um einen Kriminalfall, wahrscheinlich um vorsätzlichen Mord. Am 26. November 2006 erhielt der Polizeiposten der Stadt Lausanne um 7.15 Uhr einen Anruf von Madame Blanchet, die ihren Ehemann vermisst meldete. Er war am Vorabend ausgegangen und wollte um Mitternacht zurück sein. Als Madame Blanchet am Morgen aufwachte, war ihr sofort klar, dass ihr Mann die Nacht nicht zu Hause verbracht hatte. Sie war überzeugt, dass ihm etwas Schlimmes passiert war. Schließlich stand sein Wagen, den er für seine nächtliche Ausfahrt benutzt hatte, vor ihrem gemeinsamen Haus und einige Meter neben der Eingangstür des Hauses gab es mehrere Blutflecken.

Der Ermittler Bonneau wurde mit dem Fall betraut. Er begab sich sofort vor Ort und konnte tatsächlich deutliche Spuren eines Kampfes feststellen, von dem die Verletzungen herrührten, die wiederum die Blutflecken in der Nähe des Hauses erklärten. Bei der Spurensicherung nahm der Ermittler mehrere Blutproben auf, um festzustellen, ob es sich um das Blut von Monsieur Blanchet handelte. Er durchkämmte das ganze Umfeld nach Beweisen, um zu verstehen, was sich vor dem Haus der Blanchets abgespielt hatte. Nach der Analyse konnte er feststellen, dass alle Blutflecken vor dem Haus der gleichen Blutgruppe und Monsieur Blanchet zuzuordnen waren.

Andrews fällt Morard ins Wort: »Entschuldigen Sie, dass ich Sie unterbreche, aber wenn ich Ihnen so zuhöre, bin ich nicht mehr sicher, im richtigen Raum zu sein. Ich dachte, meine Arbeitsgruppe müsste sich mit einer Diebstahlssache beschäftigen, während der von Ihnen erläuterte Fall eher ein Mord zu sein scheint.«

Inspektor Morard bittet sie, sich zu gedulden und präzisiert, dass die geschilderten Tatsachen eng mit dem Diebstahl verbunden seien, den sie später aufklären wollten. Dann setzt er seine Ausführungen fort.

»Wir haben Madame Blanchet, ihre Nachbarn und die Arbeitskollegen ihres Mannes befragt, um herauszufinden, ob sie in seinem Verhalten etwas merkwürdiges festgestellt hätten. Wir haben auch erfahren, dass er am Abend seines Verschwindens eine heftige Auseinandersetzung mit Madame Tait hatte, mit der er sein Büro teilte. Es war so laut, dass man ihren Streit in allen Büros der Etage hören konnte. Alle bestätigten, dass Madame Tait Todesdrohungen ausgesprochen hatte. Selbstverständlich hat Bonneau Madame Tait verhört, um mehr über die Ursache ihrer Auseinandersetzung mit Monsieur Blanchet zu erfahren. Sie erklärte, dass es ihre Aufgabe sei, fette Verträge zur Vermögensverwaltung an Land zu ziehen. Sie hatte zugegeben, mit einem potentiellen Kunden von Monsieur Blanchet zu Abend gegessen und den Abend verbracht zu haben. Das hat Monsieur Blanchet aufgebracht, da sie nicht zum ersten Mal ihren Charme benutzte, um sich der Kunden anderer Kollegen zu bemächtigen. Bonneau fragte Madame Tait, was sie am Abend und in der Nacht des Verschwindens getan habe. Sie gab an, bei sich zu Hause gewesen zu sein, konnte aber niemanden benennen, der das bezeugen konnte.

Es erscheint uns sehr wahrscheinlich, dass Madame Tait Monsieur Blanchet getötet und seine Leiche weggebracht hat, um sie verschwinden zu lassen. Wir haben natürlich versucht, auf ihrer Kleidung oder in ihrem Wagen Blutspuren zu finden, leider ohne Erfolg. Aus Mangel an Beweisen konnten wir keine Anklage gegen sie erheben, aber sie bleibt unsere Verdächtige Nummer 1.

Das alles ist vor etwas mehr als zwei Jahren passiert. Wir haben unsere Ermittlungen erfolglos weitergeführt und schließlich wurde der Fall als ungelöst klassifiziert. Die Akten zu dieser Ermittlung wurden im Kantonsarchiv der Polizei hier in Lausanne hinterlegt.

Im vergangenen März stieß ein Spaziergänger in einem Waldstück an der Straße von Lausanne nach Morges zufällig auf eine Leiche, die sich bereits im Zustand fortgeschrittener Verwesung befand. Unsere Experten haben Untersuchungen zur Identifizierung der Leiche angestellt. Zu unserer großen Überraschung stellte sich heraus, dass es sich um Monsieur Blanchet handelte. Bei der Analyse seines Blutes hatten wir damals seine DNA entnommen und in unseren Datenbanken gespeichert. Die Übereinstimmung zwischen dieser DNA und der DNA der Leiche nachzuweisen war ein Kinderspiel.

Wir haben in der Umgebung der Leiche verschiedene Beweise gesichert und beschlossen, die Ermittlungen wieder aufzunehmen. Die neuen Beweisstücke wurden am 8. April 2009, einem Mittwochabend, im Kantonsarchiv in die Kiste mit den Ermittlungsakten von Ende 2006 gelegt. Und zwar habe ich selbst die Beweisstücke dort abgelegt, als das Gebäude um 18.00 Uhr geschlossen wurde.

Am Freitag, dem 10. April, am Spätnachmittag gegen 17.30 Uhr ging ich wieder zum Kantonsarchiv, um die ganze Kiste zu holen. Ich wollte sie dem Ermittlungsrichter für einen Antrag auf Wiederaufnahme der Ermittlungen vorlegen. Als ich die Räumlichkeiten betrat, fiel mir sofort der Ermittler Bonneau in heftiger Diskussion mit dem Archivpersonal ins Auge. Als er mich bemerkte, hielt er sich nicht mit einer Begrüßung auf, sondern schilderte mir unverzüglich, was sich ereignet hatte. Er machte einen völlig verdutzten und verwirrten Eindruck. Er erklärte, gegen 16.00 Uhr ins Archiv gekommen zu sein, um mehr über die neuen Beweisstücke zu erfahren, die in der Nähe der Leiche von Monsieur Blanchet gefunden worden waren. Völlig überrascht musste er feststellen, dass die Kiste mit den Ermittlungsakten verschwunden war. Der verantwortliche Mitarbeiter hatte ihn darüber informiert, dass er mich mit den Dokumenten erwartete, um sie ins Büro des Ermittlungsrichters zu bringen. Er hatte mich jedoch den ganzen Tag noch nicht gesehen und eine Ausgangsbescheinigung war an diesem Tag auch noch nicht ausgestellt worden. Die Kiste mit den Akten konnte also das Archiv nicht verlassen haben. Bonneau hatte die Räumlichkeiten mehr als eine Stunde lang in der Hoffnung abgesucht, die Kiste könnte ganz einfach am falschen Platz abgestellt worden sein. Er fand aber nichts und hatte gerade mit der Befragung des Personals begonnen, als er mich sah. Ich begab mich unverzüglich zu der Stelle, an der die Kisten gelagert werden, und konnte lediglich das Verschwinden der Dokumente bestätigen.

Mit diesem Diebstahl wird sich unsere Arbeitsgruppe beschäftigen. Gibt es bis hierhin Fragen zu meinem Bericht? Natürlich werde ich Ihnen in einigen Minuten die Einzelheiten unserer Untersuchungen darlegen.«

Von allen Seiten ließen die Fragen nicht lange auf sich warten. »Ich bin Oberleutnant Despontin aus Paris. Ich möchte sichergehen, die Situation genau verstanden zu haben. Sie sagten, dass Sie selbst die neuen Beweisstücke Mittwochabend ablegten und diese am Freitagabend zusammen mit den Akten von Monsieur Blanchet verschwunden waren? Der Diebstahl ereignete sich also zwischen Mittwoch 18.00 Uhr und dem darauf folgenden Freitag 16.00 Uhr. Sind Sie sich dabei ganz sicher?«

»Stimmt genau«, antwortet Morard, »Ich habe die Kiste am Mittwochabend mit eigenen Augen gesehen und zwei Tage später war sie verschwunden.«

»Inspektor Schwarz aus Berlin. Haben Sie versucht, mehr über die Person herauszufinden, mit der Madame Tait essen war und die den Anlass zu ihrer Auseinandersetzung mit Monsieur Blanchet gab?«

»Ja natürlich«, antwortet Morard, »wir haben diese Person befragt, die sich als Geschäftsführer eines großen amerikanischen Unternehmens herausstellte. Auf eine erfolgversprechende Spur hat uns das aber nicht gebracht.

Ich möchte Sie daran erinnern, dass es in unserer Sitzung nicht darum geht, festzustellen, ob Madame Tait des Mordes an Monsieur Blanchet schuldig ist. Wir sind heute hier versammelt um herauszufinden, wer sich im Archiv dieser Sachen bemächtigt hat. Mir ist klar, dass es scheint, als wären der Mord und der Diebstahl eng miteinander verbunden, aber ich bitte Sie, Ihre Fragen möglichst auf den Diebstahl zu richten.«

Nach dieser Klarstellung macht sich für Sekunden eine drückende Stille breit, bis schließlich Courtel das Wort ergreift.

»Sébastien Courtel aus Marseille. Können Sie uns das Sicherheitssystem des Kantonsarchivgebäudes beschreiben?«

»Ich werde gleich im Detail auf das vorgeschriebene Prozedere eingehen, wie man in den Archivraum der Polizei gelangt«, antwortet Morard. »Wie Sie feststellen werden, geht man bei uns nicht einfach so ein und aus, sondern die Ein- und Ausgänge werden genau überwacht.«

»Inspektor Costello aus Mailand. Haben Sie eine Liste der Personen erstellt, die am Donnerstag, dem 9. April, und am Freitag, dem 10. April, im Archivgebäude waren?«

»Wenn ich Ihre Frage genau beantworten will, muss ich nein sagen«, antwortet Morard. Ich erkläre: Das Kantonsarchiv der Polizei nimmt nur einen Teil der ersten Etage des Gebäudes ein, das auch mehrere andere Archivdienste sowie zahlreiche Verwaltungsstellen beherbergt, die keinerlei Verbindung zu unseren polizeilichen Diensten haben. Unser Sicherheitssystem, das ich Ihnen gleich beschreiben werde, lässt zuverlässige Aussagen darüber zu, welche Personen in *unseren* Räumlichkeiten waren. Andererseits wissen wir nicht, wer sonst noch während dieser Zeit Zutritt zum Gebäude hatte.«

»Inspektorin Andrews aus Dallas. Wenn ich Sie richtig verstanden habe, verfügen Sie also über eine Liste der Personen, die am 9. April und am 10. April Zutritt zum Kantonsarchiv der Polizei hatten? Haben Sie diese Personen befragt, und wenn ja, haben Sie einen Verdächtigen?«

»Um ehrlich zu sein«, antwortet Morard, »haben wir die Mitarbeiter des Archivs nicht befragt. Wir betrachten sie als über jeden Verdacht erhaben. Bei ihrer Einstellung führen wir eine minutiöse Befragung durch, die uns gestattet, nur absolut vertrauenswürdige Personen auszuwählen, für die ich mich persönlich verbürge. Um also Ihre Frage zu beantworten: Es wurden alle Personen befragt, die nicht im Gebäude arbeiten, aber Zutritt zu unserem Archivraum hatten. Die Befragung hat nichts Schlüssiges ergeben. Ich werde aber später darauf zurückkommen.«

Einige Sekunden vergehen, ohne dass neue Fragen gestellt werden. Morard beschließt also, seinen Tatsachenbericht fortzusetzen.

»An dieser Stelle hätte ich lieber die ganze Gruppe mit zum Archivgebäude genommen, was mir eine Beschreibung erspart hätte. Was Sie auf dem hier projizierten Dokument sehen, ist der Grundriss eines Teils der ersten Etage des Gebäudes.

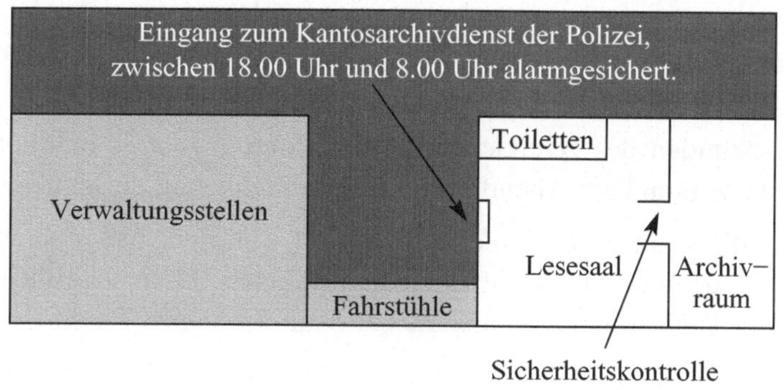

Wie Sie sehen, nimmt unser polizeilicher Archivdienst den rechten Flügel des Gebäudes ein. Man gelangt dorthin, indem man nach rechts geht, wenn man aus dem Fahrstuhl kommt. Ein Mitarbeiter des Sicherheitsdienstes am Eingang lässt nur die Personen durch, die eine Genehmigung haben. Jeden Tag wird eine neue Liste erstellt und es ist unmöglich, unsere Räumlichkeiten zu betreten, ohne auf der Liste zu sein. Es sei denn, man besitzt einen speziellen Passierschein, der ausschließlich Verwaltungsmitarbeitern, unseren Oberinspektoren und einigen anderen vertrauenswürdigen Personen ausgestellt wird. Diese Tür ist zwischen 18 Uhr und 8 Uhr geschlossen und alarmgesichert.

Hat die Aufsicht am Eingang Ihre Zugangsberechtigung zu unseren Räumen überprüft, können Sie in einen großen Lesesaal weitergehen. Dort befinden sich Arbeitsplätze und 10 Computer, von denen aus man auf unser elektronisches Archiv zugreifen kann. Links vom Eingang sind Toiletten.

Das Archiv befindet sich in einem Raum hinter dem Lesesaal. Man gelangt über eine Schleuse dorthin, wo sich ein zweiter Sicherheitsmitarbeiter befindet. Er kontrolliert die Besucher nicht, denn selbstverständlich bedeutet ihre Anwesenheit vor Ort, dass die Aufsicht am Haupteingang ihren Namen auf der Liste der zugangsberechtigten Personen überprüft hat.

Man kann alle Akten des Archivraums vor Ort einsehen. Hingegen ist es ausdrücklich untersagt, Dokumente aus dem Raum mitzunehmen, es sei denn, man hat eine Sondergenehmigung. Am Freitag, dem 10. April, besaß ich einen solchen Passierschein, der mich berechtigte, die komplette Akte über Monsieur Blanchet mitzunehmen, um sie dem Ermittlungsrichter zu übergeben. Diese Genehmigung war für mich aber nutzlos, da die komplette Akte bereits verschwunden war.

Wie ich schon sagte, kann ohne Genehmigung kein Dokument den Raum verlassen. Wenn Sie sich in den Lesesaal setzen wollen, um einen Ermittlungsbericht oder irgendein anderes Archivdokument in etwas bequemerer Lage zu studieren, können Sie die entsprechenden Dokumente im Archivraum kopieren.

Wenn Sie den Archivraum verlassen, wird Sie der Sicherheitsmitarbeiter kontrollieren, um zu überprüfen, dass Sie nichts Verbotenes mitnehmen. Der von uns gesuchte Dieb hat Akten mitgenommen, die übereinander gelegt einen etwa zehn Zentimeter dicken Papierstapel ergeben würden. Es ist absolut ausgeschlossen, dass der Dieb einer Kontrolle unterzogen wurde und dem Mitarbeiter dabei diese Dokumente entgangen sind. Wir verstehen nicht, wie der Diebstahl begangen werden konnte.«

Nach einigen Sekunden des Nachdenkens fragt Courtel: »Ist es möglich, sich in der Toilette zu verstecken und am Abend in Ihren Räumlichkeiten einschließen zu lassen?«

»Ich sehe, worauf Sie hinauswollen«, sagt Morard, »und wir haben auch schon daran gedacht. Das Szenario in Ihrem Kopf spielt sich wahrscheinlich so ab: Kurz vor 18 Uhr versteckt sich der Dieb in der Toilette. Er hat dann die ganze Nacht Zeit, um in aller

Ruhe in den Archivraum zu gehen, sich, ohne kontrolliert zu werden, die für ihn interessanten Dokumente zu greifen und sie auf der Toilette zu verstecken. Am Morgen, sagen wir gegen halb neun, kommt er ganz ruhig aus seinem Versteck und verlässt unbemerkt unser Archiv.«

»Genau daran habe ich gedacht«, sagt Courtel.

»Nun«, sagt Morard, »um eine solche Möglichkeit auszuschließen, führen wir jeden Morgen und jeden Abend eine Inspektion der Räume durch, mit der wir sicherstellen, dass sich niemand versteckt hat und alles in Ordnung ist.«

Ich schaue Courtel an, der ein sichtbar verdutztes Gesicht macht. Plötzlich macht es klick in seinem Kopf, schließlich ist er Experte für Überwachungssysteme. Ich ahne, dass er sich bald wieder einschalten wird. Morard setzt seinen Tatsachenbericht fort.

»Es ist wahrscheinlich, dass der Dieb am Tag seiner Tat kein gutes Gewissen hatte. Er musste nervös erscheinen. Wir haben also alle an diesem Tag anwesenden Personen befragt, ob sie ein verdächtiges Verhalten beobachtet hätten. Das Sicherheitspersonal sagte aus, nichts Ungewöhnliches bemerkt zu haben. Ich habe hier die Aussagen der sieben Personen bei mir, die eine Genehmigung zum Betreten des Archivdienstes hatten. Ich werde Ihnen zunächst die Liste dieser Personen geben, da wir überzeugt sind, dass sich der Dieb unter ihnen befindet.

Die erste Person auf dieser Liste ist Madame Tait. Sie hatte eine Zutrittsgenehmigung zum Archiv für Donnerstag, den 9. April, und für Freitag, den 10. April. Sie begründete ihr Gesuch mit der Aussage, die Entlarvung des Mörders von Blanchet liege ihr am Herzen, da sie sich so von jeder Verdächtigung reinwaschen könne. Als sie erfuhr, dass neue Beweisstücke in der Nähe der Leiche des Opfers gefunden worden waren, bat sie darum, diese ansehen zu können. Der Wachmann am Eingang sagte uns, dass Madame Tait am Donnerstag und am Freitag im Archiv war. Er kann es leicht beweisen, denn wenn eine berechtigte Person um Zutritt bittet, hakt er den Namen ab, um ihre Anwesenheit zu markieren.

Die zweite Person auf der Liste ist Ermittler Bonneau, der vor zwei Jahren am Fall Blanchet gearbeitet hatte, als das Opfer verschwunden war. Er war es, der den Diebstahl der Akten als Erster feststellte.«

»Hat er keine Dauergenehmigung für den Zutritt zum Archiv?«, fragt Andrews.

»Nein«, antwortet Morard, »nur die in den Rang eines Oberinspektors beförderten Polizisten erhalten eine solche Genehmigung. In diesem Fall ist sie ihm aber ohne Zögern ausgestellt worden. Bonneau hat schließlich monatelang an dem Fall gearbeitet. Es war also normal, dass er mehr über die in der Nähe der Leiche von Monsieur Blanchet gefundenen Beweisstücke erfahren wollte.«

»Um welche Art von Beweisstücken handelt es sich denn?«, fragt Costello.

»Das darf ich Ihnen leider nicht sagen«, antwortet Morard, »Seit dem Diebstahl unterliegen wir der Geheimhaltung. Aber erlauben Sie, dass ich meine Liste der sieben Personen vervollständige, die am Donnerstag und am Freitag im Archiv waren. Zu den Fragen kommen wir danach.

Um mit Bonneau abzuschließen, möchte ich ergänzen, dass er nur am Freitag im Archiv war. Am Donnerstag wurde sein Name nicht abgehakt.

Die dritte Person auf der Liste ist Monsieur Épiney, ein Professor der Juristischen Fakultät der Universität Lausanne. Er fordert regelmäßig Zutrittsgenehmigungen zum Archiv an. Er sammelt dort nützliche Informationen für seine Artikel, die er in Zeitschriften zum internationalen Recht veröffentlicht. Man hat ihn in der Woche des Diebstahls sowohl am Donnerstag als auch am Freitag im Archiv gesehen.

Monsieur Sporov ist der vierte Verdächtige auf unserer Liste. Er ist ein russischer Student, der seit etwa drei Jahren in der Schweiz lebt. Er schreibt an einer rechtswissenschaftlichen Doktorarbeit zum Thema Identitätsdiebstahl. Das Archiv ist für ihn eine unersetzliche Informationsquelle für seine Arbeit. Er geht täglich von Montag bis Freitag ins Archiv. Donnerstag und Freitag bildeten da keine Ausnahme.

Auf Platz fünf finden wir eine Studentin, Mademoiselle Lippo, die gerade eine Licence im Strafrecht macht.[1] Die Recherche im Archiv ist ihrer eigenen Aussage nach ein großartiges Mittel, um ihre Forschungsarbeit voranzubringen. Sie war am Donnerstag und am Freitag im Archiv.

Die beiden letzten Personen auf der Liste sind zwei in Lausanne bekannte Anwälte, Maîtres Melkain und Guérel. Sie kommen regelmäßig ins Archiv, um Fälle der Rechtssprechung zu analysieren. Am 9. April waren beide im Archiv, während sich am 10. April nur Guérel dorthin begeben hat.

Um die Situation zusammenzufassen, folgt gleich eine Tabelle der Personen, die an den beiden fraglichen Tagen im Archiv waren.

Ist bis hierhin alles klar?«

Tatverdächtige	Donnerstag, 9. April 2009	Freitag, 10. April 2009
Tait	x	x
Bonneau		x
Épiney	x	x
Sporov	x	x
Lippo	x	x
Melkain	x	
Guérel	x	x

[1] Licence: Französischer Abschluss nach 6 Semestern Studium.

Wir bestätigen alle, dass unsere Aufzeichnungen mit dieser zusammenfassenden Tabelle übereinstimmen.

»Wenn ich die Situation zusammenfasse«, sagt Schwarz, »haben wir zwei Anwälte, zwei Studenten, einen Professor, einen Ermittler und Madame Tait, Ihre Verdächtige Nummer 1. Ich wette, Sie versuchen zu beweisen, dass Madame Tait die Schuldige ist. Ich würde meinerseits nach einer ersten Analyse sagen, dass sich die Liste der verdächtigen auf drei Personen reduziert, denn den Ermittler, die Anwälte und den Professor würde ich beiseite lassen.«

»Sie haben zu viele Vorurteile«, sagt Costello. »Ich habe an zahlreichen Fällen gearbeitet, in denen die Schuldigen angesehene Berufe hatten. Jedenfalls ist unsere Aufgabe hier nicht, die sieben Personen danach einzustufen, wie verdächtig sie uns erscheinen, sondern den Schuldigen des Diebstahls zu ermitteln.«

»Ich glaube«, fügt Despontin hinzu, »dass es nützlich wäre, wenn uns Morard an dieser Stelle eine Zusammenfassung der Gespräche mit diesen sieben Personen gäbe. Vielleicht haben sie etwas Ungewöhnliches bemerkt.«

»Danke, Despontin«, sagt Morard, »Ich möchte Ihnen tatsächlich kurz die Gespräche zusammenfassen, die ich mit jeder der sieben Personen geführt habe. Danach machen wir eine kleine Pause, damit Sie den von mir gerade aufgetürmten Berg an Informationen in Ruhe verarbeiten können.«

»Ich beginne mit der Aussage von Madame Tait. Damit es keine Unklarheiten gibt und um auf die Anmerkung von Schwarz einzugehen, sollten Sie wissen, dass die Reihenfolge meiner Verdächtigenliste der Reihenfolge der Befragungen entspricht. Sehen Sie darin auf keinen Fall eine bewusste Einstufung meinerseits. Der erste auf der Liste ist in meinen Augen genauso verdächtig wie der siebente.

Um auf Madame Tait zurückzukommen, sie hat mir bestätigt, am Donnerstag und Freitag im Archiv gewesen zu sein. Am Donnerstag, dem 9. April, hat sie die neuen Beweisstücke überprüft, Kopien der neuen Dokumente gemacht und schließlich einige Stunden im Lesesaal verbracht. Am darauffolgenden Tag hat sie unser elektronisches Archiv durchsucht. Sie hoffte, ähnliche Fälle zu finden, mit deren Hilfe sie sich entlasten und dem Mörder ihres Kollegen einen Namen geben könnte.«

»Wenn ich richtig verstehe«, sagt Andrews, »war Madame Tait am Freitag, dem 10. April, nicht im Archivraum. Sie hat den ganzen Tag im Lesesaal verbracht.«

»Das stimmt«, sagt Morard. »Sie konnte uns also nicht sagen, ob die Ermittlungsdokumente und die neuen Beweisstücke während ihres Besuchs am Freitag immer noch an ihrem Platz waren.«

»Und was hat sie sonst noch gesagt?«, fragt Despontin.

»Sie erinnert sich daran, Mademoiselle Lippo an beiden Tagen gesehen zu haben. Diese schien sehr in die Durchsicht eines Stapels von Dokumenten vertieft, die sie im Archivraum kopiert hatte. Madame Tait hat ebenfalls Sporov gesehen. Sie denkt, dass Lippo und Sporov sich kennen, da sie mehrfach miteinander gesprochen haben.«

»Nicht so schnell«, sagt Costello, »zwei junge Leute müssen sich nicht kennen, um ein Gespräch anzufangen. Vielleicht sind sie sich einfach sympathisch oder beide sind neugierig auf das Recherchethema des jeweils anderen.«

»Ich gebe nur die Worte unserer ersten Verdächtigen wieder«, sagt Morard. »Aber Sie haben recht, nichts beweist, dass sie sich kennen. Kommen wir auf unsere Zeugenaussage zurück. Madame Tait hat Monsieur Sporov am Freitag nicht gesehen, aber sie ist an diesem Tag Ermittler Bonneau begegnet, für den sie nicht gerade Sympathie hegt. Freilich verdächtigt er sie schon immer, die Mörderin von Monsieur Blanchet zu sein. Als Bonneau zum Archivraum ging, hat sie ihn abgefangen und ihm gesagt, sie hoffe, er setze alle Hebel in Bewegung, um den Schuldigen zu finden. Und wenn er sich über seine Fehleinschätzung klar geworden sei, erwarte sie, dass er sich in aller Form entschuldige.

Ich habe Madame Tait die Liste der Personen gegeben, die am Donnerstag und am Freitag im Archiv waren. Nachdem sie sie angeschaut hatte, sagte sie mir, sie erinnere sich, am Donnerstag einen nicht besonders großen Mann mit Brille gesehen zu haben. Ihrer Beschreibung nach handelt es sich bestimmt um Professor Épiney. Außerdem ist sie am Freitag einem elegant gekleideten charmanten Mann begegnet. Zweifellos handelt es sich um Guérel. Sie erinnert sich nicht, noch andere Personen angetroffen zu haben, sieht man einmal von der Aufsicht am Eingang und dem Sicherheitsmitarbeiter an der Kontrolle ab.«

Nun füllt Courtel eine kleine Tabelle aus, in der die Begegnungen jedes Verdächtigen zusammengefasst werden. Ich beginne kleine Kreise und Striche auf meinen Notizblock zu zeichnen.

»Was Ermittler Bonneau betrifft, ist die Situation viel einfacher, da er nur am Freitag im Archiv war. Er erinnert sich daran, dass Madame Tait in sehr verächtlichem Ton mit ihm gesprochen hat. Zudem erinnert er sich, einige Worte mit Maître Guérel gewechselt zu haben. Außerdem hat auch er einen Studenten mit slawischem Aussehen wahrgenommen, selbstverständlich Sporov. Die Fortsetzung seiner Geschichte kennen Sie. Er ist in den Archivraum gegangen, wo er leider das Verschwinden der Akten feststellen musste.

Professor Épiney gibt an, nur wenig Zeit im Archiv verbracht zu haben. Er hat Sporov am Donnerstag und am Freitag gesehen. In seinen Augen handelt es sich um einen sehr ernsthaften Studenten, der das erforderliche Talent für eine erfolgreiche juristische Laufbahn mitbringt. Épiney erinnert sich ebenfalls daran, am Freitag Mademoiselle Lippo begegnet zu sein. Diese Studentin erscheint ihm sehr zurückhaltend, er kann sich nicht vorstellen, dass sie vor einem großen Publikum einen Prozess führt.

Nach einem Blick auf meine Anwesenheitsliste fügte er hinzu, er erinnere sich daran, am Donnerstag Madame Tait gesehen zu haben. Er hat sie aufgrund der Zeitungsartikel, die er damals über das Verschwinden von Monsieur Blanchet gelesen hatte, wiedererkannt. Am Freitag, dem 10. April, hat er ebenfalls einige höfliche Worte mit einem Lausanner Anwalt, sicherlich Monsieur Guérel, gewechselt.

Kommen wir zu Sporov. Er gibt an, den Donnerstag größtenteils im Archiv verbracht zu haben. Ich habe ihm die Liste der fünf anderen Personen gezeigt, die am gleichen Tag dort waren, und er bestätigt, ihnen allen begegnet zu sein. Er hat sogar ein wenig mit Mademoiselle Lippo diskutiert, die er sehr charmant findet. Am Freitag ist er ins Archiv zurückgekehrt, um einige Dokumente zu kopieren. Er nutzte die Gelegenheit, wiederum ein wenig mit der schönen Studentin zu diskutieren. Er gibt an, von einem scheinbar schlecht gelaunten Mann unabsichtlich angerempelt worden zu sein. Nach der von ihm gelieferten Beschreibung handelt es sich dabei um Bonneau, der wahrscheinlich gerade weniger höfliche Worte mit Mademoiselle Tait gewechselt oder den Diebstahl der Akten festgestellt hatte. Sporov erinnert sich ebenfalls, sowohl Professor Épiney als auch Maître Guérel kurz gesehen zu haben.

Mademoiselle Lippo bestätigt alles, was die anderen Verdächtigen über sie gesagt haben. Sie hat tatsächlich am Donnerstag und Freitag ein wenig mit Sporov gesprochen. Sie ist überzeugt davon, dass er versucht, sie zu verführen. Sie gibt auch an, sich zu erinnern, dass Professor Épiney am Freitag etwas Zeit im Lesesaal verbracht hat. Sie denkt nicht, dass er sie wiedererkannt hat, obwohl sie einige Lehrveranstaltungen bei diesem an der Universität hoch angesehenen Professor besucht hat. Mademoiselle Lippo bestätigt auch, Madame Tait am Donnerstag und am Freitag gesehen zu haben. Sie mag diese hochmütige Frau nicht.

Was die anderen betrifft, habe ich unserer Verdächtigen Nummer 5 die Liste der Personen gezeigt, die am Donnerstag und am Freitag im Archiv waren. Nach einigem Nachdenken hat sie sich schließlich daran erinnert, am Donnerstag Melkain gesehen zu haben, den sie als einen kleinen kahlköpfigen Mann mit einem Ziegenbärtchen beschreibt, der mit großer Fingerfertigkeit auf der Tastatur eines der Computer nahe der Toiletten herumklimperte.

Melkain war so in seine Arbeit vertieft, dass er den am Donnerstag im Archiv anwesenden Personen wirklich keine Beachtung geschenkt hat. Er erinnert sich daran, seinem Kollegen Guérel begegnet zu sein. Er hat außerdem zwei junge Menschen gesehen, die ihn mit ihrem Geturtel etwas gestört haben.

Schließlich, und nach dieser Aussage machen wir eine kleine Pause, sagt Guérel aus, am Donnerstag seinem Kollegen Melkain begegnet zu sein. Ein Student hatte einen Stapel Bücher vor sich und schien entschlossen, den ganzen Donnerstag im Archiv zu verbringen. Übrigens hat er ihn am Freitag wiedergesehen, es handelte sich selbstverständlich um Sporov. Freitag hat er außerdem eine Frau gesehen, die er als Madame Tait wiedererkannt zu haben glaubt. Sie hat ihm ein breites Lächeln geschenkt, das er eilig erwiderte. Er erinnert sich auch, Professor Épiney kurz begegnet zu sein, dessen

Publikationen er regelmäßig verschlingt. Schließlich hat er einige Worte mit Ermittler Bonneau gewechselt, den er beruflich gut kennt.

Nun, ich glaube Sie stimmen mir alle zu, dass jetzt eine gute Gelegenheit ist, sich für einige Minuten zu entspannen. Ich schlage vor, die Sitzung in einer Viertelstunde fortzusetzen. Ich bin mit der Darlegung der Fakten fertig und nun sind Sie an der Reihe. Es ist das erste Mal, dass wir diese Art Gruppenarbeit bei einer COPS-Tagung organisieren. Es wäre wunderbar, wenn wir den Fall weiterbringen und – warum auch nicht – den Dieb entlarven könnten. Angenehme Pause und bis gleich.«

Bevor wir in die Pause gehen, vervollständigen Courtel und ich unsere Notizen zu Morards Bericht. »Komm«, sage ich zu ihm, »trinken wir einen kleinen Kaffee.«

»Nun«, sagt Courtel, während er sich ein drittes Stück Kuchen einverleibt, »wer ist deiner Meinung nach der Dieb?«

»Zuerst muss ich dir sagen, dass das Leben manchmal sehr ungerecht ist. Mein Arzt verlangt, dass ich auf meine Linie achte und fettiges und süßes Essen meide. Ich probiere der Versuchung zu widerstehen, aber das ist nicht immer leicht. Du dagegen hast gerade das dritte Stück Kuchen verschlungen. Ja, ich habe sie gezählt! Und dein Taillenumfang zeigt ganz klar, dass du sie dir zu unrecht verkneifen würdest.«

»Nimm doch Obst, auf dem Tisch nebenan sind schöne Äpfel.«

»Das ist eine gute Idee. Um auf deine Frage zurückzukommen: Es fällt mir sehr schwer, unter unseren sieben Verdächtigen eine Auswahl zu treffen. Ich verstehe übrigens immer noch nicht, wie der Dieb es anstellen konnte, all diese Dokumente vor den Augen der Aufsicht zu stehlen.«

»Dazu habe ich eine Idee. Andererseits bin ich mir nicht im Klaren über das Motiv für den Diebstahl. Zwangsläufig existiert eine Verbindung zur Ermittlung im Zusammenhang mit Monsieur Blanchets Verschwinden. Vielleicht waren die neuen, neben der Leiche gefundenen Beweisstücke kompromittierend. Dadurch war der Schuldige gezwungen, sich aller Beweisstücke zu bemächtigen, bevor diese zum Ermittlungsrichter gelangen.«

»Deinem Gedankengang zufolge«, sage ich, »wird Ermittler Bonneau sofort zu Madame Tait tendieren. Er ist der festen Überzeugung, dass Madame Tait Monsieur Blanchet getötet hat, also hat sie die besten Gründe, die Beweisstücke verschwinden zu lassen.«

»Genau das ist es, was Bonneau wahrscheinlich denkt. Aber angenommen, der Mörder ist Sporov. Ist er nicht wie zufällig vor etwa drei Jahren, also einige Monate vor dem Mord, nach Lausanne gekommen? Vielleicht war Sporov an einer Finanzmauschelei beteiligt, in die auch Monsieur Blanchet verwickelt war. Denk daran, dass das Opfer Vermögensverwalter war. Aus einem Grund, den wir nicht kennen, hat Sporov vielleicht beschlossen, Blanchet zu eliminieren. Die Entdeckung der Leiche sowie neuer Beweise veranlassten ihn dazu, das Archiv zu bestehlen, um alle Spuren zu beseitigen.«

»Das sind alles nur Vermutungen«, sage ich, »Mademoiselle Lippo scheint mir genauso verdächtig zu sein wie Sporov. Man beschreibt sie als zurückhaltend. Vielleicht versucht sie, nicht auf sich aufmerksam zu machen. Und was hältst du von den Anwälten, dem Professor und dem Ermittler? Stimmst du mit Schwarz überein, der sie von Amts wegen herauslassen würde?«

»Schwer zu sagen«, antwortet Courtel. »Es stimmt, dass diese vier Personen im öffentlichen Leben von Lausanne bekannt zu sein scheinen und man sie sich kaum im Zusammenhang mit einem Diebstahl vorstellen kann, geschweige denn mit einem Mord.«

»Man kann nie wissen«, sage ich, »die Mörder sind nicht immer Personen mit schlechtem Umgang. Hinter der Maske ehrwürdiger Bürger können sich Übeltäter schlimmster Sorte verstecken. Professor Épiney ist Professor des Internationalen Rechts. Vielleicht ist er in eine Mafiageschichte verwickelt, die Blanchet ans Licht gebracht hat, was wiederum zu dessen Ermordung geführt hat. Die beiden Anwälte dienen vielleicht einflussreichen skrupellosen Menschen, die nicht zögern, jedes Hindernis auszuräumen, das sich ihnen in den Weg stellt. Und Blanchet war ein solches Hindernis.«

»Bei diesem Spiel kann sogar Bonneau als Verdächtiger betrachtet werden. Blanchet hat vielleicht entdeckt, dass er in dubiose Geschäfte verwickelt war und er musste ausgeschaltet werden.«

»Sébastien, ich glaube, wir haben eine überschäumende Fantasie, wahrscheinlich das Ergebnis einer Überdosis an Kriminalfilmen und -romanen. Ich weiß wohl, dass die Realität manchmal die Fiktion übertrifft, aber ich glaube, es wäre besser, wir versuchen ein Szenario zu entwerfen, indem wir uns auf die bekannten Fakten stützen.«

Ich schaue auf meine Uhr und mache Courtel darauf aufmerksam, dass es Zeit ist, zu unseren Plätzen zurückzukehren. Morard ist soweit, den zweiten Teil dieser Arbeitssitzung zu beginnen. Das Gemurmel mehrerer Teilnehmer lässt vermuten, dass manche bereits dabei sind, ihre Theorien in dieser Sache zu entwickeln. Morard bittet um Ruhe und fragt, ob er sich bei seinem Tatsachenbericht klar genug ausgedrückt hat.

»Zögern Sie nicht, nachzufragen, wenn sie weitere Informationen brauchen.«

Costello ergreift das Wort. »Ich denke, es könnte von Interesse sein, die Befragungen der sieben Verdächtigen mithilfe des vorliegenden Schemas zusammenzufassen.« Er geht zum Projektor und präsentiert uns eine Tabelle, die der auf Courtels Notizblock sehr ähnelt. »Der Einfachheit halber habe ich lediglich die Anfangsbuchstaben der Namen der Verdächtigen verwendet. Ein Kreuz in einem Kästchen bedeutet, die Person der betreffenden Zeile gibt an, der Person der entsprechenden Spalte begegnet zu sein. So ist zum Beispiel Tait, die in meinen Tabellen ›T‹ heißt, am Donnerstag, dem 9. April, ›E‹, ›S‹ und ›L‹ begegnet, also Épiney, Sporov und Lippo.

Man kann feststellen, dass alle Aussagen übereinstimmen. Wenn eine Person angibt, einer anderen begegnet zu sein, gibt auch Letztere an, der zuerst genannten begegnet zu

Donnerstag, 9. April 2009

	T	B	E	S	L	G	M
T			x	x	x		
B							
E	x			x			
S	x		x		x	x	x
L	x			x			x
G				x			x
M				x	x	x	

Freitag, 10. April 2009

	T	B	E	S	L	G	M
T		x			x	x	
B	x			x		x	
E				x	x	x	
S		x	x			x	
L	x		x	x			
G	x	x	x	x			
M							

sein. Zum Beispiel geben Épiney, Sporov und Lippo an, Tait am 9. April begegnet zu sein. Deshalb gibt es in der Spalte ›T‹ in den Zeilen ›E‹, ›S‹ und ›L‹ ein Kreuz.

Als ich der Zusammenfassung der Befragungen zuhörte, hoffte ich, dass eine der Tabellen nicht symmetrisch bezüglich der Diagonalen wäre, was auf eine Inkohärenz in den Erinnerungen unserer sieben Verdächtigen hingewiesen hätte. Leider glaube ich nun, daraus nichts entnehmen zu können.«

Courtel bestätigt, dass er die gleiche Tabelle gezeichnet hat, alle Kreuze am richtigen Platz sind und keines fehlt. Trotzdem hat er einige ergänzende Fragen zum Sicherheitssystem im Archiv.

»Ich bin nicht sicher, richtig verstanden zu haben, was genau am Abend um 18.00 Uhr und am Morgen um 8.00 Uhr passiert ist. Sie sagen, Morard, dass die Sicherheitsmitarbeiter jeden Abend und jeden Morgen die Räumlichkeiten inspizieren, um sicherzustellen, dass sich niemand dort versteckt. Führen Sie eine genaue Inspektion durch oder begnügen sie sich mit einem Rundgang durch die Räume?«

»Mir scheint es selbstverständlich«, sagt Morard, »dass man, indem man sich auf der Toilette vergewissert, dass sich niemand in einer Kabine eingeschlossen hat, vernünftigerweise annehmen kann, dass sich niemand dort versteckt. Die Belüftungsklappen sind nicht so groß, dass sich jemand dahinter verstecken könnte.«

»Einverstanden, was die Toiletten betrifft«, sagt Courtel. »Beim Lesesaal ist die Sache sogar noch einfacher, da ich mir nicht vorstellen kann, wie sich jemand dort verstecken könnte, immer noch vorausgesetzt, die Belüftungsklappen sind dort nicht größer.«

»Ich bestätige«, sagt Morard, »es ist unmöglich, sich im Belüftungsschacht, unter einem Tisch oder sonst wo zu verstecken.«

»Bleibt also der Archivraum«, setzt Courtel fort. »Ist es denkbar, dass der Dieb mehrere Archivkartons herausgenommen hat, dahinter gekrochen ist und dann alles wieder an seinen Platz gestellt hat, um vor den Augen der Aufsicht zu verschwinden?«

»Das liegt tatsächlich im Bereich des Möglichen«, sagt Morard. »Die von der Aufsicht vorgenommene Inspektion geht nicht soweit sicherzustellen, dass sich niemand in einem Regal versteckt. Sie überprüft nur, dass die Gänge zwischen den Regalen frei sind. Es scheint mir wenig sinnvoll, die Inspektion noch weiter zu treiben, denn wenn am Morgen ein Dieb im Archivraum versteckt ist, kann er sich nicht der Kontrolle am Ausgang des Raumes entziehen.«

»Stellen Sie sich vor«, sagt Courtel, »der Dieb versteckt sich gegen 17.55 Uhr im Archivraum. Er wartet geduldig, bis alle Räume alarmgesichert sind und das Gebäude sich leert. In der Nacht kann er leicht aus seinem Versteck kommen, einige Akten nehmen und zum Beispiel in der Toilette verstecken. Dann geht er wieder in sein Versteck, wartet die Inspektion um 8.00 Uhr morgens ab und verlässt seinen Schlupfwinkel. Vor der Kontrolle hat er keine Angst, da er ja die Akten nicht bei sich hat. Dann geht er zur Toilette, nimmt die gestohlenen Dokumente wieder an sich, verlässt die Räume des Archivs und grüßt dabei noch die Aufsicht am Ausgang.«

»Das liegt im Bereich des Möglichen«, sagt Morard, »trotzdem scheint mir Ihre Argumentation einige Schwachstellen zu haben. Erstens: Wo würde man die Akten auf der Toilette verstecken? Ich erinnere Sie daran, dass diese jeden Morgen inspiziert werden.«

Costello schaltet sich ein: »Die Antwort haben Sie vor einigen Minuten gerade selbst gegeben. Sie haben gesagt, die Abluftöffnungen seien zu klein, um eine Person hineinschlüpfen zu lassen. Andererseits kann ich mir sehr gut vorstellen, dass es möglich ist, darin 10 cm dicke Akten zu verstecken.«

»Ich denke«, sagt Courtel, »der Dieb hatte wahrscheinlich einen kleinen Rucksack oder eine Aktentasche dabei, denn es wäre zu gefährlich gewesen, die Archivräumlichkeiten mit den gestohlenen Dokumenten unter dem Arm zu verlassen. Meines Wissens kann man in den meisten Belüftungsklappen einen solchen Gegenstand verschwinden lassen.«

»Nehmen wir an, Sie haben recht«, sagt Morard, »und versetzen Sie sich nun in die Lage des Kontrollverantwortlichen. Es ist 8.15 Uhr und noch ist niemand in den Archivraum hineingegangen. Plötzlich sehen Sie eine Person, die ganz gelassen aus dem Archivraum kommt. Ist nicht die einzig mögliche Schlussfolgerung, dass die betreffende Person sich vor Ihrem Dienstantritt in den Räumen versteckt hat?«

Diesmal ergreift Schwarz das Wort. »Wer sagt denn, dass der Dieb um 8.15 Uhr hinausgegangen ist? Vielleicht hat er gewartet, bis mehrere Personen den Archivraum betreten haben, bevor er sich zum Ausgang gewagt hat.«

Nun schaltet sich Despontin ein: »Ich wurde während meiner Armeezeit oft zum Wachdienst eingeteilt. Ich erinnere mich genau, dass man nie von uns verlangte, länger als zwei oder drei Stunden ohne Unterbrechung auf unserem Posten zu sein. In Ihrem Archiv ist es genauso. Wann macht die 8.00 Uhr Aufsicht Frühstückspause?«

»Gegen halb zehn«, sagt Morard.

»Ich wette«, sagt Despontin, »der Dieb hat bis 9.35 Uhr gewartet und sich vergewissert, dass er sein Versteck verlassen konnte, ohne von einem anderen Besucher des Archivraums bemerkt zu werden. Dann hat er sich zur Kontrolle begeben, die vom neu angekommenen Mitarbeiter ausgeführt wurde. Dieser musste glauben, die vor ihm stehende Person sei gekommen, als noch sein voriger Kollege im Dienst war.«

»Tatsächlich, das stimmt.«

»Inspektor Bonvin, von der Polizei Genf. Ich habe bis jetzt noch nichts gesagt, was keinesfalls Ausdruck mangelnden Interesses meinerseits sein soll. Ich war ganz einfach beeindruckt von so viel brillanter Argumentation seitens meiner Kollegen.

Um auf unseren Fall zurückzukommen, so scheint mir noch ein wichtiger Punkt klärungsbedürftig zu sein. Sie haben uns vorhin gesagt, dass der Name jedes Besuchers bei seiner Ankunft in den Räumlichkeiten des Archivs abgehakt wird. Wenn der Dieb sich am Abend zwischen den Kartons versteckt, bedeutet es, dass der Verantwortliche am Eingang ihn nicht herauskommen sieht und daher seinen Namen am Ausgang nicht abhakt. Wenn am Donnerstag sechs Personen hineingehen und nur fünf wieder herauskommen, bedeutet es, dass sich eine Person in den Räumen versteckt. Es scheint, als ob die zugegebenermaßen interessante Hypothese von Courtel nicht standhält.«

Morard wird plötzlich verlegen und erwidert: »Ich glaube, dass Courtel leider recht hat. In der Vergangenheit ist es mehrmals vorgekommen, dass eine Aufsicht vergessen hat, den Namen eines Besuchers beim Verlassen unserer Räumlichkeiten abzuhaken. Man braucht nur gerade mit der Überprüfung der Genehmigung eines neu angekommenen Besuchers beschäftigt zu sein, und ein anderer kann weggehen, ohne dass man es bemerkt. Wenn die Liste der Ausgänge nicht der Liste der Eingänge entsprach, überprüften wir mehr als eine Stunde lang, dass sich niemand in den Räumen versteckte. Letztes Jahr haben wir beschlossen, die Namen am Ausgang nicht mehr abzuhaken, sondern lediglich um 18 Uhr am Abend und 8 Uhr am Morgen zu überprüfen, dass keine Menschenseele in den Räumen ist. Der Dieb konnte also am Freitagmorgen weggehen, ohne dass sein Name abgehakt wurde.«

Schwarz ruft plötzlich: »Das ist es, unser Fall ist gelöst, der Schuldige ist bestimmt! Da der Dieb die Räume am Freitag verlassen hat ohne eingetreten zu sein, ist sein Name nicht abgehakt. Es muss sich also zwingend um Anwalt Melkain handeln, die einzige Person, die zwar am Donnerstag aber nicht am Freitag dort war.«

»Moment, Moment«, sagt Morard. »Ich habe nie behauptet, dass der Dieb am Freitag nicht zum Tatort zurückgekehrt ist. Ich denke, er ist sogar absichtlich zurückgekommen. Unseren Annahmen entsprechend, hat er am Freitagmorgen kurz vor 10 Uhr das Archiv verlassen. Zwischen 8 Uhr und dem Zeitpunkt seines Weggangs müssen ihm verschiedene Personen begegnet sein. Ich bin überzeugt, dass einige der anderen Verdächtigen den Dieb mit bei den Personen aufgeführt haben müssen, denen sie am Freitag begegnet sind. Meine Theorie ist also, dass der Dieb etwas später ins Archiv zurückgekommen ist um sicherzugehen, dass sein Name am Freitag abgehakt wird. Wenn sich also einige erinnern, ihn an diesem Tag gesehen zu haben, ist daran nichts Ungewöhnliches, da er zu den registrierten Personen gehört, die an diesem Tag Zutritt zum Archiv hatten.«

»Wenn Courtel recht hat«, sagt Despontin, »ist der Einzige, den wir entlasten können, Ermittler Bonneau. Er ist am Donnerstag nicht ins Archiv gegangen.«

Morard versucht, uns ein wenig zu trösten: »Meine Freunde, wir kommen voran. Vor etwas weniger als einer Stunde hatten wir noch sieben Verdächtige, jetzt bleiben nur noch sechs.«

»Was mich betrifft«, sagt Schwarz, »sehe ich keinerlei Entwicklung. Ich hatte von Anfang an den Ermittler, den Professor und die beiden Anwälte ausgeschlossen. Für mich sind immer noch Madame Tait und die Studenten die Verdächtigen.«

»Zumindest wissen wir jetzt, wie es der Dieb angestellt hat«, sagt Courtel ein wenig verärgert über die Worte seines deutschen Kollegen. Er verkneift sich, ihm von unserem Gespräch in der Kaffeepause zu erzählen, bei dem die beiden Anwälte und der Professor zu gefährlichen und mächtigen Übeltätern geworden waren.

Courtel sieht mich an und stellt fest, dass ich nach der Wiederaufnahme der Sitzung der Arbeitsgruppe nichts mehr gesagt habe. Staunend sieht er mich meine seltsamen Graphen zeichnen. Schließlich schalte ich mich ein.

»Inspektor Manori aus Montréal. Ich habe noch eine Frage zu den Häkchen auf der Liste, wenn eine Person in die Räumlichkeiten möchte. Ich habe richtig verstanden, dass man das Verlassen der Räume durch eine Person nicht mit einem Häkchen quittiert. Was ist dann mit Personen, die mehrmals am Tag Ihre Räume betreten?«

»Die Aufsicht«, antwortet mir Morard, »macht entsprechend der Anzahl der Besuche der Person mehrere Häkchen neben deren Namen. Aber Ihre Frage ist in unserem Fall belanglos, da jede Person höchstens ein Mal pro Tag ins Archiv gegangen ist. Es gab kein einziges doppeltes Häkchen neben den Namen.«

»Ganz im Gegenteil. Ich denke, dass diese Information entscheidend ist. Wenn Sie mir bestätigen könnten, dass die Aufsicht keinen Eingang verpasst hat und sie den Namen einer Person, die am gleichen Tag mehr als ein Mal im Archiv war, mehrfach abgehakt hätte, dann könnte ich unseren Schuldigen benennen.«

»Ja, das kann ich bestätigen«, sagt Morard. »Sie machen mich neugierig. Wie meinen Sie das?«

»Geduld, ich werde Ihnen zunächst meinen Gedankengang detailliert erläutern und Sie werden selbst sehen, dass sich daraus nur ein einziger Schuldiger ergibt.«

Ich beginne meine Ausführungen mit der Erklärung, dass meine Spezialität, die Graphen, im Polizeimillieu wenig bekannt sind. Ich bringe ihnen bei, einen Graphen zu zeichnen, mit kleinen Kreisen für die *Knoten* und einigen Strichen zwischen den Knoten für die *Kanten*. Nachdem ich mich vergewissert habe, dass jeder diese Grundbegriffe verstanden hat, beginne ich meine Argumentation.

»Wir wissen, dass jeder Verdächtige höchstens ein Mal pro Tag in den Räumen gewesen ist. Jedem Verdächtigen und jedem Tag, an dem dieser das Archiv besucht hat, kann man also eine Zeitspanne zuordnen, innerhalb derer der Verdächtige am Tatort war.«

»Ich verstehe nicht ganz«, sagt Bonvin, »Wir kennen die Ankunfts- und Weggangszeiten der Verdächtigen nicht. Die Befragungen enthalten dazu keinerlei Angaben. Lediglich Ermittler Bonneau gab an, gegen 16.00 Uhr in den Räumen angekommen zu sein. Wie kann man also jedem Besuch eine Zeitspanne zuordnen?«

»Sie haben recht, Bonvin, die genauen Besuchszeiten kennen wir nicht. Andererseits wissen wir, dass die Besuche tatsächlich stattgefunden haben. Die mich interessierenden Zeitspannen existieren also, auch wenn ich sie nicht genau auf der Zeitachse festmachen kann.

Um die Notizen zu vereinfachen, werde ich jede Person mit dem Initial ihres Namens bezeichnen, wie Costello in seiner rekapitulativen Tabelle, die er uns vor gut einer halben Stunde präsentiert hat. So läuft Madame Tait künftig unter dem Buchstaben ›T‹. Da sie Donnerstag und Freitag im Archiv war, ordne ich ihr zwei Zeitspannen zu: T_D und T_F wobei ›D‹ für Donnerstag und ›F‹ für Freitag steht. Wenn Sie meine Erklärung verstanden haben, steht also S_F für ...«

Costello, der immer sehr schnell reagiert, antwortet sofort, dass es sich um die Zeitspanne handelt, die der Anwesenheit Sporovs im Archiv am Freitag zugeordnet ist.

»Ich denke, dass es alle verstanden haben«, sage ich. »Da eine Zeichnung mehr als tausend Worte sagt, ist hier noch eine Darstellung der Anwesenheit von Madame Tait im Archiv am Donnerstag.

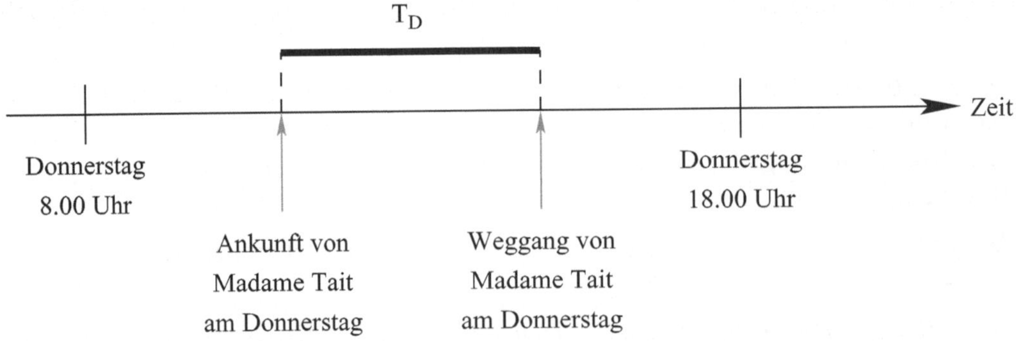

Wie unser Kollege Bonvin schon gesagt hat, lässt sich die Zeitspanne T_D nicht genau auf der Zeitachse festmachen, da weder die Dauer der Besuche noch deren Anfangs- und Endzeitpunkt bekannt sind. Es ist also möglich, dass die in meiner Zeichnung durch einen dicken Strich markierte Zeitspanne in Wirklichkeit kürzer oder länger ist. Sie kann auf der Zeitachse auch nach links oder rechts verschoben sein. Mir ist im Moment wichtig, dass diese Zeitspanne im Bezug zur Zeit durchgängig ist. Wäre ein Verdächtiger mehrmals am gleichen Tag ins Archiv gegangen, hätte ich ihm eine Zeitspanne pro Besuch zugeordnet, um zu zeigen, dass der Verdächtige zwischen zwei solchen Zeitspannen nicht am Tatort war.«

»Ich habe eine Frage«, sagt Schwarz. »Wir wissen, dass Ermittler Bonneau nur am Freitag im Archiv war. Betrachten Sie trotzdem eine Zeitspanne B_D für einen Besuch am Donnerstag, der in Wahrheit nicht stattgefunden hat?«

»Ich freue mich, dass Sie mir diese Frage stellen. Die Antwort lautet nein, ich zeichne nur für die Besuche eine Zeitspanne, die auch wirklich stattgefunden haben.

Wenn es keine weiteren Fragen dazu gibt, kann ich Ihnen nun den entsprechenden Graphen beschreiben. Beginnen wir mit der Definition der Knoten des Graphen. Ich zeichne für jede Zeitspanne, die ich Ihnen eben genannt habe, einen Knoten, also einen kleinen Kreis. Um die Orientierung zu erleichtern, versehe ich jeden Knoten mit dem Namen der entsprechenden Zeitspanne. Wir haben also einen Knoten T_D und einen Knoten T_F für die beiden Besuche von Madame Tait. Tatsächlich werde ich zwei Graphen zeichnen, einen für Donnerstag und einen für Freitag. Jeder dieser Graphen hat also genau sechs Knoten, da jeden Tag sechs Verdächtige im Archiv waren.

Jetzt muss ich Ihnen nur noch die Kanten beschreiben, das heißt, die Verbindungen zwischen den Knoten. Betrachten wir den Graphen vom Donnerstag. Ich werde nur dann zwei Knoten durch eine Kante verbinden, wenn sich die Personen, zu denen die Knoten gehören, am Donnerstag begegnet sind. Für den Graphen vom Freitag verfahre ich ebenso. Wir haben zum Beispiel gesehen, dass Madame Tait Professor Épiney am Donnerstag, nicht aber am Freitag begegnet ist. Ich habe also eine Verbindung zwischen T_D und E_D, nicht aber zwischen T_F und E_F.«

»Eigentlich«, sagt Costello zu mir, »zeichnen Sie so eine Kante für jedes Kreuz, das ich in meiner Tabelle gemacht habe.«

»Das ist fast korrekt«, sage ich. »Um genau zu sein, entspricht jede Kante in meinem Graphen zwei Kreuzen in Ihrer Tabelle. Wie Sie vorhin gesehen haben, führt die Übereinstimmung der Zeugenaussagen nämlich dazu, dass jede Tabelle bezüglich ihrer Diagonalen symmetrisch ist. Wenn wir zum Beispiel ein Kreuz in Zeile T und Spalte E vom Donnerstag haben, bedeutet das, Tait ist Épiney am Donnerstag begegnet. Und wir haben daher auch ein Kreuz in Zeile E und Spalte T der gleichen Tabelle. Diese beiden Kreuze stehen für eine einzige Kante zwischen T_D und E_D in meinem Graphen für Donnerstag. Aber Sie haben recht, Costello, meine Graphen beinhalten genau die gleichen Informationen wie Ihre beiden Tabellen. Hier ist also eine andere Form, wie man die Befragungen von Morard zusammenfassen kann.

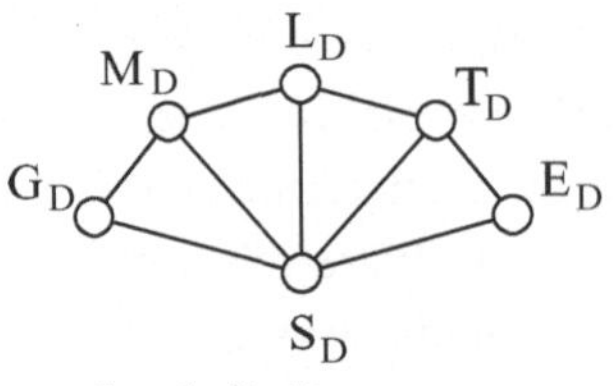

Graph für Donnerstag

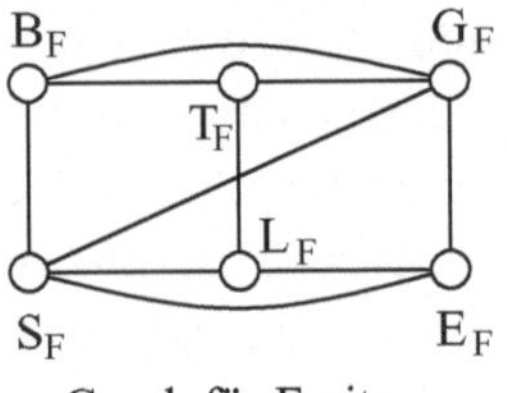

Graph für Freitag

Wie gerade schon erwähnt, bin ich davon überzeugt, dass eine Zeichnung viel mehr sagt, als eine Tabelle mit Kreuzen. Aber das ist meine persönliche Meinung, die Costellos Tabellen nichts an Bedeutung wegnehmen soll.«

»Wir sind noch nicht weiter als vorhin«, sagt Despontin, »Sie haben nur eine uns bereits bekannte Information auf andere Weise dargestellt.«

»Ja«, sage ich, »außer, dass bestimmte Darstellungsformen die Visualisierung von Fakten erlauben, die in anderer Form nicht offenbar werden. Zum Beispiel kann man am Donnerstagsgraphen leicht erkennen, dass Sporov die fünf anderen Verdächtigen vom Donnerstag gesehen hat, denn es gibt zwischen S_D und allen Knoten des Graphen eine Kante. Diese Information aus den Tabellen von Costello herauszulesen, ist schwieriger. Man sieht wohl, dass in der linken Tabelle überall Kreuze in der Zeile *S* sind, außer unter *B* und *S*. Daraus kann man schließen, dass Sporov den fünf anderen Verdächtigen vom Donnerstag begegnet ist. Dabei bemerkt man auch, dass es kein Kreuz in der Zeile *B* gibt, was bedeutet, dass Bonneau am Donnerstag nicht im Archiv war. Und es gibt kein Kreuz in der Diagonalen, denn kein Verdächtiger kann sich selbst begegnen.«

»Einverstanden«, sagt Despontin, »trotzdem wiederhole ich, dass wir nicht weitergekommen zu sein scheinen, als wir es gerade eben waren. Es sein denn, anhand Ihrer Graphen lässt sich eine bisher unbekannte Information aufdecken.«

»Dazu werde ich gleich kommen. Aber gehen wir Stück für Stück vor. Ich beginne mit der Analyse des Donnerstagsgraphen, mit der ich einen Verdächtigen ausschließen kann. Ich behaupte, dass Mademoiselle Lippo nicht schuldig ist, wenn man der Hypothese folgt, dass sich der Diebstahl wie in Courtels Szenario abgespielt hat.«

Ich nehme mir Zeit, um die Reaktionen im Raum zu beobachten. Offenbar hat es ihnen gerade die Sprache verschlagen. Manche scheinen erstaunt, andere verdutzt oder sogar ungläubig. Despontin, der gerade behauptet hatte, meine Graphen brächten keine neuen Informationen, fragt sich, ob ich nur bluffen will. Er ist sichtbar ungeduldig, meine Ausführungen zu hören. Ich setze also meinen Bericht fort.

»Ich werde mich jetzt im Donnerstagsgraphen Mademoiselle Lippo, Maître Guérel und Professor Épiney zuwenden, also den Knoten L_D, G_D und E_D. Wie Sie sehen, gibt es zwischen diesen drei Knoten keine direkte Verbindung, das bedeutet keine Kante.«

»Wenn ich richtig verstehe«, sagt Bonvin, »heißt das, dass sich die drei Personen am Donnerstag zu verschiedenen Zeiten im Archiv begegnet sind.«

»Das stimmt. Und können Sie mir sagen, wer von den Dreien die Räume zuletzt verlassen hat?«

»Wie können wir das wissen? Das ist unmöglich«, antwortet Andrews.

»Sie haben recht«, bemerke ich. »Andererseits kann ich Ihnen sagen, dass es sich nicht um Mademoiselle Lippo handelt, und ich werde Ihnen zeigen, wie man diese Tatsache aus meinem Graphen ableiten kann.

Zunächst stellen wir fest, dass Melkain und Tait sich nie begegnet sind, da es zwischen M_D und T_D keine direkte Verbindung gibt. Wir haben also zwei Möglichkeiten: Entweder Melkain hat das Archiv vor der Ankunft von Madame Tait verlassen oder er ist nach dem Weggang von Madame Tait dorthin gekommen. Mademoiselle Lippo ist ihrerseits diesen beiden Personen begegnet, denn es existiert eine Kante, die L_D mit M_D verbindet, und eine weitere, die L_D mit T_D verbindet.

Betrachten wir die erste Möglichkeit, das heißt, wir nehmen an, Melkain hat sich vor Madame Tait im Archiv aufgehalten. Da Mademoiselle Lippo beiden begegnet ist, hat sie das Archiv nach der Ankunft von Madame Tait verlassen. Wir wissen auch, dass Épiney wohl Tait, aber nicht Lippo begegnet ist, was bedeutet, dass Épiney erst nach dem Weggang von Mademoiselle Lippo im Archiv war. Mademoiselle Lippo war also nicht die Letzte am Ort.

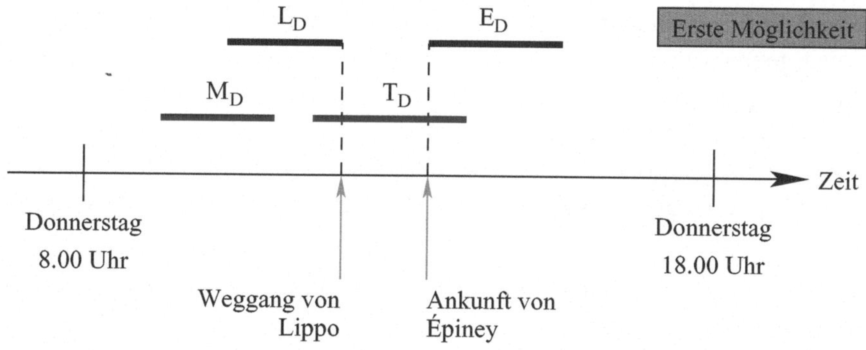

Bei der zweiten Möglichkeit ist Madame Tait vor Melkain ins Archiv gekommen. Mademoiselle Lippo kann also den Ort erst nach der Ankunft von Melkain verlassen haben. Da Guérel wohl Melkain, nicht aber Mademoiselle Lippo begegnet ist, bedeutet das, dass er sich nach dem Weggang von Mademoiselle Lippo noch vor Ort befand. Wiederum war Mademoiselle Lippo also nicht die Letzte am Ort. Gleich sehen Sie eine Darstellung dieser zweiten Möglichkeit.

Aus beiden Möglichkeiten ergibt sich, dass Mademoiselle Lippo am Donnerstag nicht die letzte Person am Tatort war. Sie ist somit nicht die gesuchte Schuldige.«

»Damit Ihre Argumentation schlüssig ist«, sagt Andrews, »muss man davon ausgehen, dass sich der Dieb am Ende des Tages im Archivraum versteckt hat. Nehmen wir für den

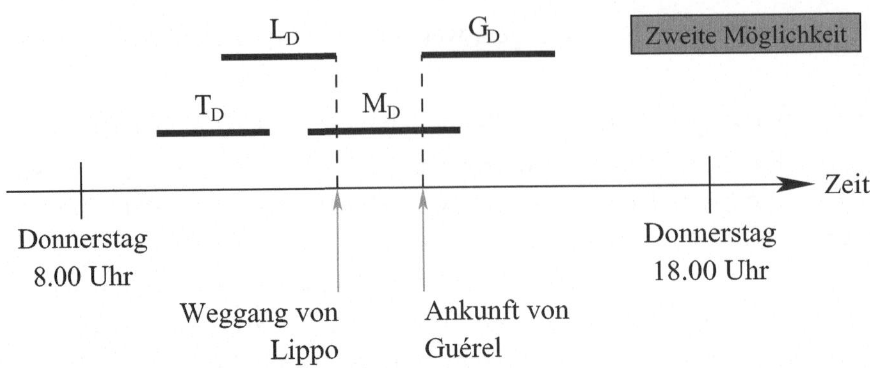

Augenblick an, dass sich Lippo gegen 16 Uhr hinter den Kisten versteckt, vor der Ankunft von Guérel oder Épiney. Das würde erklären, dass sie zwar von Tait und Melkain, nicht aber von Guérel und Épiney gesehen wurde.«

Andrews hat mir soeben bewiesen, dass sie als Inspektorin ein ausgeprägtes kritisches Urteilsvermögen und einen außergewöhnlichen logischen Verstand besitzt. Ihre Beobachtung ist mehr als zutreffend.

»Sie haben absolut recht, Andrews. Ich hätte ergänzen müssen, dass ich das von Courtel vorgestellte Szenario wortgetreu befolgt habe, mit der vertretbaren Annahme, dass der Dieb sich einige Minuten vor der Schließzeit des Archivs in sein Versteck begeben hat, also gegen 17.55 Uhr. Wäre er früher hinter den Kisten verschwunden, wäre meiner Meinung nach das Risiko zu groß gewesen, von einem anderen Besucher des Archivraums entdeckt zu werden. Der Dieb musste schon am Freitagmorgen starke Nerven beweisen, denn er musste bis zur Ablösung der Aufsicht gegen halb zehn versteckt bleiben. Am Donnerstagabend gab es für ihn dagegen keinen Anlass, dieses Risiko einzugehen.«

»Ich glaube«, sagt Morard, »dass man dieser Annahme tatsächlich folgen kann. Sie erscheint mir ebenfalls vernünftig.«

»Nicht schlecht«, sagt Costello, »wir finden uns also mit einer Liste von Verdächtigen wieder, die nur fünf Namen enthält. Trotzdem haben Sie vorhin behauptet, den Schuldigen zu kennen. Bis jetzt haben wir lediglich Ermittler Bonneau und Mademoiselle Lippo ausschließen können. Wie werden Sie es anstellen, vier weitere Verdächtige zu eliminieren?« Ich spüre eine große Nervosität im Raum. Die Teilnehmer scheinen anzufangen, an die Macht der Graphen zu glauben, wenn es um das Finden von Schuldigen geht. Ich setze meine Argumentation fort.

»Den Schuldigen werden wir anhand des Graphen vom Freitag ermitteln. Dafür werde ich zu Beginn nur einen Teil dieses Graphen betrachten, der vier Verdächtige verbindet: Mademoiselle Lippo, Ermittler Bonneau, Sporov und Madame Tait. Dieser Teil des Graphen bildet ein Quadrat, das ich hier nachzeichne.

B_F — T_F

S_F — L_F

Wir können sehen, dass Lippo und Bonneau sich nicht begegnet sind, während Sporov beide gesehen hat. Man kann daraus schließen, dass Sporov in der Zeitspanne zwischen dem Weggang des Einen und der Ankunft des Anderen vor Ort war. Diese Situation gibt folgende Zeichnung wider.

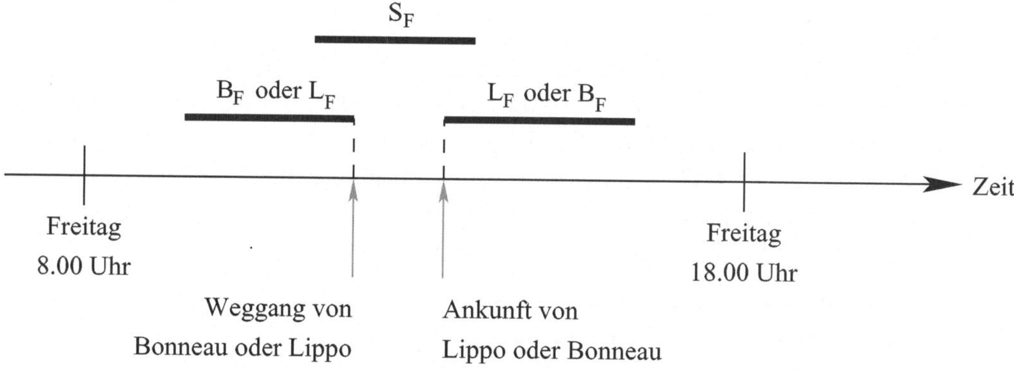

Bedenken Sie, dass Bonneau und Lippo auch von Tait gesehen wurden. Also war Tait in der Zeitspanne zwischen dem Weggang des Einen und der Ankunft des Anderen ebenfalls anwesend. Daraus ist zu schließen, dass sich Sporov und Tait begegnet sein müssen, obwohl keiner von beiden angibt, den anderen gesehen zu haben. Ich gehe von der Annahme aus, dass niemand bei seinen Aussagen zu den im Archiv angetroffenen Personen gelogen hat. Ich denke sogar, es wäre riskant gewesen, vorzugeben, einen der sechs anderen Verdächtigen nicht gesehen zu haben, während dieser andere Verdächtige einen wahrscheinlich wahrgenommen hat. Der Ermittler hätte seine Untersuchungen weitergetrieben, um den Verdächtigen mit dem lückenhaften Gedächtnis zu bestimmen. Es war also besser, die Wahrheit zu sagen, und daher stimmen auch alle Zeugenaussagen überein.«

Costello unterbricht mich: »Wir haben aber trotzdem festgestellt, dass nicht alle Erinnerungen genau stimmen können. Wenn die von Bonneau, Lippo und Sporov stimmen, können Taits Erinnerungen nicht zutreffen.«

»Das ist nicht genau das, was wir festgestellt haben. Ich bin weiterhin überzeugt, dass die Erinnerungen der Verdächtigen wahrscheinlich alle korrekt sind. Das Problem, das ich Ihnen beschrieben habe, ergibt sich vielmehr aus der Annahme, jede Person sei höchstens ein Mal pro Tag ins Archiv gekommen. Stellen Sie sich zum Beispiel vor, Sporov hätte es zwei Mal besucht. Dann könnte folgende Situation vorliegen, die mit den Zeugenaussagen übereinstimmt. Tait und Sporov haben beide Bonneau und Lippo angetroffen, aber ohne einander zu begegnen.«

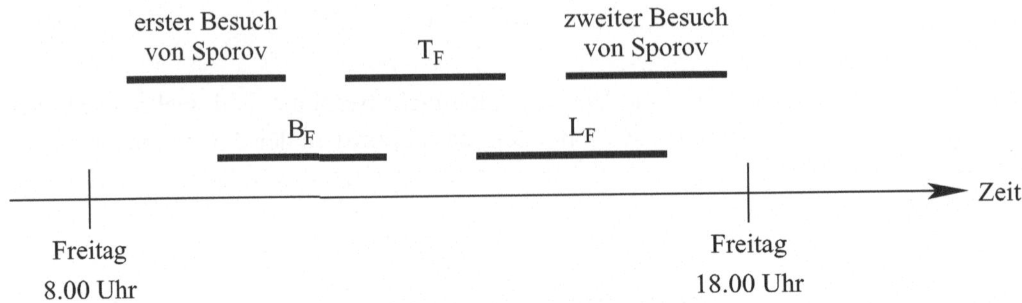

»Daraus schließe ich«, sagt Schwarz, »dass Sporov unser Schuldiger ist, denn er war am Freitag zwei Mal in den Archivräumlichkeiten. Ein erstes Mal früh am Morgen, nachdem er seinen Diebstahl begangen und die Nacht in seinem Versteck verbracht hatte, und ein zweites Mal etwas später um sicherzustellen, dass sein Name auf dem Blatt der Aufsicht am Eingang wirklich abgehakt ist.«

»Das ist ein Fehlschluss«, sagt Courtel. »Manori hat uns dieses letzte Schema nur gezeigt, um zu veranschaulichen, dass man leicht alle Aussagen in Übereinstimmung bringen kann, ohne eine Inkohärenz zu erhalten, indem man die Annahme fallen lässt, dass alle Personen höchstens ein Mal pro Tag das Archiv aufgesucht haben. Das Schema beweist ganz einfach, dass wir keine Inkohärenz der Aussagen festgestellt hätten, wenn Sporov zwei Mal ins Archiv gegangen wäre. Er hätte stattdessen auch Lippo, Bonneau oder Tait dafür auswählen können.«

»Das stimmt«, sage ich. »Ich habe zur Illustration meiner Worte Sporovs Namen verwendet, hätte aber genauso gut einen der anderen drei Verdächtigen wählen können. Folgt man Courtels Darlegung, dann ist tatsächlich die Person der Dieb, die am Freitag zwei Mal ins Archiv gegangen ist. Und wir wissen jetzt, dass sie unter diesen vier Verdächtigen ist. Lippo und Bonneau haben wir bereits ausgeschlossen, es bleiben also zwei Verdächtige übrig, Sporov und Madame Tait.«

»Ich merke, wir nähern uns dem Ziel«, sagt Despontin.

»In der Tat«, sage ich. »Jetzt müssen wir nur noch feststellen, dass das oben angesprochene Problem dem linken Quadrat des Graphen vom Freitag entspricht. Man kann das rechte Quadrat in diesem Graphen der gleichen Argumentation unterziehen, dazu gehören Mademoiselle Lippo, Madame Tait, Guérel und Épiney. Hier ist das Quadrat.

T_F — G_F
L_F — E_F

Den Aussagen zufolge sind sich Lippo und Guérel nicht begegnet, während Tait und Épiney ihnen beiden begegnet sind. Hätte jeder das Archiv nur ein Mal besucht, dann hätten sich Tait und Épiney begegnen müssen, was ihren Aussagen aber nicht zu entnehmen ist. Einer dieser vier Verdächtigen ist also unser Schuldiger. Wir haben aber schon nachgewiesen, dass es nur Tait oder Sporov gewesen sein kann. Der Dieb, oder sollte ich besser sagen, die Diebin ist also Madame Tait.«

»Ich werde versuchen, Ihre Argumentation mit eigenen Worten zusammenzufassen«, sagt Morard. »Ihr Graph vom Freitag enthält zwei Quadrate, anhand derer man die Verdächtigen in zwei Gruppen unterteilen kann, die ich im Folgenden durch Kreise kennzeichne. Sie wissen, dass es in beiden Gruppen eine Person gibt, die zwei Mal ins Archiv gegangen ist. Der Schuldige gehört also zwangsläufig zu beiden Gruppen, und es kann sich somit nur um Tait oder Lippo handeln.«

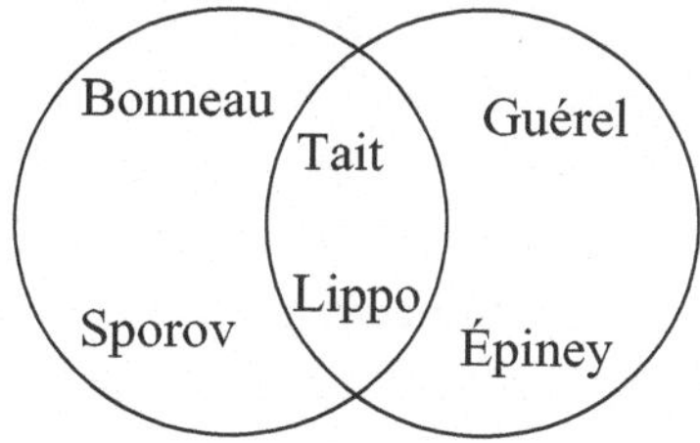

»Ihr Graph vom Donnerstag zeigt, dass Lippo nicht die letzte Person sein kann, die an diesem Tag ins Archiv gekommen ist. Die Schuldige ist also Madame Tait. Brillante Argumentation!«

»Danke, Morard. Ich kann Ihnen sogar ein Szenario mit den Aufenthaltszeiten unserer sieben Verdächtigen in den Räumlichkeiten des Archivs geben. Dafür reicht es, die Zeitspannen an der Zeitachse anzugeben. Ein mit den Aussagen übereinstimmendes Beispiel wäre das folgende:

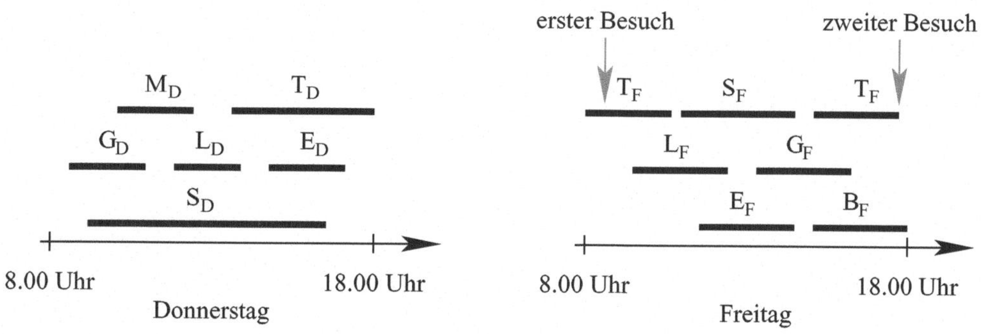

Sie stellen fest, dass Madame Tait am Donnerstag bis zur Schließzeit im Archiv bleibt, was ihr ermöglicht, sich in ihr Versteck zu begeben. Am nächsten Morgen ist sie bei der Öffnung schon anwesend, kommt aber erst gegen 9.35 Uhr aus ihrem Versteck. Sie verlässt die Räumlichkeiten am Vormittag, um am späten Nachmittag zurückzukehren.«

»Ich denke«, sagt Despontin, »das Motiv für den Diebstahl ist klar. Als Madame Tait am Donnerstag das Archiv aufsuchte, musste ihr klar werden, dass die neuen Beweisstücke ihre Täterschaft belegen würden. Sie hatte also keine andere Wahl, als die Akten zu entwenden.«

»Bonneau hat immer behauptet, dass Madame Tait die Mörderin ist«, sagt Morard. »Seine Intuition war also richtig. Ich bin sicher, er wird sie einem straffen Verhör unterziehen. Und wenn es gelingt, der gestohlenen Akten wieder habhaft zu werden, wird es wohl ein leichtes sein, Anklage gegen Madame Tait zu erheben. Es bleibt spannend.«

Morard scheint wirklich zufrieden mit der Wendung der Ereignisse. Er verabschiedet sich von uns. »Liebe Kollegen, diese Sitzung war sehr produktiv. Ich werde mich beeilen, die gute Nachricht an die Organisatoren weiterzugeben, die darin sicherlich einen Anreiz sehen werden, dieses Verfahren in den kommenden Jahren zu wiederholen. Ich werde ebenfalls unverzüglich Bonneau Bescheid geben, dass wir denken, Madame Tait hat den Diebstahl im Archiv begangen. Er wird sich darüber freuen, weil er nie daran gezweifelt hat. Ich möchte Ihnen unbedingt zu dieser exzellenten Zusammenarbeit gratulieren, insbesondere Manori, der den Fall gelöst hat. Einen schönen Feierabend.«

Courtel dreht sich zu mir und beglückwünscht mich seinerseits. »Verfluchter Maurice. Ich denke, du weißt, dass dich deine Kollegen ›Graf der Graphen‹ nennen. Ich muss feststellen, dass du deinem Ruf alle Ehre gemacht hast. Ein weiterer Täter wurde durch dich mithilfe deiner Graphen dingfest gemacht. Bravo! Ich denke, wir haben es uns jetzt verdient, es uns in Lausanne mal gut gehen zu lassen. Ich treffe mich in einer reichlichen Stunde mit Françoise und den Kindern. Kommst du mit?«

»Ein Bravo auch dir Sébastien. Ohne dein Versteckspiel-Szenario hätte ich den Fall sicherlich nie gelöst. Wir sind einfach ein *Dreamteam*. Und was deine Einladung betrifft, ich nehme sie mit Vergnügen an.«

4 Der Wettlauf um das Erbe

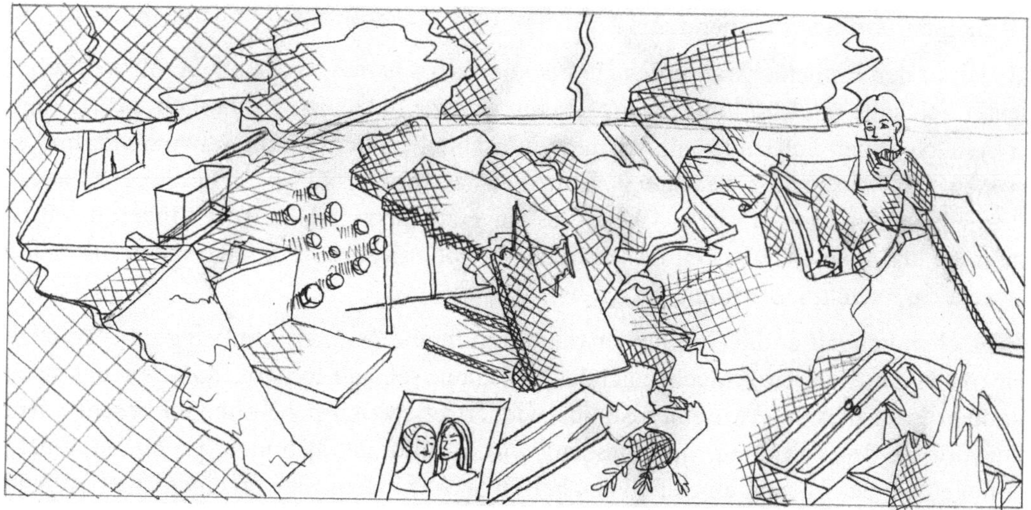

ICH HABE MIT FAMILIE COURTEL einen wirklich exzellenten Abend verbracht. Die Töchter sind entzückend, sehr lebhaft und froh, ihren Vater während ihrer Schulferien zur Tagung begleiten zu können. Wir haben auf der zauberhaften Terrasse eines Restaurants in Saint-Sulpice gegessen, ein paar Kilometer von Lausanne entfernt. Danach sind wir gegen 23 Uhr ins Hotel zurückgekehrt. Inspektor Bonvin aus Genf saß gerade in der Lobby, um ihn herum einige Personen, die, so scheint mir, nicht an der COPS-Tagung teilnehmen. Er wirkte sehr besorgt, sicherlich wegen einer laufenden Ermittlung, die ihm offenbar schwer zu schaffen macht. Er begrüßte mich und sagte, dass er vielleicht am Folgetag meine Dienste in Anspruch nehmen müsste. Er wünschte mir eine gute und erholsame Nacht und setzte seine lebhafte Diskussion mit seinen Leuten fort.

Ich habe Isabelle angerufen, die mir versicherte, ich müsste mir keine Sorgen machen, zu Hause gebe es keinerlei Probleme und es sei alles unter Kontrolle. Sie sehnt sich aber nach mir und kann es kaum erwarten, dass ich zurückkomme. Am Donnerstag werde ich nach Montréal zurückfliegen und wahrscheinlich wieder Temperaturen von knapp über Null genießen können.

Ich bin mit dem Gefühl eingeschlafen, eine Aufgabe erfüllt zu haben. Mein Vortrag heute Nachmittag über die Anwendung der Graphen im Polizeidienst wird wahrscheinlich weniger Eindruck bei meinen Kollegen hinterlassen als die eindeutige Demonstration ihrer Nützlichkeit, die ich gestern bei der Lösung des Diebstahlsfalls aus dem Kantonsarchiv gab.

Heute ist ein neuer Tag. Das Tagungsprogramm heute Vormittag interessiert mich zwar weniger, aber ich habe trotzdem beschlossen, meinen Wecker auf 7 Uhr zu stellen. Gleich werde ich ein reichliches Frühstück zu mir nehmen und wahrscheinlich eine gute Stunde am See spazieren gehen, bevor ich ins Hotel zurückkomme, um mich gut auf meinen Vortrag vorzubereiten.

Als ich in den Frühstücksraum des Hotels komme, sehe ich, wie Bonvin mir heftig bedeutet, ich solle mich zu ihm setzen. Er sagt, er habe die ganze Nacht nicht geschlafen. Er versucht einen Fall zu lösen, der ihm eine schnelle Entscheidung abverlangt, und er ist sich nicht sicher, die richtige Wahl treffen zu können. »Haben Sie einen Moment für mich Zeit?«, fragt er mich. »Wenn Sie einverstanden sind, stelle ich Ihnen das Problem vor, das meine Gedanken fesselt. Ich habe schon versucht, Ihre Graphen für meine Zwecke zu nutzen, leider ohne Erfolg.«

Wahrscheinlich hat er die Graphen erwähnt, um meine Aufmerksamkeit zu wecken. Da ich mit leerem Magen schlecht nachdenken kann, schlage ich vor, dass wir uns nach meinem Frühstück in etwa einer Stunde wiedertreffen. Ich habe ohnehin beschlossen, die Vorträge des Vormittags auszulassen, warum sollte ich also nicht probieren, einem Kollegen bei der Lösung eines Falls zu helfen? »Was halten Sie von einem Treffen halb neun im Hauptfoyer am Eingang des Hotels?«

»Perfekt. Vielen Dank im Voraus für Ihre Hilfe.«

Ich habe Courtel nicht im Frühstücksraum gesehen. Wahrscheinlich will er ausschlafen. Bonvin ist es jedenfalls gelungen, meine Neugier zu wecken, als er sagte, er habe versucht, sein Problem mithilfe der Graphen zu lösen. Ich kann kaum erwarten, zu erfahren, worum es geht. Es ist jetzt 8.25 Uhr und ich bin der Erste am Treffpunkt. Da kommt aber auch schon Bonvin.

»Guten Tag, Manori. Nochmals danke, dass Sie mir Ihre kostbare Zeit schenken. Sie haben mich gestern mit Ihren Graphen so beeindruckt, dass ich dachte, Sie könnten mir vielleicht helfen, den Fall, der mir so zusetzt, zu lösen. Ich war so frei, zwei meiner Genfer Kollegen anzurufen, damit sie sich unserem Treffen anschließen.«

»Handelt es sich um die Leute, die ich gestern Abend gesehen habe und mit denen Sie scheinbar heftig diskutiert haben?«

»Ja, sie arbeiten mit mir an diesem Fall und es dürfte nicht schaden, sie bei der Entscheidungsfindung mit einzubeziehen. Sie müssten gleich hier sein. Da kommt übrigens Sorel.«

Bonvin stellt uns vor und beschreibt mich als einen der prominentesten Inspektoren der Stadt Montréal. Er fasst für Sorel meine gestrige Großtat im Archivfall zusammen und gibt an, von der Anwendung der Graphen bei der Bestimmung des Schuldigen sehr beeindruckt gewesen zu sein. Sorel ist ein Ermittler um die dreißig mit bisher wenig Erfahrung. Er ist die personifizierte Seriosität, eifrig bei der Arbeit und hat, mit den Worten von Bonvin, eine vielversprechende Zukunft bei der Polizei vor sich.

Während der Vorstellung schaltet sich eine weitere Person in unser Gespräch ein. »Guten Tag, ich bin Oberleutnant Armand Netter von der Kantonspolizei Genf. Bonvin hat mich zu Ihrem Gespräch heute Morgen hinzugebeten. Ich nehme an, Sie sind Inspektor Marino aus Montréal.«

»Hm, bis auf einen Silbendreher haben Sie recht. Ich heiße eigentlich Manori. Ich nehme an, Bonvin hat Ihnen schon von mir erzählt.«

»In der Tat, aber seien Sie gewiss, dass er Ihren Namen korrekt ausgesprochen hat. Ich bin derjenige, der Probleme hat, sich Namen zu merken. Er hat mir in allen Einzelheiten von Ihrer gestrigen Leistung berichtet und war von Ihren Graphen regelrecht geplättet. Ich glaube sogar, er hat versucht, sie bei dem Fall anzuwenden, der uns gerade beschäftigt, er wird uns darüber aber wohl in einigen Minuten selbst mehr sagen.«

»Wenn Sie in den bequemen Sesseln Platz nehmen wollen«, sagt Bonvin. »Bevor ich Manori den Fall erkläre, empfehle ich Ihnen, etwas zu trinken zu bestellen.«

»Für mich einen Espresso«, sagt Sorel.

»Für mich auch«, sagt Netter.

»Ich meinerseits komme gerade erst vom Frühstück«, sage ich »und ich habe schon zwei Tassen Kaffee getrunken. Für ein Bier, ein *demi-pinte en fût*[1], wie man bei uns in Québec sagt, ist es noch zu früh. Ich nehme aber gern einen Tomatensaft.«

Bonvin gibt die Bestellung auf, nimmt eine Pfeife, Tabak, Streichhölzer und einen Pfeifenstopfer aus seiner rechten Jackentasche und fragt uns, ob uns der Rauch stört. Bei jeder Europareise wundere ich mich aufs Neue, dass es noch geschlossene öffentliche Räume ohne Rauchverbot gibt. Trotzdem mag ich den Geruch von Pfeifentabak, daher habe ich nichts dagegen, dass er seine Pfeife anzündet. Da ihm auch Sorel und Netter grünes Licht geben, lässt Bonvin ein paar Krümel Tabak in den Pfeifenkopf fallen, hilft etwas nach, um Platz für eine neue Prise zu haben, zündet ein Streichholz an und hält die Flamme über den Pfeifenkopf. Er zieht zwei oder drei Mal durch den Holm, drückt die Glut mit dem Stopfer ein wenig zusammen und genießt die ersten Züge. Während ein Kellner die von uns georderten Getränke auf den Tisch stellt, schlägt Bonvin vor, für mich den Fall zusammenzufassen, der uns heute Morgen zusammengeführt hat.

»Ich bin ganz Ohr«, sage ich.

Bonvin wartet einen Moment, um seine Gedanken zu ordnen, nimmt einen weiteren Zug aus seiner Pfeife und beginnt seinen Bericht. »Monsieur Grumbacker ist ein Multimillionär, von dem Sie vielleicht schon gehört haben. Es handelt sich um einen etwas

[1] viertel Liter vom Fass

extravaganten amerikanischen Geschäftsmann, der wiederholt für Schlagzeilen gesorgt hat. Durch Investitionen in Immobilien hat er ein kolossales Vermögen angehäuft.«

»Das sagt mir nichts«, entgegne ich. »Sein Name ist mir nicht geläufig.«

»Wenn ich sage, es ist ein Geschäftsmann«, setzt Bonvin fort, »sollte ich besser in der Vergangenheit sprechen. Er ist nämlich vor etwa sechs Monaten gestorben. Sein Erbe wird auf einen zweistelligen Millionenbetrag in amerikanischen Dollar geschätzt.

In seinem Testament beschreibt er genau, wie sein Vermögen aufzuteilen ist. Er vermacht natürlich einen großen Teil davon seinen unmittelbaren noch lebenden Verwandten, also seinem Bruder und seinen beiden Töchtern. Der Rest seines Vermögens geht an mehrere karitative Organisationen.

Der Tod von Monsieur Grumbacker war ein Schock für die ganze Familie. Er war nicht krank und körperlich gut in Form. Er ist auf tragische Weise ums Leben gekommen, als sein Haus mitten in der Nacht wegen eines Gaslecks explodierte. Die Feuerwehr hat in den Trümmern die jämmerlichen Reste eines menschlichen Körpers gefunden. Dank einiger vor Ort gefundener Zähne und der Befunde eines Zahnarztes haben unsere Experten die Überreste von Grumbacker formell identifiziert.«

Ich unterbreche diesen sehr makaberen Bericht und bitte um Präzisierung hinsichtlich der Explosionsursache: »Konnten Sie feststellen, ob es sich um ein Verbrechen oder einen Unfall handelte?«

»Ich habe dazu ermittelt«, hakt Sorel ein »und nichts deutet darauf hin, dass jemand in böser Absicht den Gashahn geöffnet hat, als Monsieur Grumbacker schlief. Scheinbar war es ein banaler Unfall.«

Ungeduldig, seine Zusammenfassung fortzusetzen, schlägt Bonvin vor, ich solle alle meine Fragen für das Ende des Berichts aufheben, und setzt seine Erklärungen fort.

»Unser Mann hat einen Charakterzug, den ich Ihnen bisher verschwiegen habe. Sein ganzes Umfeld, seine Verwandten, seine Kollegen und seine Geschäftsverbindungen stimmen darin überein, dass er Paranoiker war. Er litt unter extremem Misstrauen Anderen gegenüber, er vertraute Keinem. Er rechnete ohne jeden Grund immer damit, dass die Anderen ihn ausnutzen oder betrügen. Ihn plagten pausenlos Zweifel an der Loyalität und Treue seiner Freunde und Geschäftspartner.

Ich habe Ihnen von diesem Persönlichkeitsmerkmal erzählt, weil es direkt mit unserem Fall zu tun hat. Bankiers und Notare bildeten nämlich in den Augen von Grumbacker keine Ausnahme. Damit will ich sagen, dass er es immer ablehnte, den Ort preiszugeben, an dem er sein Vermögen versteckt. Alles, was er die mit seinem Testament betrauten Notare hat wissen lassen, ist, dass er sein Vermögen bei einer Bank hinterlegt hat. Genauer gesagt, in einem Nummernsafe, der durch ein Passwort geschützt ist. Er wies die Bankangestellten an, nur die Personen an sein Vermögen zu lassen, die nicht nur die Safenummer, sondern auch das Passwort angeben können.«

»Ich nehme an«, sage ich, »es handelt sich um eine Schweizer Bank.«

»Darüber wissen wir nichts«, hakt Netter ein »und selbst wenn wir den Namen der Bank kennen würden, bezweifle ich, dass es reichen würde, um an das Vermögen von Monsieur Grumbacker zu kommen. Tatsächlich ruht das Geld in einem unbekannten Safe und wir haben keine Ahnung von der Safenummer, geschweige denn vom Passwort.«

»Ich verstehe nicht richtig«, sage ich. »Ich bin sicher, Grumbacker wusste, dass er nicht unsterblich ist. Er musste sich also sehr wohl vorstellen können, dass er eines Tages sterben würde. Da er sein Vermögen seiner Familie vermachen wollte, wie das Testament bezeugt, musste er also jemandem sagen, wie man an seinen Safe kommt.«

»Ich komme gleich dazu«, antwortet Bonvin. »Grumbacker hat ein Dokument verfasst, mit dessen Hilfe man den Namen der Bank, die Safenummer und das Passwort finden kann. Dieses Dokument beschreibt eine Art Geländespiel. Man muss mehrere Etappen bewältigen, und jede davon liefert einen Hinweis, ein Puzzleteil.«

Und schon zieht Netter aus der Innentasche seines Sakkos ein kleines gefaltetes Blatt, das auf der nächsten Seite abgebildet ist.

»Es handelt sich um die Kopie des Dokuments, das Sorel unter den Trümmern des Hauses von Monsieur Grumbacker fand. Die Explosion war so heftig, dass das ganze Haus auseinandergerissen wurde, und es kommt einem Wunder gleich, dass wir nach mehrtägiger Suche dieses Stück Papier in die Hände bekamen. Wie Sie feststellen können, haben wir leider nur einen Teil des Textes gefunden.«

Bonvin lässt mich den Inhalt des Dokuments studieren und nutzt die Zeit, um vorsichtig die Oberfläche der Glutstelle seiner Pfeife zusammenzudrücken. Er fügt etwas Tabak hinzu und ergreift wieder das Wort.

»Wie Sie sehen können, Manori, hat Grumbacker uns eine Menge Anweisungen vermacht, die man Schritt für Schritt befolgen muss, um die genauen Orte zu finden, an denen er Teile von Informationen versteckt hat. Diese Teile kann man zusammensetzen, und wenn das passiert ist, liefern sie uns wahrscheinlich alle nötigen Angaben, um an den Safe mit seinem Vermögen zu kommen. Die ersten Zeilen des Dokuments sagen tatsächlich ganz klar, dass man den Namen der Bank, die Safenummer und das Passwort mithilfe dieses Geländespiels herausfinden kann.«

»Ich sehe, dass der Text zahlreiche Blumennamen enthält«, bemerke ich. »Muss man das Geländespiel in einem Botanischen Garten machen?«

»Das ist möglich«, antwortet Netter, »es könnte sich aber auch um einen Wald mit Wanderwegen handeln, die nach Blumen benannt sind. Ich habe im Internet recherchiert, um einen Ort auf Erden zu finden, an dem es all diese Wegenamen gibt, das hat aber nichts gebracht. Wir haben sogar die größten Experten der Botanik, der Forstwirtschaft und wer weiß wen noch kontaktiert. Diese Wegenamen sagen niemandem etwas.«

Wenn Sie den Anweisungen dieses Schreibens folgen, werden Sie in der Lage sein,
den Namen der Bank, die Safenummer und das Passwort zu finden,
die Sie brauchen, um an mein Vermögen zu gelangen.

Begeben Sie sich zuerst zum Maiglöckchenweg
begeben Sie sich genau an den Ort aus de

Sie

und begeben
Sie können nu
sowi ises.

Am Ende des Tulpenwegs stoßen Sie auf den
Maiglöckchen-, den Flieder-, den Rosen- und den Begonienweg.
Nehmen Sie den Fliederweg
und begeben Sie sich genau an den Ort aus dem Hinweis vom Tulpenweg.
Sie können nun einen Teil der Safenummer ausgraben
sowie die Angaben zum Ort des nächsten Hinweises.

Am Ende des Fliederwegs stoßen Sie auf
den Rosen-, den Maiglöckchen- und den Tulpenweg.
Nehmen Sie den Rosenweg
und begeben Sie sich genau an den Ort aus dem Hinweis vom Fliederweg.
Sie können nun den zweiten Teil der Safenummer ausgraben
sowie die Angaben zum Ort des nächsten Hinweises.

Am Ende des Rosenwegs stoßen Sie auf
den Flieder-, den Tulpen-, den Jasmin- und den Begonienweg.
Nehmen Sie den Jasminweg
und begeben Sie sich genau an den Ort aus dem Hinweis vom Rosenweg.
Sie können nun den einen Teil des Passworts ausgraben
sowie die Angaben zum Ort des nächsten Hinweises.

Am Ende des Jasminwegs stoßen Sie auf
den Rosen- und den Begonienweg.
Nehmen Sie den Begonienweg
und begeben Sie sich genau an den Ort aus dem Hinweis vom Jasminweg.
Sie können nun den zweiten Teil des Passworts ausgraben.

»Wenn ich richtig verstehe, wissen Sie also nicht, wo Sie suchen sollen.«

»Genau, und wir können nur Hypothesen über die Nützlichkeit dieses Dokuments aufstellen. Im Grunde müssen wir wenigstens den Ort des Geländespiels kennen, um damit beginnen zu können. Dieser wird wahrscheinlich am Anfang des Dokuments genannt, aber da uns genau dieses Textstück fehlt, ist es schwierig, ihn zu erraten.«

Die Sache scheint mir klar und deutlich. Die Bankdaten sind an einem Ort versteckt, den niemand zu kennen scheint. Die Erben müssen sich also wohl mit dem Gedanken abfinden, dass sie niemals auch nur einen Cent dieses kolossalen Vermögens sehen werden. Während eine kleine Rauchwolke vor meiner Nase vorbeizieht, frage ich meine Schweizer Kollegen. »Und wobei, glauben Sie, kann ich Ihnen von Nutzen sein?«

»Geben Sie mir noch kurz Zeit, um meine Darlegungen zu beenden«, sagt Bonvin, »damit ich Ihnen verdeutlichen kann, warum ich beschlossen habe, Sie um Hilfe zu bitten. Es gibt nämlich einige Punkte, die ich noch nicht angesprochen habe und die ich für die Lösung des Falls für außerordentlich wichtig erachte. Zunächst möchte ich auf das Geländespiel und den Ablauf jeder Etappe zurückkommen. Nehmen wir die Etappe nach dem Auffinden des Hinweises auf dem Fliederweg, den dritten Abschnitt von unten.«

»Ich lese:

> Am Ende des Fliederwegs stoßen Sie auf den Rosen-, den Maiglöckchen- und den Tulpenweg. Nehmen Sie den Rosenweg und begeben Sie sich genau an den Ort aus dem Hinweis vom Fliederweg. Sie können nun den zweiten Teil der Safenummer ausgraben sowie Angaben zum Ort des nächsten Hinweises.«

»Wie Sie sehen«, sagt Bonvin, »gibt uns Grumbacker die Namen der Wege, die man am Ende des Fliederwegs vorfindet. Er gibt übrigens die gleiche Art Information für jeden Weg, an dem ein Hinweis versteckt ist. Zum Beispiel erfährt man, dass man am Ende des Fliederwegs die Wahl zwischen dem Rosenweg, dem Maiglöckchenweg und dem Tulpenweg hat.«

»Was nicht heißen muss, dass diese drei Wege den Fliederweg an der gleichen Stelle kreuzen«, gebe ich zu Bedenken.

»Sehr richtig«, führt Bonvin fort. »Es kann schon sein, dass ein Ende des Fliederwegs eine Sackgasse bildet und sich die drei anderen Wege an seinem anderen Ende treffen. Aber es ist ebenfalls denkbar, dass nur einer der drei Wege, sagen wir der Rosenweg, den Fliederweg an einem Ende kreuzt, während der Maiglöckchenweg und der Tulpenweg am anderen Ende auf den Fliederweg treffen. Eine weitere Möglichkeit wäre, dass einer der drei Wege, beispielsweise der Tulpenweg, die gleichen Enden wie der Fliederweg aufweist und dass diese beiden Wege den Rosenweg an einem Ende und den Maiglöckchenweg am anderen kreuzen. Eigentlich gibt es noch viele andere Möglichkeiten. Sehen Sie hier die kleine Zeichnung, die drei mögliche Beispiele der realen Topologie vor Ort zeigt.

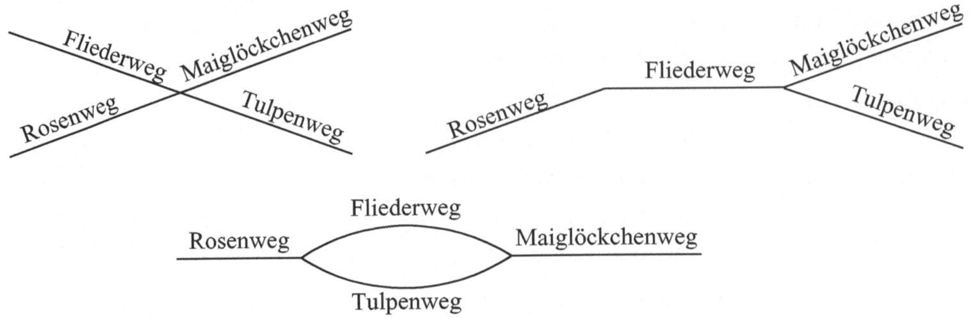

In allen drei Fällen, stimme ich mit dem Anfang des Absatzes überein:

> Am Ende des Fliederwegs stoßen Sie auf den Rosen-, den Maiglöckchen- und den Tulpenweg.«

»Mit dem Teil des Dokuments, den wir gefunden haben«, fügt Netter hinzu, »ist es also schwer, sich eine Karte des Ortes zu machen, die uns vielleicht helfen würde, den Namen des Waldes oder botanischen Gartens zu bestimmen.«

»Ich denke trotzdem«, sagt Bonvin, »wenn man erst einmal am Ort des Geländespiels ist, werden die Namen der Wege klar markiert sein. Man dürfte also problemlos wissen, in welche Richtung man gehen soll.«

»Man kann nie wissen«, sage ich, »vielleicht hat Grumbacker Namen angegeben, die nicht mit den wirklichen Bezeichnungen der Wege übereinstimmen und es ist Sache des Suchenden, jedem Namen den richtigen Weg zuzuordnen.«

»Das sind alles nur Vermutungen«, sagt Bonvin, »aber gehen wir für den Moment davon aus, dass die Namen der Wege, ist man erst einmal am Ort des Geländespiels, nicht verwirrend sind. Jede Etappe besteht also darin, sich genau zu dem Ort zu begeben, auf den der bei der vorigen Etappe gefundene Hinweis hindeutet. Ich nehme an, jeder Hinweis gibt die genauen Entfernungen an, die man in eine klar benannte Richtung laufen muss. Ein typisches Beispiel wäre: ›Gehen Sie vom Ende des Weges aus 53 Meter, verlassen Sie dann den Weg nach rechts und gehen genau 2 Meter.‹«

»Und wenn man erst einmal am Ort des Versteckes ist, reicht es, ein wenig zu graben, um einen Teil der Information sowie einen Hinweis für die nächste Etappe zu finden. Auf dem Rosenweg kann man beispielsweise ein Stück der Safenummer finden.«

Ich nehme mir die Zeit mich zu vergewissern, all diese Erklärungen richtig verstanden zu haben, bevor ich meine Schlussfolgerung ziehe. »Dieser Monsieur Grumbacker scheint einfache Sachen nicht gemocht zu haben. Ich frage mich, warum er sich dieses Geländespiel ausgedacht hat. Wäre es nicht viel einfacher gewesen, auf diesem Dokument die Angaben für den Zugang zum Safe explizit aufzuschreiben, das heißt, die Bankdaten, die Safenummer und das Passwort?«

»Vergessen Sie nicht«, entgegnet Bonvin, »dass Grumbacker Paranoiker war. Da eine Person im Besitz dieses Dokuments sein ganzes Geld in die Hände bekommen kann, hatte er wohl zu große Angst, dass ihm sein ein Leben lang angehäuftes Vermögen gestohlen wird.«

»Ich gebe zu, dass ich immer noch nicht verstehe. Wenn es einem Dieb gelingt, sich dieses Dokument zu verschaffen, muss er lediglich dem Geländespiel folgen, um die Informationen zu erhalten, die ihn zum Safe führen. Der Zugang zum Vermögen von Monsieur Grumbacker dauert sicher länger, aber das Ergebnis wäre doch das gleiche.«

»Nicht ganz«, erwidert Bonvin, »ich habe Ihnen noch nicht von dem versiegelten Umschlag erzählt, den Grumbacker bei seinem Notar hinterlegt hat, der erst nach seinem Tod geöffnet werden darf.«

»Da er jetzt gestorben ist, nehme ich an, dass Sie ihn geöffnet haben.«

»Ja«, antwortet Bonvin. »Der Umschlag enthielt ein Blatt Papier mit folgendem Text:

> Mitten auf dem Weg finden Sie eine große Eiche. Gehen Sie von diesem Baum aus genau einen Meter nach Norden.«

»Sicher handelt es sich um eine Information zur Bewältigung einer Etappe des Geländespiels«, sage ich.

»Ja«, sagt Bonvin. »Wie Sie gleich sehen werden, erlaubt der Text wahrscheinlich, einen Teil der Bankdaten zu finden.«

»Lassen Sie mich die Situation zusammenfassen«, sage ich. »Wenn ich richtig verstanden habe, muss man, um an Monsieur Grumbackers Vermögen zu gelangen, die vollständigen Angaben des Geländespiels sowie den in einem Umschlag bei seinem Notar hinterlegten Hinweis kennen.«

»Das ist korrekt«, sagt Bonvin, ein wenig an seiner Pfeife ziehend. »Wenn also ein Einbrecher das Dokument stiehlt, kann er nichts damit anfangen, weil ihm der beim Notar hinterlegte Hinweis fehlt.«

»Als Grumbacker die Informationsfragmente an verschiedenen Stellen eines Waldes oder Gartens verteilte, riskierte er trotzdem, dass ein Spaziergänger zufällig ein Stück des Puzzles findet«, sage ich.

»Ja, Manori, aber der Spaziergänger hätte damit nichts anzufangen gewusst, da er die vollständigen Angaben zum Geländespiel gebraucht hätte, um zu wissen, wie er an die anderen Informationen gelangt.«

»Und wenn dieser Spaziergänger nun einfach beschließt, das Fragment wegzuwerfen oder zu verbrennen, ist der Weg zu Grumbackers Vermögen dann für immer verloren?«

»Scheinbar war er bereit, dieses Risiko einzugehen. Wenn es also zusammenfassend jemandem gelingt, an sein Erbe zu kommen, dann nur durch Öffnen des versiegelten

Umschlags. Das war für Monsieur Grumbacker leicht zu überprüfen und er hätte dann gegen seinen Notar gerichtlich vorgehen können.«

»Ein wahrer Paranoiker«, sage ich, »da haben Sie recht. Aber jetzt wird er wohl sein Geheimnis mit ins Grab genommen haben, da wir sein Geländespiel nicht vollständig haben. Was für eine Verschwendung!«

Meine drei Gesprächspartner werfen sich einen verschwörerischen Blick zu. Netter wartet einige Sekunden, bevor er lächelnd weiterspricht. Er ahnt, dass mir die Information, die er mir gleich offenbaren wird, die Sprache verschlagen wird.

»Auch wir haben geglaubt, dass das Rätsel niemals gelöst wird. Wir haben es bis GESTERN MORGEN geglaubt.«

»Was?«, frage ich verdutzt, »Es ist Ihnen gelungen, den Safe zu finden?«

»Leider nicht uns«, antwortet Bonvin.

»Wem denn?«

»Wir haben einen anonymen Anruf erhalten, mit dem uns jemand mitteilte, er habe das fehlende Stück des Dokuments gefunden. Das Geländespiel war also eine leichte Sache und die Person hat alle für den Zugang zum Safe notwendigen Informationen bekommen können. Diese Person ist jetzt im Besitz des ganzen Vermögens von Monsieur Grumbacker.«

»Haben Sie eine Ahnung, wer der anonyme Anrufer sein könnte?«

»Der Anruf war leider von zu kurzer Dauer, als dass wir seinen Ausgangspunkt hätten lokalisieren können. Außerdem war die Stimme offensichtlich verstellt, aber zweifellos männlich.«

»Aber warum hat dieser Mann Sie angerufen? Er hätte doch auch ganz einfach mit dem Vermögen verschwinden können, ohne dass irgendjemand erfährt, wie es ihm gelang, des Schatzes habhaft zu werden. Fordert er eine Belohnung, bevor er das Geld den Erben überlässt?«

»Sie haben es erraten«, antwortet Bonvin, »und habgierig ist wohl das Geringste, was man ihn nennen kann. Er teilte uns mit, dass das Vermögen von Monsieur Grumbacker etwa 48 Millionen beträgt. Er will etwas mehr als 2 Prozent, also eine Million, in bar.«

»Und wenn Sie ablehnen?«

»Er erklärte, dann die Bankverbindung, die Papiere und Aktien zu verbrennen und nur noch die Wertgegenstände aufzuheben. Dann könnten die Erben ihr Erbe abschreiben.«

»Und wann sollen Sie ihm seine Million auszahlen?«

»Morgen Mittag«, antwortet Bonvin.

»Hat er Beweise seiner Entdeckung geliefert? Etwa Kopien der Papiere und Aktien?«

»Noch besser als das«, antwortet Netter. »Er hat uns das fehlende Stück des Dokuments geschickt. Hier ist eine Kopie, die ich auf das Stück, das wir schon hatten, geklebt habe. Wie Sie sehen können, ergänzen sich beide Teile perfekt.«

Wenn Sie den Anweisungen dieses Schreibens folgen, werden Sie in der Lage sein,
den Namen der Bank, die Safenummer und das Passwort zu finden,
die Sie brauchen, um an mein Vermögen zu gelangen.

Begeben Sie sich zuerst zum Maiglöckchenweg im ██████████
begeben Sie sich genau an den Ort aus dem beim Notar hinterlegten Dokument.
Ich habe dort ein Papier mit
einem Teil des Namens der Bank und ihrer Adresse vergraben.
Sie finden dort ebenfalls Angaben zum Ort des nächsten Hinweises.

Am Ende des Maiglöckchenwegs stoßen Sie
auf den Flieder- und den Tulpenweg.
Nehmen Sie den Tulpenweg
und begeben Sie sich genau an den Ort aus dem Hinweis vom Maiglöckchenweg.
Sie können nun den zweiten Teil der Informationen zur Bank ausgraben
sowie die Angaben zum Ort des nächsten Hinweises.

Am Ende des Tulpenwegs stoßen Sie auf den
Maiglöckchen-, den Flieder-, den Rosen- und den Begonienweg.
Nehmen Sie den Fliederweg
und begeben Sie sich genau an den Ort aus dem Hinweis vom Tulpenweg.
Sie können nun einen Teil der Safenummer ausgraben
sowie die Angaben zum Ort des nächsten Hinweises.

Am Ende des Fliederwegs stoßen Sie auf
den Rosen-, den Maiglöckchen- und den Tulpenweg.
Nehmen Sie den Rosenweg
und begeben Sie sich genau an den Ort aus dem Hinweis vom Fliederweg.
Sie können nun den zweiten Teil der Safenummer ausgraben
sowie die Angaben zum Ort des nächsten Hinweises.

Am Ende des Rosenwegs stoßen Sie auf
den Flieder-, den Tulpen-, den Jasmin- und den Begonienweg.
Nehmen Sie den Jasminweg
und begeben Sie sich genau an den Ort aus dem Hinweis vom Rosenweg.
Sie können nun den einen Teil des Passworts ausgraben
sowie die Angaben zum Ort des nächsten Hinweises.

Am Ende des Jasminwegs stoßen Sie auf
den Rosen- und den Begonienweg.
Nehmen Sie den Begonienweg
und begeben Sie sich genau an den Ort aus dem Hinweis vom Jasminweg.
Sie können nun den zweiten Teil des Passworts ausgraben.

»Tatsächlich, die Übereinstimmung ist perfekt. Und was bedeutet die große geschwärzte Stelle rechts oben?«

»Wahrscheinlich handelt es sich um den Ort, an dem das Geländespiel stattzufinden hat«, antwortet Netter. »Der zukünftige Millionär hat absichtlich diese Angabe unkenntlich gemacht, weil er alles andere als ein Idiot ist. Er ahnt wohl, beim Ausgraben der Hinweise Fingerabdrücke oder sogar DNA-Spuren hinterlassen zu haben. Man gräbt kein Loch ohne Spuren zu hinterlassen, die die Kriminaltechnik zu ihrem Urheber führen. Um zu verhindern, dass wir uns an den Ort seiner Suche begeben, hat er diesen also absichtlich unkenntlich gemacht.«

»Vielleicht hat er andererseits ein paar Spuren auf dem Dokument hinterlassen, das er Ihnen geschickt hat? Haben Sie versucht, diese zu sichern?«

»Leider hat er uns das Dokument gefaxt, und daher gab es keine Spur.«

»Ja«, bestätigt Netter.

»Wenn ich die Situation in wenigen Worten zusammenfasse«, sage ich, »will der anonyme Anrufer nichts weiter als seine Million einstecken und verschwinden.«

»Genau so ist es«, antwortet Bonvin, »und wir haben etwas mehr als einen Tag um zu entscheiden, ob wir seine Forderung erfüllen.«

»Und was denken die Erben? Sind sie mit der Zahlung einverstanden?«

»Ja«, sagt Netter. »Wenn es nur von ihnen abhinge, wäre die Sache schon erledigt. Der Zweifel liegt bei uns. Wir empfehlen ihnen misstrauisch zu sein. Wir versuchen ihnen klar zu machen, dass nichts darauf hindeutet, dass diese Person wirklich an das Erbe gelangt ist.«

»Ich möchte hinzufügen«, sagt Sorel, »dass ich selbst in den Trümmern von Grumbackers Haus gesucht habe. Ich habe jeden Quadratzentimeter durchkämmt, ohne irgendetwas zu finden. Ich kann mir kaum vorstellen, dass ich die Hälfte dieses Dokuments übersehen habe.«

»Unsere Idee ist«, sagt Bonvin, »unseren Unbekannten glauben zu machen, dass wir seine Forderung akzeptierten. Wir werden einen Koffer an dem von ihm benannten Ort abstellen. Der Koffer enthält natürlich kein Geld. Wir werden darin aber einen Minisender verstecken. Sobald sich der Koffer wegbewegt, wird uns ein Signal darüber informieren, und unsere Sondereinheiten können versuchen, den Gesuchten zu fassen.«

»Die Erben«, sagt Netter, »wollen trotzdem kein Risiko eingehen. Wenn der Unbekannte tatsächlich das Erbe hat und unser Festnahmeversuch fehlschlägt, könnte er seine Drohung wahr machen, und wir könnten 48 Millionen Dollar in den Wind schreiben.«

»Um zusammenzufassen«, sagt Bonvin, »wären die Erben mit unserem Eingreifen unter der Bedingung einverstanden, dass wir ihnen überzeugende Beweise liefern, welche die Zweifel an der Aufrichtigkeit des Unbekannten rechtfertigen.«

Nach kurzem Nachdenken weise ich meine Gesprächspartner darauf hin, dass der eventuelle zukünftige Millionär nicht nur das fehlende Stück des Dokuments gefunden hat, sondern auch den beim Notar hinterlegten Hinweis besitzen muss. Außerdem muss er das von Sorel am Ort der Explosion entdeckte Dokument haben.

»Warum?«, fragt Bonvin. »Da bin ich anderer Meinung. Wenn es sich um einen Lügner und Betrüger handelt, bestätige ich, dass er eine Kopie unseres Dokumentenstücks haben musste, um ein perfekt dazu passendes fehlendes Stück herzustellen. Aber stellen Sie sich vor, er sagt die Wahrheit und hat wirklich das fehlende Stück gefunden. Dann ist es ganz normal, dass seine Texthälfte perfekt zu unserer passt, auch wenn er deren Inhalt nicht kennt.«

»Diesmal kann ich Ihre Argumentation nicht akzeptieren«, sage ich. »Wenn unser Mann die Wahrheit sagt, hat er zwangsläufig das Geländespiel vom Anfang bis zum Ende durchgezogen, was ohne eine Kopie Ihres Dokumentteils und den beim Notar hinterlegten Hinweis unmöglich gewesen wäre.«

»Gut beobachtet«, sagt Bonvin.

»Das bringt mich auf die Frage, wer sowohl das Geländespiel als auch den kleinen beim Notar hinterlegten Text besitzt.«

Netter dreht sich mit bedauerndem Gesichtsausdruck zu mir. »Ich muss Ihnen leider antworten, dass diese Texte viele Personen gesehen haben und wir sie nicht einmal alle kennen. Da ist natürlich unser Polizeidienst, aber auch mehrere Notare, alle Erben und wahrscheinlich auch zahlreiche Freunde der Familie, die versucht haben zu helfen, vielleicht in der Hoffnung auf eine Belohnung, wenn sie die Bankverbindung finden.«

»Wir könnten«, fügt Netter hinzu, »all diese Personen befragen, aber wir haben damit keine Chance, schnell zu Schlussfolgerungen zu kommen. Ich erinnere Sie außerdem daran, dass die Million morgen Mittag ausgezahlt werden muss.«

Ich denke an das Gespräch, das ich heute Morgen mit Bonvin auf dem Weg zum Frühstück hatte. »Übrigens, Bonvin, hatten Sie mich vorhin mit dem Verweis auf einen Graphen geködert, den Sie versucht hätten zu zeichnen, um diese Ermittlung voranzubringen. War das nur, um meine Aufmerksamkeit zu gewinnen, oder haben Sie tatsächlich davon Gebrauch gemacht?«

»Ich habe nicht gelogen, ich habe wirklich einen Graphen konstruiert, der dem ähnelt, den Sie gestern gezeichnet haben.«

»Kann ich ihn sehen?«

Bonvin leert seine Pfeife in den Aschenbecher und legt sie vorsichtig auf den Tisch. Dann zieht er ein vierfach gefaltetes kleines Blatt aus der Gesäßtasche seiner Hose und nimmt das Gespräch wieder auf.

»Ich gebe zu, ich geniere mich ein bisschen, Ihnen meinen Versuch darzulegen, den Fall mit Graphen zu lösen. Versprechen Sie mir, sich nicht über mich lustig zu machen, wenn ich Unsinn reden sollte.«

»Ich bin sicher, was Sie sich ausgedacht haben, ist alles andere als idiotisch. Zögern Sie nicht, es mir zu zeigen.«

»Also gut«, wagt sich Bonvin hervor. »Ich war wirklich frustriert, nicht den Hauch einer Topologie des Ortes zeichnen zu können. Ich habe Grumbacker verflucht, der die Wege an jeder Kreuzung mit größerer Genauigkeit hätte angeben können.«

»Ich verstehe Ihre Frustration.«

»Stellen Sie sich vor, Manori, dass ich mich plötzlich an Ihre brillante gestrige Leistung in Bezug auf die aus dem Kantonsarchiv verschwundenen Akten erinnert habe. Unser Fall und der Diebstahl weisen eine gewisse Ähnlichkeit auf.«

»Welche denn?«, frage ich und versuche zu erraten, worauf er hinauswill.

»Beim Diebstahl aus dem Archiv hatten wir die Aussagen von Tatverdächtigen, die angeben, wer wen gesehen hat, und anhand Ihrer Graphen konnten wir überprüfen, ob diese Aussagen übereinstimmten.«

»Das stimmt.«

»In unserem Fall betrachte ich jeden Weg als Person, die angibt, wem sie am Ende des Weges begegnet. So erfährt man beispielsweise, dass der Fliederweg dem Rosenweg, dem Maiglöckchenweg und dem Tulpenweg *begegnet*. Sehen wir das als eine Art *Zeugenaussage* des Fliederwegs an.«

»Ich folge Ihnen.«

»Wenn die Aussagen übereinstimmen, müssen der Rosenweg, der Maiglöckchenweg und der Tulpenweg aussagen, dass sie dem Fliederweg begegnen. Das ist für die Rose und die Tulpe der Fall und dem zunächst fehlenden Stück zufolge, das auf so wundersame Weise von unserem Unbekannten wiedergefunden wurde, trifft es auch auf das Maiglöckchen zu.«

»Eine exzellente Argumentation. Und haben Sie einen Widerspruch entdeckt?«

»Leider nicht«, sagt Bonvin und faltet sein kleines Blatt Papier auseinander. »Hier ist übrigens die Tabelle, die ich zur Zusammenfassung der Angaben gezeichnet habe.

	M	T	F	R	B	J
M	–	Ja	Ja	Nein	Nein	Nein
T	Ja	–	Ja	Ja	Ja	Nein
F	Ja	Ja	–	Ja	Nein	Nein
R	Nein	Ja	Ja	–	Ja	Ja
B	Nein	Ja	Nein	Ja	–	Ja
J	Nein	Nein	Nein	Ja	Ja	–

Jede Zeile der Tabelle entspricht der Aussage eines Weges. Wie bei den Diebstahlsverdächtigen habe ich nur die Anfangsbuchstaben der Blumennamen für jeden Weg verwendet. Die Tabellenspalten geben die Wege an, denen jeder Weg begegnet ist. Ich schreibe *Ja*, wenn ein Weg einem anderen begegnet ist, anderenfalls *Nein*.

Somit begegnet im gerade betrachteten Beispiel der Fliederweg dem Rosenweg, dem Maiglöckchenweg und dem Tulpenweg, was bedeutet, dass ich *Ja* in die Spalten *M*, *R* und *T* sowie *Nein* in die Spalten *B* und *J* der Zeile *F* schreibe. Der Strich bedeutet, dass kein Weg sich selbst begegnen kann. Wie Sie sehen, ist die Tabelle klar symmetrisch bezüglich der Hauptdiagonalen.«

»Das heißt tatsächlich, dass alle Aussagen übereinstimmen.«

»Ihrem gestrigen Beispiel folgend, konnte heute also auch ich den Graphen aus den Aussagen konstruieren, indem ich pro Weg einen Knoten gezeichnet habe. Dabei habe ich zwei Knoten immer dann durch eine Kante verbunden, wenn sich die zugehörigen Wege begegnen. Erhalten habe ich den folgenden Graphen. Ich habe sogar Pfeile ergänzt, um die während des Geländespiels ausgeführten Bewegungen zu kennzeichnen.«

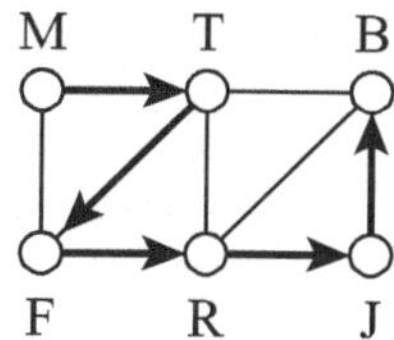

»Lassen Sie mich das überprüfen. Ja, Sie haben absolut recht, beim Sammeln der Hinweise startet man tatsächlich auf dem Maiglöckchenweg, setzt dann auf dem Tulpen-, dem Flieder-, dem Rosen- und dem Jasminweg fort und endet schließlich auf dem Begonienweg. Das ist, ohne Ihnen schmeicheln zu wollen, eine exzellente Darstellung des Geländespiels«, betone ich. »Wirklich Bravo!«

»Danke«, sagt Bonvin, »aber das alles hat mir nicht viel gebracht, denn ich habe nichts Inkohärentes gefunden. Außerdem sagt uns dieser Graph nicht wirklich etwas über die Topologie des Ortes, da jeder Knoten in der Realität einem Weg entspricht. Ich habe versucht, ein Beispiel für die Lagebeziehungen vor Ort zu zeichnen, mit richtigen Wegen, leider erfolglos.«

Bonvin muss auffallen, wie sich mein Gesicht auf einmal aufhellt. Ich habe gerade den Schlüssel zum Rätsel gefunden. »Bonvin, Sie sind ein Genie! Sie scheinen sich darüber nicht im Klaren zu sein, aber Sie haben den Fall gelöst.«

»Was wollen Sie damit sagen? Ich verstehe Sie nicht«, erwidert Bonvin, sichtbar verblüfft von meiner Bestätigung.

»Ich kann Ihnen nicht nur die Topologie vor Ort beschreiben, sondern auch bestätigen, dass der anonyme Anrufer ein Betrüger ist. Wenn er sich wirklich Zugang zum Vermögen von Monsieur Grumbacker verschaffte, dann sicherlich nicht aufgrund des Dokuments, das er Ihnen zugefaxt hat.«

»Wie können Sie sich Ihrer Sache so sicher sein?«, fragt Bonvin. »Kein einziges Stück des Textes, den er uns geschickt hat, widerspricht dem von Sorel gefundenen Text.«

Ich sehe, dass Netter und Sorel genauso perplex sind wie ihr Genfer Kollege. »Um Ihnen meinen Gedankengang zu erklären, werde ich mit einem Beispiel beginnen, das einfacher ist als das, was wir vor Augen haben. Nehmen wir für den Moment an, dass das Geländespiel in einem Wald stattfindet, in dem es nur vier Wege gibt, die ich A, B, C und D nenne. Nehmen wir außerdem an, um die Terminologie von Bonvin zu verwenden, A begegnet B, C und D, während die drei Letztgenannten nur A begegnen. Was würden Sie schlussfolgern?«

Bonvin nimmt ein Blatt Papier und zeichnet zügig die folgende Darstellung.

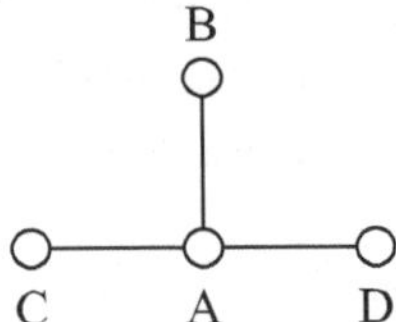

»Mit Ihren Worten gesagt, *stimmt alles überein*«, sage ich.

»Ja, und?«, fragt mich Bonvin.

»Es kann aber sein, dass ein solcher Wald trotzdem nicht existiert.«

»Und warum nicht?«, rufen Bonvin, Netter und Sorel im Chor.

»Weil sich B, C und D nicht begegnen, das heißt, es handelt sich um drei Wege, die keinen gemeinsamen Schnittpunkt haben. Es ist also unmöglich, es so einzurichten, dass der Weg A den Wegen B, C und D begegnet.«

»Aber nein«, sagt Netter, »Sie irren sich. Hier ist eine Anordnung, die beweist, dass ein solcher Wald existieren kann.

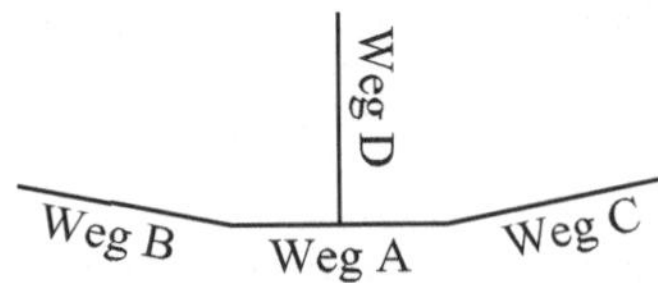

Sorel schaltet sich noch vor mir ein. »Nein, Netter, Ihr Beispiel ist nicht gut. Wenn man sagt, ein Weg begegnet einem anderen, bedeutet das, beide Wege treffen sich an ihrem Ende. In deinem Beispiel berührt der Weg D den Weg A in der Mitte, also nicht an einem seiner Enden.«

»Sorel hat recht«, sage ich. Außerdem füge ich noch hinzu: »Da der Weg A nur zwei Enden hat, kann er nicht den Wegen B, C und D begegnen, ohne dass eines seiner Enden mit mindestens zwei Enden der drei anderen Wege zusammenfällt. Das widerspricht der Tatsache, dass sich B, C und D nicht begegnen.«

Bonvins Miene hellt sich auf. »Jetzt verstehe ich. Mein Graph enthält die gleiche Struktur mit *T*, *F*, *R* und *J*, denn ich habe folgende Kanten: «

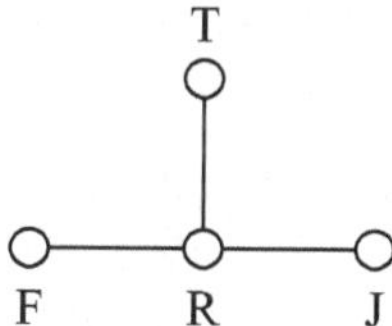

»Nicht so schnell, lieber Kollege. Ihr Graph hat sehr wohl die drei Kanten, die Sie gezeichnet haben, aber er enthält auch eine zusätzliche Kante zwischen *T* und *F*, was bedeutet, dass sich auch *T* und *F* begegnen. Somit ist es möglich, dass *R* ein Ende mit *T* und *F* gemeinsam hat und ein anderes mit *J*. Bis hierher gibt es also kein Problem.«

»Aber worauf wollen Sie dann hinaus?«, wird Bonvin ungeduldig, sicher etwas verärgert darüber, bei seiner Argumentation korrigiert worden zu sein.

»Dieses kleine Beispiel sollte Ihnen nur beweisen, dass der von Ihnen gezeichnete Graph keinerlei Widerspruch aufzuweisen scheint, in der Realität aber kein Ort auf der Erde existiert, der mit allen Aussagen übereinstimmt.«

»Wenn ich richtig verstehe«, sagt Bonvin, »ist die Situation wie bei Ihrem Graphen für den Diebstahlsfall im Kantonsarchiv. Obwohl alle Zeugenaussagen übereinstimmten, gelang es Ihnen mithilfe des Graphen festzustellen, dass einer der Verdächtigen log und zwangsläufig zwei Mal am gleichen Tag im Archiv war.«

»Ich sehe, Sie haben verstanden, worauf ich hinauswill. Es bleibt mir nur noch zu beweisen, dass der Graph der Übereinstimmung, den Sie für unsere sechs Wege gezeichnet haben, keinem Ort entspricht, an dem das Geländespiel stattfinden kann.«

»Und wie werden Sie das anstellen?«

»Ich werde mich zunächst dem Maiglöckchen-, Flieder-, Rosen- und dem Begonienweg zuwenden. Wir müssen eine Karte zeichnen, die die Einschränkungen zwischen diesen vier Wegen beachtet, das heißt, dass *M* nur *F* begegnet, *B* nur *R* begegnet und *F* und *R* sich begegnen. Haben Sie eine Vorstellung von der Konfiguration des Ortes?« Ich warte eine gute halbe Minute. Schließlich findet Sorel als erster eine Lösung. »Sie bilden eine Art fortlaufenden Weg«, sagt er.

»Bravo! Und es gibt nicht wirklich eine andere mögliche Situation. Tatsächlich begegnet *F* den Wegen *M* und *R*, während *M* und *R* sich nicht begegnen. Das bedeutet, dass eines der Enden von *F* ein Ende von *M* berührt und sein anderes Ende ein Ende von *R*.

Der Weg B, der weder M noch F begegnet, kann also R nur an dessen anderem Ende berühren, das F nicht berührt.«

»Für den Moment sehe ich keinerlei Inkohärenz«, fügt Bonvin hinzu, sichtbar ungeduldig, dass ich zum Ende meiner Argumentation komme.

»Jetzt habe ich eine leichtere Frage«, sage ich. »Wir stellen fest, dass im Graphen von Bonvin der Weg T durch eine Kante mit den Wegen M, F, R und B verbunden ist. Dieser Weg muss also die vier in der Zeichnung von Sorel auftauchenden Wege berühren. Wie kann man diesen Weg T in die Zeichnung einfügen?«

Diesmal ist Bonvin der Schnellste. »Ich stelle fest, dass es bei dem von Sorel gezeichneten Verlauf niemals eine Kreuzung dreier Wege gibt. Um insgesamt vier Wegen zu begegnen, muss er also auf jeder Seite zwei begegnen. Daraus schließe ich, dass die einzig mögliche Konfiguration die folgende ist.«

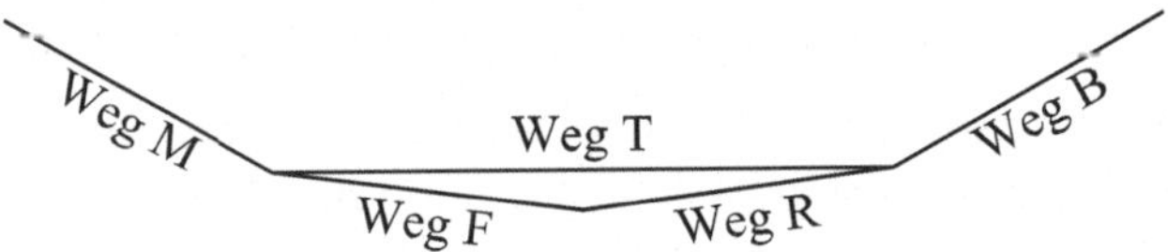

»Ihre Argumentation ist perfekt.«

»Um diese Zeichnung abzuschließen«, fügt Bonvin hinzu, »müssen wir nur noch den Jasminweg platzieren, der nur B und R begegnen darf.«

»Tatsächlich, aber ich wette, niemand von Ihnen kann diesen letzten Weg zeichnen.«

Nach mehreren ergebnislosen Versuchen, dreht sich Bonvin zu mir und bestätigt, dass es unmöglich scheint, diesen letzten Weg zu zeichnen.

»Der Grund dafür ist ganz einfach«, sage ich. »Auf der Zeichnung erkennt man leicht: Damit J dem Weg R begegnen kann, muss er auch unbedingt T oder F begegnen, was den Angaben des Geländespiels widerspricht. In Ihrem Graphen haben Sie übrigens weder zwischen J und T noch zwischen J und F eine Kante gezeichnet. Da drängt sich nur eine Schlussfolgerung auf: Kombiniert man den von Sorel gefundenen Text mit dem Text, der angeblich von unserem Unbekannten gefunden wurde, so erhält man die Beschreibung eines Ortes, der nicht existieren kann.«

Bonvin sieht mich bewundernd an. »Manori, Sie sind ja unglaublich. Ich bedaure keineswegs, Sie zur Lösung dieses Falls hinzugezogen zu haben. Jetzt verstehe ich, warum es mir nicht gelungen ist, einen Musterort zu zeichnen, der mit dem Dokument übereinstimmt.«

Netter macht mir auf seine Weise Komplimente: »Bonvin hatte mich schon vorgewarnt, dass Sie beeindruckend sind. Er hat nicht übertrieben.«

»Wenn Sie erlauben«, hakt Sorel ein, »würde ich gern neben all der Gratulation hinzufügen, dass sich bei mir heimlich, still und leise ein Zweifel eingeschlichen hat. Wer sagt uns denn, dass das Dokument, das uns Monsieur Grumbacker vermacht hat, einem wirklich existierenden Geländespiel entspricht? Vielleicht hat er diesen Text nur geschrieben, um seine Erben zu beschäftigen, sehr wohl wissend, dass es auf der Welt keinen Ort gibt, an dem sein Spiel stattfinden könnte.«

»Ich bin mir dabei nicht so sicher, Sorel, obwohl ich nicht behaupten will, dass Sie unrecht haben. In der Tat kann es sein, dass das fehlende Textstück das Spiel realisierbar macht. Und wie ich Ihnen gerade angekündigt habe, gibt es nur eine einzige Konfiguration der Wege, die dem von Ihnen gefundenen Text entspricht.«

»Sie haben mein Interesse geweckt«, sagt Netter zu mir.

»Bonvin hat mir die zu verfolgende Spur vorgegeben als er versuchte, die Übereinstimmung der Aussagen zu den Wegen zu überprüfen. Was mich dazu brachte, zu sagen, dass er den Fall ohne es zu wissen gelöst hat. Ich werde in einer Tabelle zusammenfassen, was wir aus dem von Sorel gefundenen Text erfahren, ohne dabei das von unserem Unbekannten angeblich wiedergefundene Stück zu berücksichtigen. Ich werde exakt die gleichen Bezeichnungen verwenden wie Bonvin. Meine Tabelle enthält nur vier vollständige Zeilen, da wir keine Aussage für M und B haben.

	M	T	F	R	B	J
M	–					
T	Ja	–	Ja	Ja	Ja	Nein
F	Ja	Ja	–	Ja	Nein	Nein
R	Nein	Ja	Ja	–	Ja	Ja
B					–	
J	Nein	Nein	Nein	Ja	Ja	–

Wie Bonvin gerade bemerkt hat, muss die Tabelle bezüglich der Hauptdiagonalen symmetrisch sein, wenn man annimmt, dass es einen Ort auf der Welt gibt, der allen Aussagen entspricht. Da T angibt B zu begegnen, muss somit zum Beispiel B auch T begegnen. Man kann daher die Tabelle vervollständigen, ohne nach wie vor den Inhalt des fehlenden Dokumentstücks zu kennen.«

	M	T	F	R	B	J
M	–	Ja	Ja	Nein		Nein
T	Ja	–	Ja	Ja	Ja	Nein
F	Ja	Ja	–	Ja	Nein	Nein
R	Nein	Ja	Ja	–	Ja	Ja
B		Ja	Nein	Ja	–	Ja
J	Nein	Nein	Nein	Ja	Ja	–

»Und was hoffen Sie, in dieser Tabelle zu entdecken?«, fragt mich Bonvin. »Sie sieht genauso aus wie meine.«

»Ich stelle fest, dass eine Aussage fehlt«, sagt Sorel. »Wir haben zwei leere Felder, die darauf hindeuten, dass wir nicht wissen, ob sich der Maiglöckchen- und der Begonienweg begegnen.«

»Gut gesehen«, sage ich.

»In der Tat«, bestätigt Bonvin. »Das ist eine wesentliche Feststellung. Wir sehen uns also zwei Möglichkeiten gegenüber, je nachdem, ob man *Ja* oder *Nein* in die weißen Felder schreibt.«

»Sie werden gleich feststellen, dass es tatsächlich nur eine einzige Alternative gibt, die Tabelle zu vervollständigen. Aber nehmen wir für den Moment an, wir hätten zwei Möglichkeiten, sie auszufüllen. Ich werde zwei Graphen zeichnen und dabei die gleichen Regeln verwenden, die sie gerade vorgeschlagen haben, das heißt, dass ich jedem Weg einen Knoten zuordne und dass ich zwei Knoten durch eine Kante verbinde, wenn sich die zugeordneten Wege begegnen. Die den beiden Möglichkeiten entsprechenden Graphen sind die folgenden:

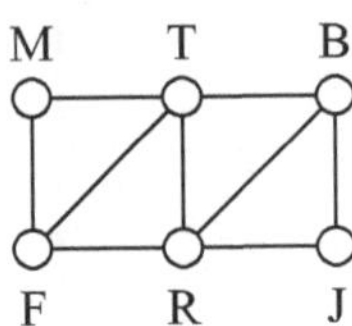

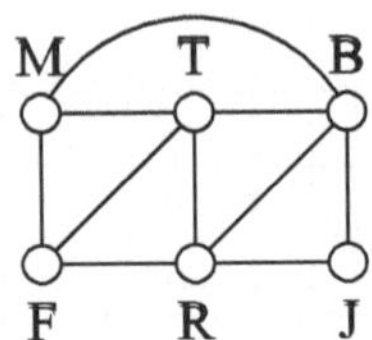

Der linke Graph stellt den Fall dar, in dem sich Maiglöckchenweg und Begonienweg nicht begegnen. Im rechten Graphen dagegen haben diese beiden Wege ein Ende gemeinsam.«

»Ihr linker Graph ist eine Kopie des Graphen, den ich vorhin gezeichnet habe, mit dem Unterschied, dass er keine Angaben enthält, welchen Weg man einschlagen soll, um die Hinweise zu finden.«

»Sie haben recht, und wir haben gesehen, dass dieser Graph keinem Ort unseres Planeten entspricht. Es bleibt also nur ein einziger Graph, nämlich der rechte. Dieser könnte wirklich einem Gelände mit den Hinweisen entsprechen, die uns zum Vermögen von Monsieur Grumbacker führen.«

»Sind Sie in der Lage, uns eine Karte dieses Geländes zu zeichnen?«, fragt mich Netter.

»Natürlich. Dafür werden wir mit der gleichen Aufgabe beginnen wie vorhin und uns zuerst dem Maiglöckchenweg, dem Fliederweg, dem Rosenweg und dem Begonienweg zuwenden. Sie stellen fest, dass sie dieses Mal einen Kreis über vier Knoten bilden. Ich bin überzeugt, dass Sorel nur einige Sekunden braucht, um die reale Anordnung dieser vier Wege zu bestimmen.«

»Das ist ebenfalls ein Kreis«, antwortet dieser nach fünf Sekunden des Zweifelns.

»Genau«, sage ich. »Man hat folgende Anordnung:

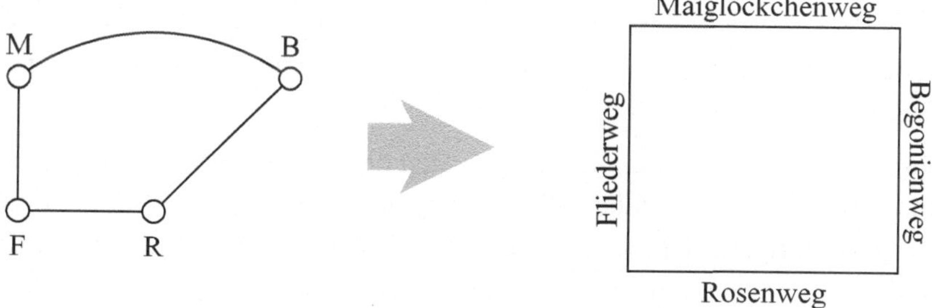

Da der Jasminweg nur dem Rosenweg und dem Begonienweg begegnet, muss ein Ende des Jasminwegs das gemeinsame Ende des Rosen- und Begonienwegs rechts unten am Quadrat berühren. Sein anderes Ende muss eine Sackgasse sein. Hier eine Darstellung:

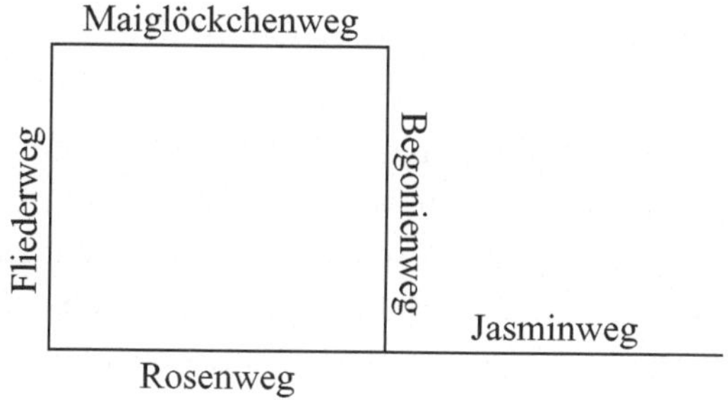

Schließlich muss der Tulpenweg allen Wegen, außer dem Jasminweg begegnen. Er darf also die rechte untere Ecke meines Quadrats nicht berühren, da er dort dem Jasminweg begegnen würde. Die einzige Möglichkeit für den Tulpenweg, den vier anderen Wegen zu begegnen, ist daher an jedem seiner Enden jeweils zwei verschiedenen Wegen zu begegnen. Dieser Weg kann folglich durch die Diagonale von links unten nach rechts oben im Quadrat dargestellt werden.«

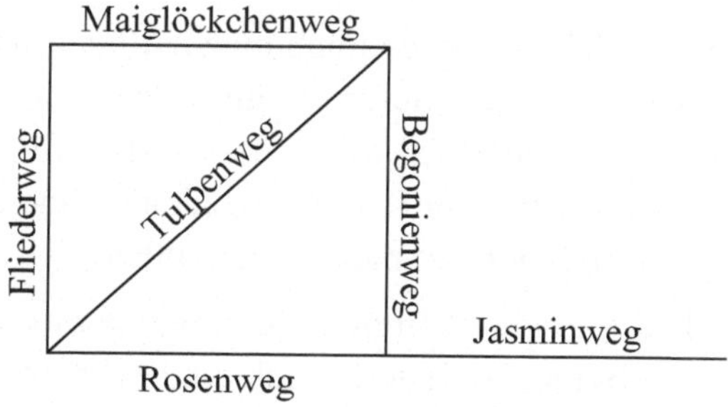

»Ich kenne kein Gelände, das dieser Skizze ähnelt«, sagt Netter.

»Ich behaupte nicht, dass der Ort, den Sie suchen, meiner Zeichnung exakt gleicht. Andererseits kann die Anordnung der Kreuzungen nicht anders sein. Somit zeigt uns beispielsweise die Kreuzung links unten, dass es auf dem Gelände eine Stelle geben muss, an der sich nur der Fliederweg, der Tulpenweg und der Rosenweg begegnen.«

»Ich hoffe, dass Ihre Zeichnung uns helfen wird, den Ort wiederzufinden, an dem Grumbacker sein Geländespiel geplant hat.«

»Eine Sache ist sicher«, sagt Bonvin, »wir werden die Erben sofort warnen, damit sie der Lösegeldforderung nicht nachgeben. Wir schlagen ihnen vor, so zu tun, als würden sie die Forderung akzeptieren. Und wie ich Ihnen vorhin sagte, stellen wir einen Koffer mit Sender ab, der es uns gestattet, den Betrüger aus der Entfernung zu verfolgen. Hoffen wir, dass es uns gelingt, diesen Gauner festzunehmen.«

»Ich wünsche es Ihnen aufrichtig«, sage ich.

»Danke«, antworten sie.

»Manori«, fügt Bonvin hinzu, »Sie sind wirkliche ein ungewöhnlicher Mensch. Ich bin überzeugt, man könnte über Ihre Großtaten schon ein Buch schreiben. Nochmals ein großes Dankeschön für Ihre Hilfe.«

»Es war mir ein Vergnügen. Wie ich finde, habe ich mir nun den Spaziergang am See, den ich seit heute früh vorhabe, redlich verdient. Ich werde die Zeit nutzen, um ein wenig durch la Vallée de la Jeunesse zu spazieren. Dabei handelt es sich um ein kleines Waldstück, und da wir ja nun die Topologie des Geländespiels ein wenig kennen, kommen mir vielleicht manche Wege und Kreuzungen bekannt vor. Träumen darf man immer, oder?«

»Ich bin sicher, Sie halten uns auf dem Laufenden, falls Ihr Spaziergang sich in dieser Hinsicht als fruchtbar erweist.«

»Selbstverständlich. Nun, es wird Zeit zu gehen. Ich wünsche Ihnen allen einen wunderbaren Feierabend.«

»Wir sehen uns heute Abend beim Bankett«, sagt Bonvin.

»Ich hatte gehofft, dass wir uns vorher sehen.«

Wegen Bonvins fragendem Blick beeile ich mich hinzuzufügen: »Sicher hatten Sie keine Zeit, das gesamte Tagungsprogramm aufmerksam zu lesen. Ich sage Ihnen also, dass ich heute Nachmittag sprechen werde. Ich hatte gehofft, dass Sie kommen würden, um meinen Vortrag zu hören. Jetzt haben Sie keine Ausrede und auch keine eilig zu erledigende Sache mehr, die Sie vom Kommen abhalten könnte.«

»Das war mir total entfallen«, erwidert Bonvin. »Ich werde es mir zur Pflicht machen, Ihren Vortrag zu hören. Ich bin sicher, enorm viele und sehr interessante Dinge zu erfahren. Was Ihnen mit Ihren Graphen gelingt, ist einfach außergewöhnlich.«

»Also bis gleich.«

5 Eine unzufriedene Angestellte

Bis jetzt war mein Tag wirklich gut ausgefüllt. Erst war ich Bonvin heute Morgen behilflich, im Fall des Millionärs Grumbacker die richtige Entscheidung zu treffen. Dann ging ich im Vallée de la Jeunesse spazieren. Leider ist es mir nicht gelungen, beim Durchstreifen der Wege dieses friedlichen und erholsamen Ortes die Anordnung des Geländespiels wiederzuerkennen. Am späten Vormittag bin ich in mein Zimmer zurückgekehrt, um meinem Vortrag für den Nachmittag den letzten Schliff zu geben.

Um 14.00 Uhr begab ich mich in meinen Tagungsraum. Ich war der dritte Vortragende, jeder hatte genau 20 Minuten einschließlich der Fragen. Der Sektionsleiter machte seine Sache gut und achtete darauf, dass alle Vortragenden ihre Zeit einhielten, um keinen der nachfolgenden Referenten zu benachteiligen. So konnte ich meinen Beitrag pünktlich 14.40 Uhr beginnen. Es waren nicht viele Leute im Raum. Das lag sicher daran, dass sich die meisten COPS-Teilnehmer lieber einige Stunden Erholung gönnten, wie ich es heute Vormittag selbst getan hatte. Es ist wirklich schwer, seine Konzentration einen ausgefüllten Tag lang aufrecht zu erhalten, an dem alle 20 Minuten das Thema wechselt. Tatsächlich habe ich das gleiche Publikum vor mir wie meine beiden Vorredner, denn niemand war so unanständig, sich kurz vor meinem Vortrag davonzumachen. Ich gebe zu, dass mein Vortragsthema definitiv nicht geeignet war, große Massen herbeizulocken.

Vielleicht hätte ich einen reißerischeren Titel wählen sollen. Denn damit, meinen Vortrag *Paarungsverfahren zur Datenanalyse* zu nennen, habe ich wohl eine ganze Menge Leute vergrault. Wenigstens habe ich aber das Gefühl, meinen Auftrag erfüllt zu haben. Es ist nämlich meine Aufgabe, die neuesten Methoden vorzustellen, die man in Kanada zur Gewinnung nützlicher Informationen aus großen Datenbanken verwendet. Das ist nun erledigt und ich glaube, die Botschaft, die ich überbringen wollte, ist bei meinen Zuhörern gut angekommen. Ich bin zugegebenermaßen wirklich froh, als Sprecher der kanadischen Kriminaltechnik und Tourist im Land meiner Jugend Arbeit und Hobby vereinen zu können.

Um 15.20 Uhr, nach dem Vortrag des letzten Referenten unserer Sitzung, sprach ich in der Kaffeepause noch mit mehreren Kollegen. Danach ging ich in mein Zimmer. Mir fehlte einfach die Kraft, noch einer weiteren Sitzung zu folgen. Die freie Zeit nutzte ich, um vor dem Bankett noch etwas zu schlafen, denn vielleicht würde die Veranstaltung bis weit in die Nacht hinein dauern. Außerdem habe ich Isabelle versprochen, sie heute Abend nach ihrer Arbeit anzurufen. Das ist 19.30 Uhr Ortszeit in Montréal. Für mich bedeutet es 1.30 Uhr morgens. Ich werde also auf jeden Fall heute Abend lange aufbleiben müssen.

Um 18 Uhr bereitete ich mich auf das Bankett vor. Verabredet waren wir 18.30 Uhr vor dem Haupteingang des Hotels, wo uns ein Bus erwartete, der uns ins Casino von Montreux bringen sollte. Nachdem auch der unvermeidliche Zuspätkommer eingetroffen war, fuhren wir gegen 18.45 Uhr los. Die Fahrt dauerte nur 45 Minuten. Die Veranstalter zeigten uns die Räumlichkeiten und luden uns dann zum Aperitif ein. Ich trank zwei Gläser kühlen und trockenen Schweizer Weißwein, was mir ein wenig zusetzte. Aber wir begaben uns dann gleich zu Tisch. Es gelang mir, mich an den richtigen Tisch zu setzen, mit Kollegen, deren Gesellschaft mir angenehm ist: Sébastien und Françoise, Morard und seine Frau, Costello und zwei belgische Teilnehmer, die ich noch nie gesehen hatte.

Ich wurde am Abend regelrecht gefeiert. Der Hauptorganisator der Tagung, Inspektor Nicolet, hielt eine Rede und bedankte sich selbstverständlich bei den Geldgebern der COPS und gratulierte den Teilnehmern zu ihren sehr interessanten Vorträgen. Danach sprach er von der Einrichtung der Arbeitsgruppen ›Ungelöste Fälle‹. Er sagte, er sei überzeugt davon, dass diese Reihe zukünftig jedes Jahr bei den COPS-Tagungen organisiert wird. Viele Ermittlungen sind dank neuer Ideen von Teilnehmern weitergekommen, die bisher noch nicht an den betreffenden Fällen gearbeitet hatten. Schließlich kam er zur Arbeitsgruppe »Gestohlenes und Verschwundenes« und nannte vor allen Teilnehmern explizit meinen Namen als denjenigen, der den Fall unserer Arbeitsgruppe lösen konnte. Mir wurde heftig applaudiert. Vielleicht hätte man mir heute Nachmittag in größerer Zahl zugehört, wenn diese Ansage heute Vormittag erfolgt wäre! Nachdem der Beifall abgeklungen war, bat zur Krönung Bonvin ums Wort. Er erklärte, dass er heute Morgen einen sehr dringenden Fall bearbeiten musste. Da er bei den ›Ungelösten Fällen‹ der gleichen Arbeitsgruppe angehörte wie ich, kannte er meine Glanzleistung vom Vortag und zögerte nicht, mich bei der Lösung seines Problems um Rat zu fragen. Er merkte an, dass ich, wiederum dank meiner Graphen, des Rätsels Schlüssel finden konnte und er großen Wert darauf legte, mir vor allen Anwesenden dazu zu gratulieren. Ich glaube, ich bin rot geworden, auch wenn es meinem Ego gut tat...

Während des Essens sprachen wir nicht von der Arbeit. Die Anwesenheit von Françoise und Morards Frau machten das sicher leichter. Sie hätten sich bestimmt gelangweilt, wenn unser Gespräch sich nur um unsere Ermittlungen und Untersuchungsmethoden gedreht hätte. Zwischen Hauptgang und Dessert kamen wir in den Genuss von Zauberkunst. Mehrere Taschenspieler gingen von Tisch zu Tisch und führten verschiedene Zaubereien mit Karten, Seilen, Kugeln und anderem Zubehör vor. Solche Künstler faszinieren mich und ich kann es nicht lassen, zu versuchen das Geheimnis jedes Tricks zu lüften. Im Allgemeinen gelingt mir das nicht, was sicher daran liegt, dass der Erfolg einer Zauberei zu 90 % von der Geschicklichkeit und Fingerfertigkeit desjenigen abhängt, der sie ausführt. Sie wissen, wie sie unsere Blicke von den Stellen ablenken, an denen wir ihren Trick sonst entdecken könnten. Ich bin ein zu braver Zuschauer, und es gelingt den Künstlern immer, meinen Blick im richtigen Augenblick abzulenken.

Kurz: Es wurde ein sehr angenehmer Abend. Nach dem Kaffee, gegen 23 Uhr, informierten uns die Veranstalter darüber, dass uns der Bus vor dem Casino erwartete und pünktlich um 23.20 Uhr losfahren würde. Wer noch etwas länger in Montreux bleiben wolle, könne mit dem Taxi oder Zug zurückfahren. Ich war weise genug, den Bus zu nehmen, und wir kamen zwei Minuten vor Mitternacht am Hotel an.

Die meisten meiner Kollegen gingen schlafen. Da ich bis zum Telefonat mit Isabelle noch etwa anderthalb Stunde herumbringen musste, beschloss ich, an der Hotelbar vorbeizuschauen, um noch einen letzten Whisky zu trinken und dabei die Zeit totzuschlagen. Im Raum neben der Bar erkannte ich Despontin, den Pariser Polizeiinspektor, der mich zu sich heranwinkte.

»Nehmen Sie Platz«, sagt er, »es ist mir eine Ehre, einen Moment mit einer solchen Berühmtheit zu verbringen. Ich habe beim Bankett erfahren, dass Sie heute Morgen Bonvin helfen konnten. Ich beglückwünsche Sie dazu und gebe zu, sehr zu bedauern, Sie heute Nachmittag nicht gehört zu haben. Ich war so müde, dass ich eine lange Siesta gemacht habe.«

»Ich verstehe Sie sehr gut, ich habe nach meinem Vortrag das Gleiche getan.«

»Ich weiß, die Abwesenden haben immer unrecht, aber könnten Sie, wenn es Ihnen nichts ausmacht, kurz zusammenfassen, wovon Ihr Vortrag handelte? Ich gebe zu, dass ich bei dem von Ihnen gewählten Titel nur Bahnhof verstanden habe.«

»Ich bestelle einen Whisky und werde Ihnen dann alles erklären.«

Zwei Minuten später nehme ich den ersten Schluck eines *Single Malt* und beginne meine Erläuterung. »Um Ihnen meinen Beitrag zusammenzufassen, muss ich Ihnen zunächst von den umfangreichen Datenbanken erzählen, die die Polizeien der Welt aufgebaut haben. Wir bewahren alle eine beeindruckende Menge von Daten auf. Für jeden gelösten Fall speichern wir in unseren Computern beispielsweise die Namen der Schuldigen, ihre Fingerabdrücke, ihre Vorgehensweise, falls zutreffend, die eingesetzten Waffen, usw. Wir sind übrigens nicht die Einzigen, die solche Datenbanken erstellen. Die Banken zum Beispiel haben enorme Dateien, und damit eine Menge Informationen über ihre Kunden, ihr Kreditverhalten, ihre Banküberweisungen, usw.

Diese Datenbanken enthalten auch Wissen, das nicht explizit gespeichert wurde. Beispielsweise kann es sein, dass die Mehrzahl der Morde mit Stichwaffen von Personen unter 30 begangen wird, deren Motiv hauptsächlich der Raub von Geld oder Wertgegenständen ist. Obwohl diese Information nicht explizit in die Datenbank eingetragen wurde, kann es sein, dass deren Inhalt einen solchen Zusammenhang bestätigt. Das Aufdecken solcher versteckten Zusammenhänge heißt *gezielte Datenanalyse* nach dem Englischen *data mining*. Danach ist es möglich, diese neuen Informationen im Rahmen neuer Ermittlungen zu nutzen. Wenn also beispielweise ein Mord mit einer Stichwaffe begangen wurde und dabei größere Geldsummen verschwunden sind, kann man die Ermittlungen von Anfang an auf unter Dreißigjährige konzentrieren.«

»Ich verstehe«, sagt Despontin, »und Sie arbeiten an solchen gezielten Datensuchen?«

»Eigentlich wurden mehrere Methoden entwickelt, um diese versteckten Zusammenhänge aufzudecken. Größtenteils basieren sie auf statistischen und wahrscheinlichkeitstheoretischen Verfahren. Ich selbst versuche Verfahren zu entwickeln, die auf Graphen basieren, genauer gesagt, die Paarungsverfahren.«

»Paarung im Sinne der Bildung von Paaren?«

»Genau. Ich suche häufige Muster in der Datenbank, das heißt, Zusammenhänge, die man wiederholt antrifft. Eigentlich versuche ich, Elemente der Datenbank paarweise zusammenzubringen, zu koppeln, in Beziehung zu setzen, um ihre Gemeinsamkeiten zu identifizieren.«

»Und wie war der Titel Ihres Vortrags? Ich habe ihn vergessen.«

»*Paarungsverfahren zur Datenanalyse*.«

»Nun, ich glaube, das ist jetzt kein Fachchinesisch mehr für mich. Trotzdem finde ich die Verwendung des Wortes Paarung in diesem Kontext seltsam. Ich dachte, dieses Wort sei den Partnervermittlungen vorbehalten.«

Ich sehe auf meine Uhr. Da es erst halb eins ist und ich vor meinem Anruf bei Isabelle noch eine gute Stunde vor mir habe, beeile ich mich hinzuzufügen: »Geben Sie mir 10 Minuten, bevor Sie schlafen gehen, dann kann ich Ihnen einen Erklärungsversuch zur Herkunft des Wortes Paarung liefern.«

»Legen Sie los, ich bin nicht in Eile.«

»Also gut. Die Graphentheoretiker erfinden gern sympathische Probleme, um Konzepte zu veranschaulichen, die ansonsten sehr abstrakt erscheinen würden. Das Wort Paarung ist wahrscheinlich mit der Lösung des *Problems stabiler Ehen* verbunden. Wollen Sie wissen, worum es dabei geht?«

»Mit dem größten Vergnügen. Vielleicht haben Sie die Lösung, um die Scheidungsrate in unserem Land zu senken!«

»Freuen wir uns nicht zu früh. Mein Problem ist rein theoretisch. Stellen Sie sich vor, Sie sind der Chef einer Partnervermittlung. Eine Anzahl Männer und eine Anzahl Frauen haben sich bei Ihrer Vermittlung in der Absicht angemeldet, ihre bessere Hälfte zu finden. Nehmen wir an, es gibt genau die gleiche Anzahl Personen beiderlei Geschlechts. Sie wollen Paare bilden, die zu stabilen Ehen führen.«

»Was genau verstehen Sie unter einer *stabilen Ehe*?«

»Ich komme gleich dazu, Geduld! Zuerst muss ich präzisieren, dass Sie Wert darauf legen, dass jede bei Ihnen angemeldete Person eine Person anderen Geschlechts heiratet, die ebenfalls bei Ihnen angemeldet ist. Wenn beispielsweise drei Männer und drei Frauen Ihre Leistungen in Anspruch nehmen, um ihre bessere Hälfte zu finden, wollen Sie drei Paare bilden, die heiraten.«

»Ich nehme an, meine Unterlagen enthalten die Präferenzen von jedem.«

»Genau. Jede bei Ihnen angemeldete Person hatte die Gelegenheit, alle Ihre Kunden anderen Geschlechts zu treffen und konnte somit eine geordnete Liste mit ihren Präferenzen angeben. Die erste Person in einer Liste ist die bevorzugte, während die letzte diejenige ist, mit der eine Langzeitbeziehung am wenigsten denkbar scheint. Betrachten wir zum Beispiel folgende Listen.«

Ich ziehe schnell einen Füller und ein Stück Papier aus der Innentasche meiner Jacke und zeichne zwei kleine Tabellen, die ich ausfülle und Despontin zeige.

M1	F1	F2	F3
M2	F1	F3	F2
M3	F2	F3	F1

F1	M3	M2	M1
F2	M2	M1	M3
F3	M1	M2	M3

»In diesem Beispiel heißen die Männer $M1, M2$ und $M3$ und die Frauen $F1, F2$ und $F3$. Links haben Sie die Präferenzen der Männer und rechts die der Frauen. Zum Beispiel würde $M1$ gern $F1$ heiraten. Seine zweite Wahl wäre $F2$ und er stellt $F3$ ans Ende der Liste. Man sieht hier, dass obwohl $F1$ die erste Wahl von $M1$ ist, dies umgekehrt nicht zutrifft, da $F1$ $M1$ an die letzte Stelle gesetzt hat.«

»Das ist in der realen Welt oft der Fall.«

»Ja, man kann leider nicht immer die Person seiner Träume heiraten. Aber das will Ihre Vermittlung ja gar nicht. Sie möchte lediglich stabile Ehen bilden und jetzt erkläre ich Ihnen, was ich darunter verstehe. Nehmen wir an, Sie haben aus diesen drei Männern und drei Frauen drei Paare gebildet, was zu drei Ehen geführt hat. Ihre Wahl bringt *instabile Ehen* hervor, wenn es zwei Personen entgegengesetzten Geschlechts gibt, die kein Paar sind und sich gegenseitig gegenüber der Person, mit der sie verheiratet sind, den Vorzug geben.«

Ich zeichne zwei kleine Graphen und zeige sie Despontin.

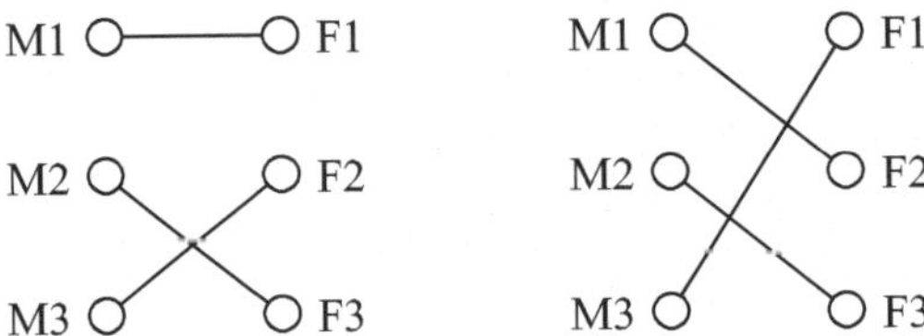

»Der linke Graph stellt eine instabile Situation dar. Jede Kante steht für ein Paar, woraus Sie den Begriff der Paarung eines Graphen ableiten können. Diesen Graphen kann man einfach als Ensemble disjunkter Kanten definieren, was bedeutet, dass zwei verschiedene Kanten keinen Knoten gemeinsam haben. Ein Mann soll ja nicht zwei Frauen auf einmal heiraten, und der umgekehrte Fall ist ebenfalls verboten. Ich würde also sagen, die Paarung links ist instabil. Erkennen Sie den Grund dafür?«

Despontin nimmt sich die Zeit, meine Tabelle und meinen Graphen zu analysieren, und bietet mir folgende Erklärung an: »Ich sehe, dass $M2$ und $F1$ nicht miteinander verheiratet sind. $M2$ hätte $F1$ gegenüber seiner Frau $F3$ bevorzugt und $F1$ hätte $M2$ gegenüber Ihrem Ehemann $M1$ den Vorzug gegeben, was eine Quelle der Untreue ist.«

»Sie haben perfekt verstanden. Wollen Sie nun bitte prüfen, ob der rechte Graph im Gegensatz dazu drei stabilen Ehen entspricht, auch wenn es unmöglich war, jeder Person den jeweiligen Favoriten auf ihrer Liste zuzuordnen. $M3$ zum Beispiel musste sich mit $F1$ begnügen, die seine letzte Wahl war. Er hätte lieber $F2$ oder $F3$ geheiratet, aber diese beiden Frauen sind mit Männern verheiratet, die sie gegenüber $M3$ bevorzugten.«

»Es sieht tatsächlich so aus, als ob der rechte Graph drei stabilen Ehen entspricht.«

»Die Graphentheoretiker haben bewiesen, dass wir in einer wohlgeordneten Welt leben, denn es gibt immer eine Paarung, die stabile Ehen hervorbringt.«

»Und worin bestehen bei ihrer Datenanalyse die stabilen und instabilen Paarungen?«

»Ich verwende lediglich den Begriff Paarung. Damit meine ich, dass ich bestimmte Elemente der Datenbank zueinander in Beziehung setze. Dabei versuche ich die Informationen oder Verhältnisse zusammenzuführen, die zahlreiche Gemeinsamkeiten aufweisen, wie bei der Zuneigung von Männern und Frauen. Einen Stabilitätsbegriff gibt es in meinem Fall allerdings nicht.«

»Im wirklichen Leben sind die glücklichsten Ehen nicht unbedingt diejenigen, in denen zwei Menschen mit der größten Anzahl von Gemeinsamkeiten geheiratet haben. Sagt man nicht, dass sich manchmal Gegensätze wunderbar ergänzen?«

»Das ist wahr. Daher war es mir zu Beginn meiner Ausführungen wichtig, darauf hinzuweisen, dass es sich um ein rein theoretisches Problem handelt. Trotzdem befinde ich mich in einer sehr glücklichen Lage, denn trotz der hohen Anzahl von Scheidungen in meinem Umfeld scheint mir meine Ehe eine der stabilsten zu sein. Meine Frau ist und bleibt immer die Erste auf meiner Liste und ich bin überzeugt, dass es ihrerseits genauso ist. Man kann sich keine stabilere Ehe vorstellen als die mit der eigenen ersten Wahl.«

Despontin schaut auf seine Uhr. Es ist fast ein Uhr morgens. »Nach dieser schönen Liebeserklärung, ist es wohl Zeit für mich, schlafen zu gehen.«

»Ich für meinen Teil werde noch ein halbes Stündchen aufbleiben. Stabile Ehen müssen gepflegt werden. Ich versuche, meiner Frau jeden Tag, den Gott uns schenkt, meine Liebe zu zeigen. Obwohl wir Tausende von Kilometern voneinander entfernt sind, möchte ich jeden Tag mit ihr sprechen. Ich habe ihr versprochen, sie heute Abend 19.30 Uhr Montréaler Zeit anzurufen, das bedeutet halb zwei am Morgen hier in der Schweiz. Bis dahin werde ich in Ruhe meinen Whisky austrinken.«

»Gute Nacht und vielen Dank für dieses sehr interessante Gespräch. Bis morgen.«

Während Despontin zum Fahrstuhl geht, kommt der Barkeeper zu meinem Tisch und fragt, ob ich noch etwas trinken möchte, da er in einer Minute die Bar schließt. Er versichert mir, dass ich solange ich möchte am Tisch sitzen bleiben könne, doch jetzt sei die letzte Möglichkeit, etwas zu bestellen. Ich trinke den letzten Schluck meines Whiskys und bestelle noch einen. Ich weiß, das ist nicht sehr vernünftig, aber es wird mir helfen, nach dem Telefonat mit Isabelle schnell einzuschlafen. Als der Barkeeper mein Getränk bringt und mir eine gute Nacht wünscht, erscheint eine Putzfrau. Sie beginnt, die Aschenbecher zu leeren und die Tische abzuwischen.

»Guten Abend«, sage ich zu ihr.

»Guten Abend.«

»Soll ich mich lieber woandershin setzen?«

»Nein, bleiben Sie da. Ich brauche nur einige Minuten hier, danach kümmere ich mich um die Bar und störe Sie nicht weiter.«

»Aber Sie stören mich überhaupt nicht. Ganz im Gegenteil verschafft mir Ihre Anwesenheit ein wenig Gesellschaft.«

»Sie werden schnell feststellen, dass ich keine besonders angenehme Gesellschaft bin, denn ich bin nicht besonders gesprächig.«

Ich glaube in ihrem Tonfall einen lang aufgestauten Unmut zu erkennen. »Es scheint Ihnen nicht besonders gut zu gehen. Ich nehme an, Sie haben einen anstrengenden Tag hinter sich.«

»Nicht wirklich. Ich beginne meine Arbeit 20 Uhr und beende sie in etwa 20 Minuten. Danach kann ich ein wenig schlafen, bevor ich morgen früh 7 Uhr meine Arbeit wieder aufnehme. Ich gehöre mit zum Mittwochsteam, das die Frühstückstische abräumt, sobald ein Gast aufsteht.«

»Es ist also diese Aussicht auf eine kurze Nacht, die Sie so traurig aussehen lässt? Bitte sehen Sie das nicht als Kritik, aber ich mag es, die Menschen lächeln zu sehen, und ich merke, dass Ihnen etwas auf dem Herzen liegt.«

»Ich habe einfach schlechte Laune, das passiert jedem.«

»Ja, aber nie ohne Grund. Sehen Sie, ich bin mir bewusst, dass ich sehr hartnäckig erscheine, für Ihren Geschmack vielleicht zu hartnäckig. Aber Sie sollten einfach wissen, dass ich jemand bin, der zuhören kann, wenn Sie Ihr Herz ausschütten wollen. Es kommt auch gelegentlich vor, dass ich gute Ratschläge verteile. Wenn Sie aber Ihren Gram, diesen Stein auf Ihrem Herzen, für sich behalten wollen, werde ich Sie nicht länger belästigen. Vor allem möchte ich Ihren Nachtschlaf, der ohnehin schon nicht besonders lang ausfallen wird, nicht noch weiter verkürzen.«

Die Angestellte sieht mich an, zögert einige Sekunden und gibt schließlich nach: »Ich will mich gern ein wenig mit Ihnen unterhalten, aber Sie werden sehen, meine Geschichte ist nicht besonders interessant. Ich habe kleinere Sorgen und glaube wirklich nicht, dass sie Sie fesseln werden.«

»Man weiß nie. Ich höre Ihnen zu.«

»Nun gut! Wenn Sie alles wissen wollen, könnte ich mein Problem in einem Satz zusammenfassen und sagen, dass mein Chef mich nicht mag, wahrscheinlich hasst er mich sogar.«

»Er mag Sie nicht in dem Sinne, dass er Sie alles andere als sympathisch findet, oder sprechen Sie gerade über Liebeskummer, eine unerwiderte Liebe?«

»Nein, nein, stellen Sie sich nicht Dinge vor, zu denen ich nicht fähig bin. Ich bin mit einem Mann verheiratet, den ich liebe, ich habe drei wunderbare Kinder und es ist mir nie in den Sinn gekommen, mich anderweitig umzusehen und untreu zu werden. Ich liebe meine Familie viel zu sehr und habe nicht die Absicht, sie zu betrügen. Wenn ich Ihnen sage, dass mein Chef mich nicht mag, dann meine ich, dass er etwas gegen mich hat, dass er alles tut, um mir das Leben schwer zu machen.«

»Was bringt Sie dazu, das zu glauben?«

»Wir sind eine Gruppe von Angestellten, die nachts arbeiten. Wir teilen uns die Aufgaben, die zu erledigen sind, wenn die meisten Hotelgäste schlafen.«

»Die Bar und den angrenzenden Raum zu putzen, ist also eine dieser Aufgaben, wenn ich richtig verstanden habe.«

»Ja, das ist eine von vielen. Meine Kolleginnen haben heute Abend die Rezeption, den großen Salon, den Fernsehraum und die Flure der verschiedenen Hoteletagen geputzt.«

»Und Sie putzen nicht gern die Bar?«

»Es ist nicht, dass ich diese Arbeit nicht mag. Das Problem ist, dass es die einzige Arbeit ist, die wir nicht vor ein Uhr morgens erledigen können. Wir müssen warten, bis die Bar schließt und unsere Gäste lassen gern ihren Abend dort ausklingen, so wie Sie es heute Abend tun.«

»Die zum Putzen der Bar eingeteilte Angestellte kann also ihren Dienst erst später beenden als die anderen, wenn ich richtig verstanden habe.«

»Genau. Meine Kollegen sind sicher schon schlafen gegangen und ich muss als Letzte in diesem Hotel arbeiten, ausgenommen natürlich der Angestellte an der Rezeption, der seinen Nachtdienst verrichtet.«

»Können Sie Ihrem Chef nicht sagen, dass Sie nicht mehr zum Putzen der Bar eingeteilt werden wollen?«

»Ich wiederhole nochmals, dass ich diese Arbeit mag, aber ich möchte sie nur ab und an machen, sagen wir höchstens drei Mal pro Woche, um an den anderen Tagen etwas länger schlafen zu können.«

»Wenn ich richtig verstehe, werden die anderen Angestellten nie mit dieser Aufgabe betraut, sondern Sie sind immer diejenige, die dort putzen muss.«

»Ja, so ist es. Aber beachten Sie, dass für einige meiner Kolleginnen diese Situation ganz normal ist, da das Putzen der Bar nicht zu ihrem Aufgabengebiet gehört. In Wirklichkeit sind wir drei Angestellte, Roseline, Maité und ich, denen diese Aufgabe übertragen werden kann.«

Als ich diese Vornamen höre, wird mir plötzlich bewusst, dass wir uns nicht einmal vorgestellt haben. »Ich hoffe, jetzt nicht zu indiskret zu werden. Ich bemerke gerade, dass wir uns bereits seit zehn Minuten unterhalten und uns noch nicht einmal vorgestellt haben. Ich heiße Maurice, Maurice Manori. Und Sie, wie ist Ihr Vorname?«

»Ich bin Cindy.«

»Sie müssen wissen, Cindy, dass ich Ihnen helfen möchte, Ihr Lächeln wiederzufinden. Dafür muss ich etwas genauer wissen, wie Ihnen Ihre wöchentlichen Aufgaben zugeteilt werden. Wenn ich es richtig verstanden habe, gibt es eine Nachtschicht, zu der Sie gehören und die mit einer Gesamtheit von Aufgaben betraut ist. Jeden Abend erfüllt jede von Ihnen genau eine dieser Aufgaben und Sie beschweren sich, weil man systematisch jeden Tag von Ihnen verlangt, die Bar zu putzen?«

»Ja, Sie haben alles verstanden. Eigentlich, um ganz genau zu sein, müsste ich besser sagen, dass wir alle zwei bis vier Aufgaben angeben mussten, die wir nachts erledigen möchten. Diejenigen, die drei oder vier angegeben haben, rechneten damit, während der Arbeitswoche etwas mehr Abwechslung zu haben. Manche Kollegen gaben lieber nur zwei Aufgaben an, denn selbst, wenn sich die Arbeit wiederholt, gewöhnt man sich daran. Dadurch wird man effizienter und kann seine Arbeit früher beenden.«

»Ich glaube, wenn ich Ihnen so zuhöre, erraten zu können, dass Sie eher drei oder vier als zwei Aufgabe gewählt haben.«

»Ja, ich habe das Putzen der Bar und das Staubwischen in der 3. und 4. Etage des Hotels angegeben.«

»Und wie sieht es bei Roseline und Maité aus?«

»Sie haben ebenfalls mindestens jeweils drei Aufgaben ausgewählt, ich weiß nicht mehr welche, aber das Putzen der Bar gehört gewiss zu ihrer Liste.«

»Also, wenn ich zusammenfasse, jede Angestellte ist vielseitig einsetzbar, das heißt, dass sie mit der Erledigung von zwei bis vier Aufgaben betraut werden kann. Und Ihr Chef gibt Ihnen immer die gleiche Aufgabe, und zwar die, die Sie am wenigsten mögen.«

»Ich habe nie behauptet, die Bar nicht gern zu putzen. Ich möchte nur ab und zu früher schlafen gehen können.«

»Sind die anderen Angestellten mit ihrer Einteilung zufrieden?«

»Ich habe von ihnen noch nie die geringste Beschwerde gehört. Ich habe sie ein wenig ausgefragt. Es scheint, als hätten alle Abwechslung in ihrer Arbeit. Ich bin definitiv die Einzige, die sich beschwert.«

»Und warum sind Sie so überzeugt, dass Ihr Chef Sie nicht mag?«

Cindy schaut mich mit einem wirklich fragenden Blick an: »Ich verstehe Ihre Frage nicht. Wenn Ihr Chef Ihnen immer die gleiche Aufgabe zuteilt, auch wenn er Ihnen andere geben könnte, glauben Sie nicht, dass es sich um Absicht seinerseits handelt? Wenn zudem diese Aufgabe nicht Ihre bevorzugte wäre, kämen Sie nicht zu dem Schluss, dass Ihr Chef Sie nicht mag?«

»Nicht unbedingt. Stellen Sie sich zum Beispiel vor, dass er nicht unbedingt sachkundig im Erstellen der Pläne für sein Personal ist. In diesem Falle hat er vielleicht einfach versucht, drei oder vier verschiedene Pläne aufzustellen. Dann hat er, um sich die Sache zu erleichtern, entschieden, diese Pläne zyklisch zu wiederholen. Dabei hat er wahrscheinlich übersehen, dass Ihr Plan immer der gleiche ist.«

»Ich sehe, dass Sie versuchen, ihn zu verteidigen. Ich dagegen bin davon überzeugt, dass er mich hasst.«

Ich schaue auf meine Uhr. Es ist 1.22 Uhr. »Tut mir Leid, Cindy, aber ich muss jetzt unbedingt auf mein Zimmer gehen. Meine Frau, die jetzt in Kanada ist, erwartet meinen Anruf in genau acht Minuten.«

»Ich verstehe. Wie ich Ihnen ohnehin schon früher sagte, ist mein Problem nicht von großem Interesse.«

»Nein, ganz und gar nicht, Cindy. Ganz im Gegenteil. Ich habe nicht nur daran Gefallen gefunden, mit Ihnen zu sprechen, sondern ich werde mein Möglichstes tun, um die Situation zu verbessern. Ich verspreche Ihnen, zu versuchen, mit Ihrem Chef zu sprechen.«

»Wenn Sie ihm sagen, dass ich mich beschwert habe, riskiere ich, dass er mich vor die Tür setzt und ich will keinesfalls meine Arbeit verlieren. Wir brauchen diesen Verdienst, um finanziell über die Runden zu kommen.«

»Ich werde nicht einmal Ihren Namen nennen. Versprochen.«

»Danke.«

»Ich wünsche Ihnen eine gute Nacht und hoffe, Ihre Schlafenszeit nicht zu sehr hinausgezögert zu haben. Ich nehme mir fest vor, Sie vor meiner Abreise übermorgen wieder zum Lächeln zu bringen.«

Cindy sieht mich an und ich bemerke die Spur eines Lächelns: »Auch Ihnen eine gute Nacht und danke, dass Sie mir zugehört haben.«

Gegen 2 Uhr ging ich schließlich schlafen, nachdem ich mit Isabelle sprechen konnte, die langsam die Stunden bis zu meiner Rückkehr zählt. Ich verbrachte eine sehr unruhige Nacht, denn es gelang mir nicht, Cindys Zeitplan-Problem ruhen zu lassen. Pausenlos drehte ich mich von einer Seite auf die andere, und als mein Wecker heute Morgen 6.30 Uhr klingelte, hatte ich den Eindruck, gerade erst eingeschlafen zu sein. Ich hatte beschlossen, früh aufzustehen, um genug Zeit für ein Treffen mit dem Verantwortlichen für die Zeitpläne des Hotelpersonals zu haben. Ich muss ihn heute treffen, denn schon morgen fliege ich zurück nach Montréal.

Unten an der Rezeption angelangt, frage ich den verantwortlichen Mitarbeiter, wie ich mit dem Personalchef in Kontakt kommen könnte.

»Das muss Ihr Glückstag sein. Er ist gerade in seinem Büro. Soll ich ihn fragen, ob er Zeit für Sie hat?«

»Sehr gern.«

Eine Minute später kommt ein sehr sympathisch aussehender Mann auf mich zu und stellt sich vor: »Guten Tag, mein Name ist Eric Kurland. Ich habe gehört, Sie wollen mich sprechen. Wie kann ich Ihnen behilflich sein?«

Sofort wird mir klar, dass Cindys Gefühl, von diesem Mann gehasst zu werden, sicher falsch ist. Natürlich kann ich mich irren, aber er vermittelt nicht den Eindruck eines nachtragenden Chefs, der Spaß daran findet, einer seiner Angestellten das Leben schwer zu machen aus dem Grund, dass er sie nicht mag. Und auch ich habe mich wahrscheinlich geirrt, als ich dachte, er sei unfähig zur Erstellung von Zeitplänen. Das ist jedenfalls der erste Eindruck, den ich von ihm habe.

»Guten Tag, Monsieur Kurland, ich heiße Maurice Manori. Wenn Sie mir zehn Minuten Ihrer Zeit widmen könnten, wäre ich sehr froh.«

»Aber sehr gern, folgen Sie mir in mein Büro, dort haben wir mehr Ruhe.«

Ich setze mich und versuche das Problem diplomatisch anzugehen. »Ich bin ein Teilnehmer der COPS-Tagung, die gerade in Ihrem Hotel stattfindet. Vor vielen Jahren, als ich noch Student war, habe ich mich sehr für Zeitplanprobleme interessiert. Jetzt habe ich ein scheinbar schwer zu lösendes in diesem Hotel entdeckt. Ich denke, Sie sind für die Erstellung dieses Plans verantwortlich und erlaube mir, Ihnen meine Expertise anzubieten, falls Sie daran interessiert sind.«

»Ich schließe daraus, dass es um die Pläne meines Personals gehen muss.«

»So ist es. Ich habe gestern einen Ihrer Angestellten getroffen, der sich mehr Abwechslung bei den ihm übertragenen Aufgaben wünscht. Ich nehme an, es liegt Ihnen am Herzen, die bestmöglichen Zeitpläne zu erstellen und vielleicht kann ich Ihnen helfen, eine Lösung zu finden, die Ihre Angestellten mehr zufriedenstellt.«

»Ich kann schon erraten, dass Sie gestern Abend mit Cindy gesprochen haben.«

»Ja, Sie haben recht. Wie sind Sie darauf gekommen?«

»Das ist sehr einfach. Ich erinnere mich daran, dass ich bei der Arbeit an den Plänen für das Abendteam versucht habe, abwechslungsreiche Pläne zu erstellen, um den Wünschen meiner Angestellten bestmöglich zu entsprechen. Ich hatte nicht viel Zeit dafür, aber die erstellten Pläne schienen mir exzellent. Mit Ausnahme von Cindys Plan, der darin bestand, die Bar täglich nach ihrer Schließzeit zu putzen. Sie ist ein nettes Mädchen und ich versichere Ihnen, dass ich leider erfolglos versucht habe, diesen Mangel im Zeitplan zu beheben. Ich will mir die Sache in zehn Tagen nochmals vornehmen, wenn ich die Aufgabenverteilung für meine Angestellten im nächsten Monat plane.«

»In aller Bescheidenheit habe ich die Absicht, Ihnen schon heute bei dem Problem zu helfen, wenn Sie einverstanden sind, mir die nötigen Daten zur Verfügung zu stellen.«

»Aber sehr gern, das geht sehr schnell. Die Nachtarbeit besteht im Wesentlichen aus neun sehr unterschiedlichen Aufgaben. Aus diesem Grund habe ich ein Nachtteam gebildet, das aus neun Angestellten besteht. Jeden Abend betraue ich jeweils eine Angestellte mit einer Aufgabe. Um ihnen ihre Arbeit angenehmer zu machen, habe ich meine Angestellten gebeten, mir zwei bis vier Aufgaben zu nennen, die sie bevorzugt erledigen würden. Aus ihren Antworten habe folgende Tabelle erstellt. Warten Sie einen Moment...« Er öffnet ein Schubfach, zieht einen Hefter heraus und zeigt mir schließlich ein Blatt: »Hier sind die bevorzugten Aufgaben meiner neun Angestellten in Tabellenform.

	1	2	3	4	5	6	7	8	9
Angela						x			x
Cindy			x	x				x	
Edith		x	x	x					
Francesca		x	x						
Ghislaine				x	x				
Maité	x		x				x	x	
Pauline				x	x				
Roseline						x	x	x	x
Sylvie	x						x		

Die fünf ersten Aufgaben entsprechen der Reinigung der Flure in den fünf Etagen des Hotels. Die 8. Aufgabe ist diejenige, die jeden Tag Cindy übertragen bekommt, es handelt sich um das Putzen der Bar und des kleinen Raums nebenan. Die Aufgaben 6, 7 und 9 entsprechen in dieser Reihenfolge dem Putzen der Rezeption, des großen Salons und schließlich des Fernsehraums. Die anderen Orte wie Ihr Tagungsraum oder die Küchen werden früher am Tag von den anderen Teams geputzt.«

»Cindy sagte mir auch, dass Maité und Roseline die Bar ebenfalls unter ihren bevorzugten Aufgaben angegeben hatten und dass sie selbst ab und zu auch gern die 3. und 4. Etage des Hotels putzen würde.«

»Ich habe die Zeitpläne für diesen Monat auf Basis dieser Tabelle erstellt. Ich werde es in zehn Tagen bei der Planung der Aufgaben für den nächsten Monat genauso machen.«

»Gestatten Sie, dass ich eine Kopie dieser Tabelle der bevorzugten Aufgaben mitnehme? Ich habe Cindy versprochen zu sehen, ob man etwas mehr Abwechslung in ihre Arbeit bringen kann.«

»Dem stimme ich mit dem größten Vergnügen zu. Wenn Sie es schaffen, andere Zeitpläne zu erstellen, als sie für diesen Monat existieren, kann ich sie zu der schon vorhandenen Planliste hinzufügen und somit die wöchentlichen Aufgaben meines Nachtteams abwechslungsreicher gestalten. Sie sparen mir Zeit. Also nochmals ja, ich gebe Ihnen diese Übersicht sehr gerne.«

Zwei Minuten später finde ich mich auf einem bequemen Sofa in der Hauptlobby des Hotels wieder und analysiere die Übersicht. Mein Gespräch mit Despontin von gestern kommt mir wieder in den Sinn. Wir haben von Ehen und Paarbildungen gesprochen, bei denen jede Person jeden Geschlechts ihre Vorzugsliste abgibt. Das von Monsieur

Kurland zu lösende Zeitplanproblem ist nicht viel anders als dieses Eheproblem. In der Tat ist die Verteilung von Aufgaben an Angestellte äquivalent zur Bildung von Paaren aus Angestellten einerseits und den zu erledigenden Aufgaben andererseits. Auch hier hat jede Person ihre Vorlieben mitgeteilt. Ich zeichne einen kleinen Graphen und schlagartig wird mir die Eindeutigkeit der Situation klar. Cindy hat allen Grund, sich zu beschweren, aber Monsieur Kurland kann nichts zur Verbesserung ihrer Situation tun, wenn die anderen Angestellten ihre Präferenzen nicht ändern.

Ich überlege, wie ich Cindy diese Tatsache wohl am besten beibringe. Der Gedanke an die Zauberkünstler, die den gestrigen Bankettabend gestalteten, bringt mich auf die Idee, meine Worte mit etwas Zauberei zu veranschaulichen. Ich gehe hoch auf mein Zimmer und suche das Kartenspiel, das irgendwo in meinem Koffer herumliegen muss. Ich nehme es immer mit, um bei Langeweile Patiencen legen zu können. Ich finde das Spiel in der Außentasche meines Koffers. Auf dem Schreibtisch gegenüber meines Bettes sehe ich einen Stapel Briefumschläge mit Hotellogo. Ich nehme diese ebenfalls mit und begebe mich in aller Eile in den Frühstücksraum. Sofort sehe ich Courtel, der allein an einem Vierertisch sitzt.

»Guten Tag, Sébastien. Kann ich mich zu dir setzen oder erwartest du den Rest deiner Familie?«

»Setz dich, Maurice. Sie schlafen alle noch und werden erst viel später frühstücken«.

»Du wirst deine Einladung nicht bereuen. Aber ich möchte, dass du meine Absicht nicht falsch verstehst. Ich werde eine junge Dame zu uns an den Tisch einladen. Sie heißt Cindy, und ich werde ihr etwas Zauberei vorführen.«

»Was hast du denn schon wieder ausgeheckt? Wenn ich richtig verstehe, willst du sie doch nicht etwa verführen?«

»Nein, nein, natürlich nicht. Du kennst mich doch, ich bin meiner lieben Isabelle treu und es käme mir niemals in den Sinn, sie zu betrügen. In einer Viertelstunde wirst du alles verstehen. Also bleib, wo du bist, ich komme gleich zurück.«

Da ich Cindy im Frühstücksraum nicht sehen kann, frage ich einen Angestellten, ob sie heute Morgen wirklich im Dienst ist, wie sie mir bei unserem Gespräch gestern Abend gesagt hatte. Als er mir gerade antworten will, geht die Tür zur Küche auf und ich sehe sofort Cindy. Sie hat mich offenbar noch nicht gesehen. Ich gehe zu ihr: »Guten Morgen, Cindy!«

Sie dreht sich um und wirkt etwas überrascht, als sie mich sieht.

»Guten Morgen«, antwortet sie. »Ich möchte Sie, wenn Sie einverstanden sind, für ein paar Minuten an meinen Tisch einladen. Ich muss Ihnen etwas Wichtiges zeigen.«

»Das darf ich nicht, ich bin im Dienst. Könnten wir das auf später verschieben, zum Beispiel auf nach 10 Uhr, wenn ich meine Arbeit beendet habe?«

»Ich würde lieber gleich mit Ihnen sprechen, es dauert nur ein paar Minuten.«

»Worum geht es denn?«

»Wie versprochen, habe ich heute Morgen Ihren Chef, Monsieur Kurland, gesprochen und wir konnten über die Zeitpläne seines Personals diskutieren.«

»Das ist sehr freundlich von Ihnen, aber sind Sie sicher, dass ich deshalb keine Probleme haben werde?«

»Haben Sie keine Angst. Ich kann Ihnen versichern, dass Monsieur Kurland Ihnen nichts Böses will. Ganz im Gegenteil, er hat zugegeben, mit dem Ihnen für die Nachtarbeit diesen Monat zugeteilten Zeitplan nicht zufrieden zu sein. Er ist sich des Mangels an Abwechslung bewusst und hat mir versprochen, dass er versuchen will, es nächsten Monat besser zu machen.«

»Hoffen wir, dass er Wort hält. Danke für Ihre Hilfe. Jetzt muss ich aber zu meiner Arbeit zurück.«

»Bleiben Sie noch einen Moment. Wenn ich Sie schon heute Morgen an meinen Tisch bitte, dann um Ihnen die Situation genauer darzulegen. Es wird nur einige Minuten dauern. Falls Ihnen jemand vorwirft, Ihre Arbeit zu unterbrechen, verpflichte ich mich, Monsieur Kurland zu versichern, dass ich an allem Schuld bin.«

»Gestatten Sie mir wenigstens, dem Restaurantleiter Bescheid zu geben. Ich möchte übrigens, dass Sie mich begleiten und ihm selbst den Grund für die Pause erklären, um die Sie mich bitten.«

Es war sehr leicht, das Einverständnis des Restaurantleiters zu erhalten. Es reichte, den Namen seines Chefs, Monsieur Kurland, zu erwähnen und schon gab er Cindy grünes Licht. Wir begaben uns gleich an den Tisch von Courtel.

»Ich habe schon geglaubt, du kommst nicht mehr zurück. Ich wette, dass diese charmante Person Cindy heißt«, sagt er und reicht ihr die Hand.

»Guten Tag«, antwortet sie etwas verlegen.

»Das ist einer meiner Kollegen«, sage ich. »Ich habe mir erlaubt, ihn zu der Vorstellung einzuladen, die ich jetzt geben werde.«

»Zu der Vorstellung?«, wiederholt Cindy in fragendem Ton.

»Ja, eine kleine Zaubershow. Aber glauben Sie nicht, dass ich Ihren Chef angelogen habe und Sie nur deshalb an meinen Tisch gebeten habe. Ich will Ihnen für den Moment noch nichts verraten, aber glauben Sie mir, Sie werden alles sehr schnell verstehen.«

Ich nehme das Kartenspiel und die Umschläge aus meiner Tasche. Ich lege vor Cindy alle Kreuzkarten hin, von der 6 bis zum Ass. Über jede Karte lege ich einen Umschlag, auf den ich einige Zahlen und Buchstaben schreibe. Cindy und Courtel schauen mir zu und betrachten schließlich folgende Anordnung:

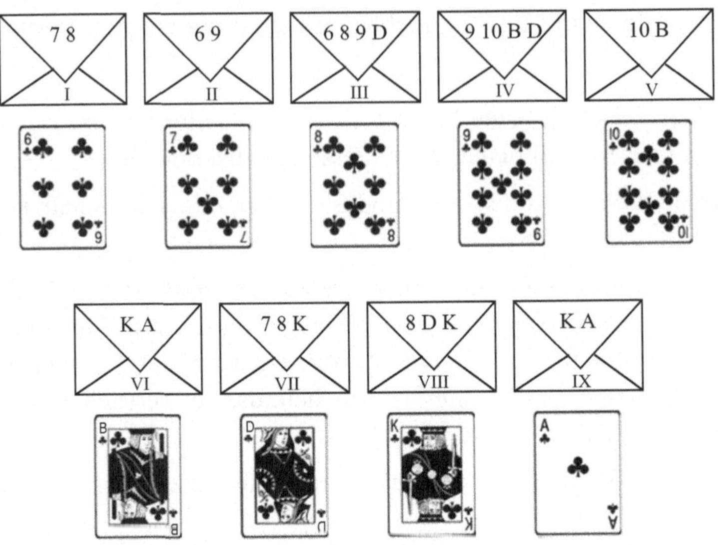

Ich wende mich Cindy zu und erkläre ihr, was sie tun soll. Ich habe die neun Kreuzkarten, von der 6 bis zum Ass, unter neun mit römischen Zahlen von *I* bis *IX* nummerierte Umschläge gelegt. Wie Sie feststellen, habe ich auf jedem Umschlag angegeben, welche Karten er enthalten darf. Ich habe *B* für Bube, *D* für Dame, *K* für König und *A* für Ass verwendet. So habe ich zum Beispiel auf den Umschlag Nummer *III* über der Kreuz 8 »6 8 9 D« geschrieben, um anzugeben, dass dieser Umschlag nur die Kreuz 6, die Kreuz 8, die Kreuz 9 oder die Kreuz-Dame enthalten darf. Ich werde mich jetzt umdrehen und bitte Sie, in jeden Umschlag eine der erlaubten Karten zu stecken. Mein Freund Courtel kann Ihnen helfen, wenn Sie wollen. Sobald Sie fertig sind, geben Sie mir ein Zeichen und ich werde versuchen, Ihre Wahl zu erraten. Alles klar?«

»Ich darf nur eine Karte pro Umschlag hineinstecken?«, fragt Cindy.

»So ist es. Sind Sie bereit?«

»Ja, Sie können sich umdrehen.«

Knapp eine Minute später sagt mir Courtel, dass Cindy fertig ist und er kontrolliert hat, dass sie alle vorgegebenen Regeln befolgt hat. Ich sehe nun Cindy direkt in die Augen, um mich als Hellseher auszugeben.

»Meine Zauberei ist noch nicht ganz ausgereift. Aber trotzdem kann ich in Ihren Gedanken lesen, dass Sie die Kreuz-Dame in den Umschlag Nummer *VIII* mit der Aufschrift ›8 D K‹ gesteckt haben. Sie hätten die Dame auch in die Umschläge *III* oder *IV* stecken können, aber Sie haben die *VIII* vorgezogen.«

Noch während ich spreche, nehme ich den betreffenden Umschlag an mich, öffne ihn und ziehe die Kreuz-Dame heraus. Cindy und Courtel applaudieren mir und ziehen dadurch die Aufmerksamkeit der benachbarten Tische auf sich.

»Du hättest dich der Zauberkünstlergruppe vom Bankett gestern Abend anschließen können«, sagt Courtel. »Ich wusste nicht, dass du ein solches Talent besitzt. Und was ist in den anderen Umschlägen?«

»Ich habe nicht die geringste Ahnung«, sage ich.

»Es ist schonmal nicht schlecht, den Inhalt eines Umschlags erraten zu haben. Wie haben Sie das gemacht?«, fragt mich Cindy.

»Die Zauberer verraten ihre Tricks gewöhnlich nicht. Ich werde trotzdem heute eine Ausnahme machen und Ihnen zeigen, dass auch ein fünfjähriges Kind den Trick an meiner Stelle hätte zeigen können.«

»Du übertreibst«, sagt Courtel.

»Nein, kein bisschen.«

Ich hole meinen Notizblock hervor und beginne, kleine Kreise und Striche zu zeichnen.

»Ich sehe, dass du wieder einen Graphen zeichnest«, sagt Courtel.

»Was ist denn das?«, fragt Cindy.

»Sehen Sie«, sage ich. »Ich zeichne zwei mal neun kleine Kreise, neun oben und neun unten. Jeder obere Kreis stellt einen Umschlag dar, während die unteren die Karten von 6 bis Ass repräsentieren. Ich verbinde einen Umschlag mit einer Karte durch einen Strich, wenn der Name der Karte auf dem betreffenden Umschlag angegeben ist.

Da beispielsweise der Umschlag Nummer *VIII* die Aufschrift ›8 D K‹ trägt, verbinde ich den kleinen oberen Kreis, der die Nummer *VIII* trägt, mit den kleinen unteren Kreisen für die Kreuz 8, die Kreuz-Dame und den Kreuz-König.«

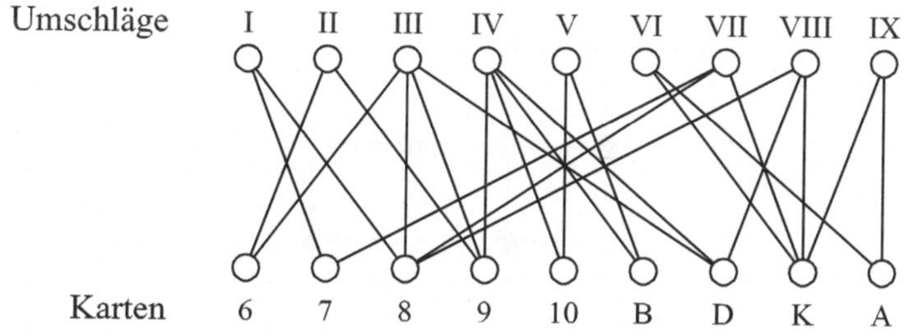

»Ich habe etwas Mühe, die Striche nachzuvollziehen, um zu erkennen, welche kleinen Kreise sie verbinden«, sagt Courtel, »aber es sieht so aus, als ob alles richtig ist.«

»Du hast recht, Courtel. Jetzt, da Sie die Bedeutung jedes Kreises verstanden haben, werde ich die Kreise etwas umordnen, damit die Zeichnung übersichtlicher wird. Außerdem werde ich die kleinen Kreise für die Umschläge schwärzen, um sie von denen für die Karten zu unterscheiden. Hier eine meiner Meinung nach übersichtlichere Darstellung der Regeln, die ich Ihnen bei meiner Zauberei auferlegt habe.«

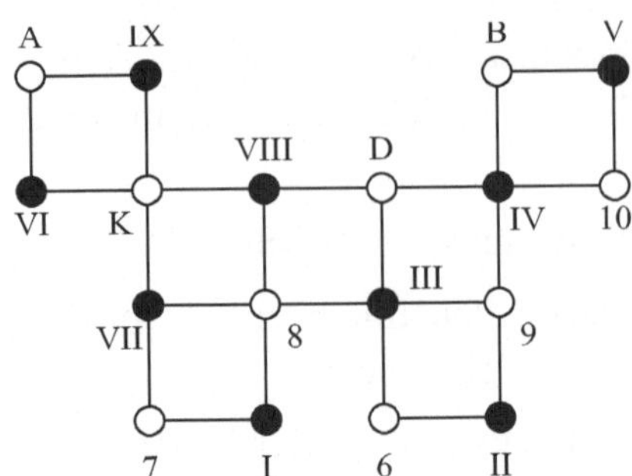

»In der Tat«, sagt Cindy, »ich sehe hier ganz klar, dass ich die Dame nur in den 3., den 4. oder den 8. Umschlag stecken konnte.«

»Nun, da jetzt allen alles klar ist, beginnen wir mit der Argumentation. Ich hatte Sie gebeten, eine einzige Karte in jeden Umschlag zu stecken. Wenn man diese Zeichnung betrachtet, bestand Ihre Aufgabe also darin, neun Paare aus schwarzen und weißen Kreisen zu bilden und zwar so, dass jedes Paar durch einen Strich verbunden ist, um sich zu vergewissern, dass man wirklich eine erlaubte Karte in jeden Umschlag steckt. Schauen wir, was Sie in jeden Umschlag gesteckt haben.«

Ich öffne jeden Umschlag und markiere die von Cindy gewählten Paare mit dickeren Strichen. »Hier die von Ihnen gewählte Konfiguration. Ich habe beispielsweise zwischen der Dame und dem schwarzen Kreis Nummer *VIII* einen dicken Strich gezogen, um zu markieren, dass Sie die Kreuz-Dame in den vorletzten Umschlag gesteckt haben.

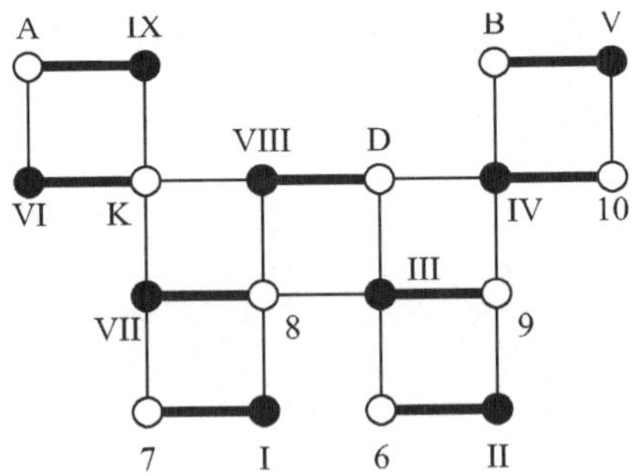

»Ja«, sagt Cindy, »aber ich hätte die Kreuz-Dame auch in den 3. oder 4. Umschlag stecken können.«

»Da irren Sie sich.«

»Aber es ist genau das, was Ihre Zeichnung uns zeigt.«

»Ja, theoretisch haben Sie recht, aber praktisch habe ich Ihnen diese Wahlmöglichkeit nicht gelassen.«

»Ich verstehe nicht«, sagen Cindy und Courtel im Chor.

»Um es Ihnen zu erklären, beginnen wir mit der Feststellung, dass Sie den König nicht in den 7. oder 8. Umschlag stecken konnten.«

»Aber warum eigentlich?«, wundert sich Courtel. »Du hast zwischen dem König und den Kreisen *VII* und *VIII* jeweils eine Kante gezeichnet, um anzugeben, dass diese Zuordnungen möglich wären.«

»Der Grund ist folgender: Wenn Sie den König in den 7. oder den 8. Umschlag stecken, wäre einer der beiden Umschläge *VI* oder *IX* leer, da jeder der beiden außer dem König nur noch das Kreuz-Ass enthalten darf.«

»In der Tat«, sagt Courtel.

»Deshalb also«, bemerkt Cindy, »ist es mir nicht auf Anhieb gelungen, die Karten in die Umschläge zu stecken. Ich wollte genau den König in den 8. Umschlag stecken und musste meine Wahl revidieren, da es mir so nicht gelang, alle Umschläge passend zu füllen.«

»Ja, die einzigen Möglichkeiten für den König und das Ass waren der 6. oder der 9. Umschlag. Und wohin konnten Sie die Kreuz 8 stecken?«

»Ohne die Erklärung, die du gerade für den König geliefert hast«, setzt Courtel fort, »hätte ich geantwortet, dass wir vier Möglichkeiten haben, aber ich nehme nun an, dass ist nicht der Fall.«

»In der Tat. Wir haben gerade festgestellt, dass der 7. Umschlag den König nicht enthalten kann und man daher nur die Kreuz 7 oder Kreuz 8 hineinstecken kann. Gleichfalls sieht man in der Zeichnung, dass der 1. Umschlag nur eine dieser beiden Karten enthalten kann. Um zu vermeiden, dass der 1. oder der 7. Umschlag leer bleibt, muss man die Kreuz 7 und die Kreuz 8 in diese beiden Umschläge stecken, jeweils eine Karte pro Umschlag. Die Kreuz 8 kann also weder in den 3. noch in den 8. Umschlag gesteckt werden.«

»Na und?«, sagt Courtel.

»Nun, ich habe euch gerade meine Zauberei erklärt. Wir haben festgestellt, das weder der König noch die 8 in den 8. Umschlag gesteckt werden konnten. Daher haben sie gezwungenermaßen die Dame hinein gesteckt, was ich leicht erraten konnte, da Sie keine andere Wahl hatten.«

»Exzellent«, bestätigt Courtel. »Und gab es keine anderen Zuordnungen von Cindy, die du erraten konntest?«

»Nein«, antworte ich. »Hier als Beweis eine Lösung, die ganz anders als die von Cindy gewählte ist, mit Ausnahme des 8. Umschlags.«

Cindy beobachtet mich und versteht offensichtlich noch immer nicht, warum ich ihr diese Zauberei unbedingt vorführen wollte.

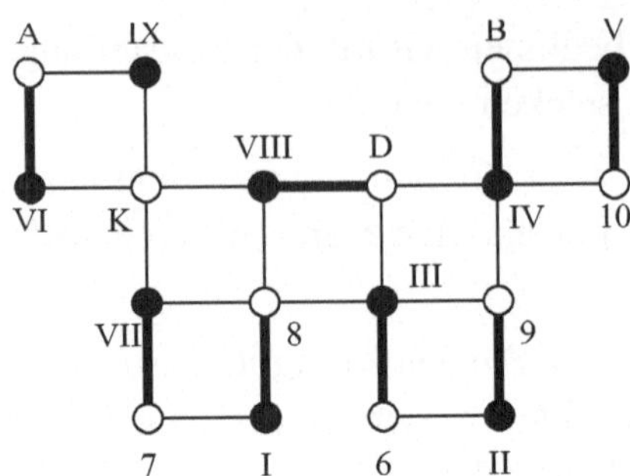

»Sind Sie nun davon überzeugt, Cindy, dass diese Zauberei auch ein fünfjähriges Kind geschafft hätte?«

»Ja, dieser Trick erfordert tatsächlich kein besonderes Geschick. Wenn ich richtig verstanden habe, wussten Sie schon, bevor Sie sich wieder umdrehten, dass ich keine andere Wahl hatte, als die Kreuz-Dame in den 8. Umschlag zu stecken. In diesem Falle ist es sehr leicht, sich als jemand auszugeben, der die Gedanken der anderen lesen kann.«

Ich weiß, dass das, was ich gleich sagen werde, alles erklären kann. Endlich versteht Cindy, warum ich sie an unseren Tisch gebeten habe. Ich sehe ihr direkt in die Augen und erkläre: »Die Dame sind Sie und der 8. Umschlag ist die Hotelbar.«

Courtel sieht mich an wie einer, der nun gar nichts mehr versteht: »Kannst du das bitte wiederholen?«

»Du kannst das nicht verstehen, ich erkläre es dir später. Es ist eine Sache zwischen Cindy und mir.«

»Was genau wollen Sie damit sagen?«, fragt mich Cindy.

»Die neun Karten repräsentieren jeweils eine Person aus Ihrem Nachtteam, und die neun Umschläge entsprechen den Aufgaben, die jeden Abend erledigt werden müssen.

Nachtteam	
6	Angela
7	Cindy
8	Edith
9	Francesca
10	Ghislaine
B	Maité
D	Pauline
K	Roseline
A	Sylvie

Auszuführende Aufgaben	
I	1. Etage
II	2. Etage
III	3. Etage
IV	4. Etage
V	5. Etage
VI	Rezeption
VII	Salon
VIII	Bar
IX	Fernsehraum

Zum Beispiel habe ich vorgegeben, dass der 8. Umschlag nur die Kreuz 8, die Kreuz-Dame oder den Kreuz-König enthalten darf. Das bedeutet, die Bar kann nur von Maité, Roseline oder Ihnen selbst geputzt werden. Außerdem sind die einzigen Umschläge, die die Kreuz-Dame enthalten können, der 3., der 4. und der 8., um anzugeben, dass Sie, Cindy, alias ›Kreuz-Dame‹ nur die Bar und die 3. oder 4. Etage des Hotels putzen können. Glauben Sie mir, die Karten, die ich für jeden Umschlag zuließ, entsprechen genau den Aufgaben, die jedes Mitglied des Nachtteams gewählt hat.«

Der Blick von Cindy hellt sich auf. »Da haben wir's, ich habe verstanden. Sie zeigen mir gerade, dass mein Chef keine andere Wahl hat, als mich jeden Abend die Bar putzen zu lassen.«

»Bravo Cindy, genau zu dieser Einsicht wollte ich Sie bringen. Wenn ich Ihnen das lediglich heute früh im Vorübergehen im Frühstücksraum gesagt hätte, hätten Sie mir sicher nicht geglaubt. Sie hätten bestimmt gedacht, dass es mir nicht gelungen sei, Ihren Chef davon zu überzeugen, die Zeitpläne Ihres Nachtteams zu ändern.«

»Ich muss zugeben, dass ich Ihnen tatsächlich kaum geglaubt hätte«, bestätigt Cindy.

»Aus diesem Grund habe ich Ihnen diese kleine Zauberei vorgeführt, die Ihnen meiner Meinung nach zeigen musste, dass Monsieur Kurland keinesfalls dafür verantwortlich ist, dass Ihnen jeden Abend der Woche das Putzen der Bar zufällt.«

»Ja, ich gebe zu, ihn falsch eingeschätzt zu haben.«

»Die zweite Lösung, die ich Ihnen gerade aufgezeichnet habe, beweist Ihnen auch, dass Sie leider die einzige Angestellte sind, die ihre Arbeit während der Woche nicht variieren kann. Dass ich den Inhalt der anderen Umschläge nicht erraten konnte, bedeutet, dass außer der Bar jede andere Aufgabe von mindestens zwei verschiedenen Personen erledigt werden kann, die damit auch von einer abwechslungsreicheren Arbeit während der Woche profitieren können.«

»Kann man also nichts tun, um die Dinge zu ändern?«

»Dazu muss Monsieur Kurland das Nachtteam bitten, die Tabelle Ihrer Präferenzen zu ändern. Wenn zum Beispiel Francesca bereit wäre, die 1. Etage des Hotels zu putzen, könnten Sie den folgenden Zeitplan erhalten, bei dem Sie die 3. Etage des Hotels putzen und Maité sich um die Bar kümmert.

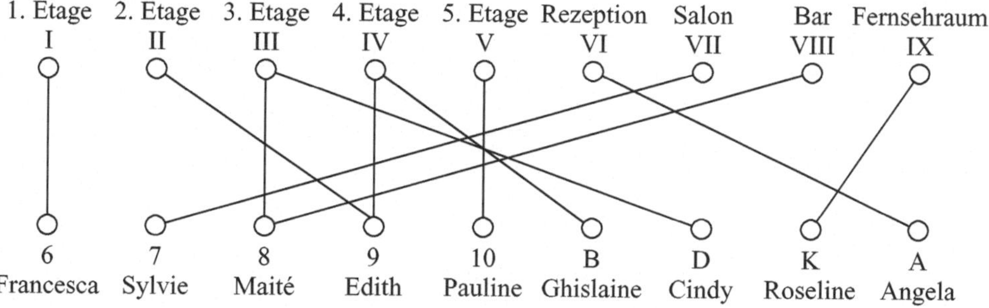

Ich schlage Ihnen vor, mit Ihrem Chef zu sprechen. Ich kann Ihnen versichern, dass er offenbar überhaupt nichts gegen Sie hat. Ganz im Gegenteil scheint er absolut willens zu versuchen, die Zeitpläne zu ändern. Schließlich war ihm bewusst, dass Ihrer alles andere als ideal war. Wenn Sie ihm die Situation so erklären wie ich Ihnen, vielleicht ohne die Zauberei, wird er genau wie Sie überzeugt sein, dass Ihr schlechter Zeitplan nicht auf seine Unfähigkeit zurückzuführen ist, sondern auf die vom Nachtteam angegebenen Präferenzen, denen er zu entsprechen versuchte.«

»Vielen Dank, Monsieur Manori«, sagt Cindy zu mir. »Ich schätze sehr, was Sie für mich getan haben. Ich denke, dass ich Ihrem Vorschlag sobald wie möglich folgen werde. Nun muss ich weiterarbeiten, denn ich sehe, wie der Restaurantleiter langsam unruhig wird. Er schaut ständig zu unserem Tisch herüber und ich möchte sein Entgegenkommen nicht ausnutzen.«

»Viel Glück, Cindy.«

Cindy verlässt unseren Tisch leichten Schritts, ich höre Sie sogar vor sich hinsummen. Ich freue mich besonders, dass es mir gelungen ist, mein Versprechen zu halten, sie ihr Lächeln wiederfinden zu lassen. Courtel meldet sich wieder zu Wort, nachdem er uns die letzten fünf Minuten aufmerksam zugehört hat: »Ich habe von dem, was sich hier abgespielt hat, nicht allzu viel verstanden. Ich glaube erraten zu können, dass du ein Zeitplanproblem gelöst hast. Auf jeden Fall scheint diese Cindy ein sehr nettes Mädchen zu sein.«

»Ich werde dir bei Gelegenheit erklären, was ich für sie getan habe. Jetzt sollten wir, denke ich, frühstücken und uns ein wenig beeilen. Die erste Sitzung heute Morgen beginnt in einer halben Stunde.«

6 Die Maus und der Chip

Courtel und ich sind gerade mit unserem Frühstück fertig, als Courtels Telefon zu vibrieren anfängt. »Entschuldige mich einen Moment, es ist ein Anruf von meinem Büro aus Marseille.

Ja, hallo?... Ja, ich bin es... Was?... Ich kann nur hoffen, dass es sich um einen Scherz handelt. Das ist unglaublich, ich kann mich keine drei Tage wegbewegen, ohne dass ihr Unfug anstellt... Ihr seid wirklich ein Haufen von Unfähigen! Ich halluziniere wohl! Sagt mir, dass ich träume!... Ja, ich rege mich auf, und ich glaube, ich habe allen Grund dazu. Ich werde doch meinen Aufenthalt in der Schweiz nicht abbrechen, um eure Dummheiten auszubügeln... Nun, diese Sache, das ist euer Problem, und ich rate euch nachdrücklich, schnellstens eine Lösung zu finden. Ich weiß nicht, ob ihr euch bewusst seid, welche Summe auf dem Spiel steht... Wäre es euer eigenes Geld, hättet ihr sicher weniger leichtfertig gehandelt. Das ist doch unglaublich... Und die Bewegungsmelder?... Wie, ihr wisst darüber gar nichts? Nun gut! Erkundigt euch. Ruft mich in einer Viertelstunde zurück, und ich will hoffen, dass ihr mir dann gute Neuigkeiten zu verkünden habt... Das war's, bis gleich, und enttäuscht mich nicht.«

Courtel legt auf und scheint außerordentlich sauer zu sein.

»Gibt es Ärger auf Arbeit?«

»Großen Ärger mit einem gigantischen G. Ich bin wirklich von einem Haufen von Inkompetenten umgeben. Und es musste natürlich so kommen, dass sie während meiner Abwesenheit den schlimmsten Unfug anstellen.«

»Ich möchte nicht zu indiskret wirken, aber kann man erfahren, was passiert ist?«

»Oh! Keine große Sache, würde ich ironischerweise sagen. Meinen Praktikanten im Versuchslabor ist bloß ein Elektronikchip abhanden gekommen, der ungefähr eine halbe Million Euro wert ist. Und sie verkünden mir die Neuigkeit gelassen, obwohl Jahre der Forschung in diesem Chip liegen. Das ist wirklich das letzte Mal, dass ich Praktikanten in meinem Labor beschäftige.«

»Ich stelle mir den Chip ganz klein vor, nicht größer als ein Hemdknopf, und eurer Labor muss groß sein, sodass ihr quasi eine Nadel im Heuhaufen sucht.«

»Nicht ganz. In Wirklichkeit ist der Chip viel kleiner als ein Hemdknopf. Er ist wie ein kleines Quadrat mit zwei Millimetern Seitenlänge und einem Viertel Millimeter Dicke.«

»Das ist wirklich klein.«

»Ja, aber wonach ich suche, ist tatsächlich viel größer. Wir sind hinter einer Maus her.«

»Meinst Du eine echte Maus oder eine Computermaus?«

»Eine echte Maus. Sie ist mit dem Chip entwischt.«

»Hat sie den Chip gefressen, als sie nach einem Käsestück schnappte?«

»Nein, die Maus trägt den Chip ganz ohne ihr Zutun, und ich kann sie daher nicht für das verantwortlich machen, was sich ereignet hat.«

»Ich verstehe überhaupt nichts. Könntest du dich in deinen Erklärungen etwas deutlicher ausdrücken?«

»Ok! Fangen wir also von vorne an. In unserem Labor in Marseille sind wir gerade dabei, ein technologisches Juwel zu entwickeln. Es handelt sich um einen kleinen Elektronikchip, der Signale aussendet, die man noch in mehr als fünf Kilometern Entfernung empfangen kann. Dieser Chip soll unter die Haut von Menschen implantiert werden, wodurch wir sie aus der Entfernung verfolgen können.«

»Ich kann mir vorstellen, dass ihr diesen Chip später unter die Haut von gefährlichen Verbrechern implantieren wollt, von denen ihr vermutet, dass sie zu einer organisierten Bande gehören. Ihr könntet sie so aus der Entfernung beschatten in der Hoffnung, dass sie euch zu anderen Mitgliedern großer krimineller Netzwerke führen?«

»Wie wir diese Chips letztlich verwenden werden, wissen wir noch nicht. Vielleicht werden wir unsere Agenten damit ausstatten, wenn sie versuchen, Verbrecherbanden zu unterwandern. So werden wir immer in der Lage sein, sie zu lokalisieren, und wir werden im Ernstfall auch schnell einschreiten können.«

»Ich verstehe. Und wie kommt die Maus in diese Geschichte?«

»Unser Chip ist noch nicht ganz ausgereift. Schon seit Jahren arbeiten wir an der Miniaturisierung und an einem Material, das keine Abstoßungsreaktionen in der Oberhaut hervorruft.«

»Und die Maus dient euch als Versuchstier, um die Reaktionen auf diesen Fremdkörper zu untersuchen?«

»Genau. Wir haben der Maus diesen kleinen Elektronikchip unter das Fell implantiert, und unsere Labore führten verschiedene Analysen durch, die – sollten sie sich als vollkommen schlüssig erweisen – uns grünes Licht geben, zur nächsten Etappe überzugehen, dem Test an einer menschlichen Versuchsperson.«

»Wenn ich richtig verstanden habe, wollten sie dich in dem Anruf eben darüber informieren, dass die Maus entwischt ist und es deine Kollegen nicht geschafft haben, sie wiederzufinden.«

»Ganz genau.«

»Ich muss dir eine etwas dumme Frage stellen. Warum verwendet ihr nicht euer Überwachungssystem, um die Maus zu lokalisieren? Wenn ihr nicht in der Lage seid, eine Maus zu verfolgen, dann weiß ich nicht, wie ihr es anstellen wollt, im Notfall einen eurer Agenten wiederzufinden.«

»Auf eine solche Frage war ich schon gefasst. Leider waren wir noch nicht soweit, die Funktionsweise des Chips zu testen, sondern nur seine Akzeptanz durch den Körper der Maus. Um mich klarer auszudrücken, der Chip war nicht funktionstüchtig, und wir können daher von ihm keine Signale empfangen.«

»So ein Mist!«

»Das kann man wohl sagen.«

»Wenn ihr in der Mitte des Labors ein Käsestück auslegt, könnte es euch vielleicht gelingen, die Maus zu ködern!«

Courtel wirft mir einen Blick zu, der Bände über seine Gemütslage spricht, in der er nicht gerade zu Scherzen aufgelegt ist. »Das ist überhaupt nicht lustig. Ich bin doch keine Katze auf der Jagd nach ihrem Frühstück. Du sprichst mit einem Projektleiter, der kurz davor steht mitzuerleben, wie sich Jahre der Forschung und Erprobung in Luft auflösen. Der Chip mag klein sein, aber die auf dem Spiel stehende Summe ist es nicht. Ich habe keine Wahl, ich muss diese Maus wiederfinden.«

Courtel schaut auf seine Uhr. »Meine Kollegen sollten mich gleich zurückrufen. Aber ich sehe, dass es schon fast 9.00 Uhr ist. Ich möchte dich nicht länger aufhalten. Die Vorträge dieses Vormittags werden bald beginnen. Du kannst mich ruhig alleine lassen.«

»Wenn du erlaubst, werde ich bei dir bleiben. Wenn ich dir helfen könnte, dein Problem zu lösen, wäre ich sehr glücklich.«

»Das ist lieb von dir, aber fühle dich nicht verpflichtet.«

»Nein, wirklich, ich übernehme es gern, dir in dieser Sache zu helfen.«

Kaum habe ich meinen Satz beendet, vibriert Courtels Telefon erneut. »Ja, hallo...? Ich hoffe, dass ihr gute Neuigkeiten für mich habt.... Wenn ihr nicht wieder den Verkehr regeln wollt, legt ihr lieber einen Zahn zu und bringt mir diese Maus auf dem schnellsten Weg zurück... Ah! Das ist doch eine interessante Information. Könnt ihr sie mir in der Reihenfolge vom ersten bis zum zwölften Melder geben?... Ja, ich schreibe mit... Ich wiederhole: 2, 1, 1, 3, 1, 3, 0, 2, 2, 3, 2, 1... Was ihr damit anfangen sollt? Ich habe keine Ahnung. Bemüht euch doch mal darum, ein bisschen Fantasie unter Beweis zu stellen. Diese Information sollte uns weiterhelfen... Ihr wisst nicht einmal, von wo sie entwischt ist? Aber wie ist das alles passiert? (Eine gute Minute vergeht, ohne dass Courtel einhakt.) Was? Sie sind diese Nacht vorbeigekommen und haben nichts Ungewöhnliches bemerkt?... Man könnte meinen, dass ihr dieses Spiel abgekartet habt, um mich verrückt zu machen... Gut, ich warte auf eure Nachricht, sobald ihr etwas Neues habt.«

Courtel legt auf und wirkt außerordentlich aufgeregt. »Glaub mir, Maurice, sie wollen mich verrückt machen.«

»Hast du etwas Neues gehört?«

»Ich weiß jetzt, wie sich die Maus aus dem Staub gemacht hat.«

»Ich wette, dass es mit einem schlecht verschlossenen Käfig zu tun hat.«

»Genau. Die Maus ist in der Nacht abgehauen.«

»Woher weißt du das?«

»Wir haben Bewegungsmelder in der Laboretage. Sie sind installiert wurden, um Einbrecher abzuhalten. Jeden Abend nehmen wir das Überwachungssystem in Betrieb, und die kleinste Bewegung in den Fluren unserer Labore löst einen Alarm aus, der sofort die Wachgesellschaft verständigt, mit der wir einen Vertrag haben.«

»Und sind die Melder in dieser Nacht ausgelöst worden?«

»Ja, und sogar mehrmals, rund zwanzig Mal in einer Zeitspanne von einigen Minuten. Ein Wachmann hat sich sofort in unsere Räumlichkeiten begeben. Er hat einen Etagenrundgang gemacht und sich Zutritt zu jedem Raum verschafft, dabei aber nichts Verdächtiges gesehen. Er schloss daraus auf eine Fehlfunktion des Systems und nahm sich vor, in den nächsten Tagen Tests durchzuführen.«

»Du glaubst, dass der Alarm von der Maus ausgelöst wurde.«

»Ja, ich bin mir dessen sogar sicher. Es scheint, als wäre sie in unseren Fluren ziemlich herumgstreunt, bevor sie Zuflucht an einem Ort gesucht hat, der im Moment nur ihr bekannt ist. Es wird seine Zeit brauchen, aber wir werden sie wiederfinden, es muss sein. Ich kann doch die vielen Jahre der Forschung, eine Investition von einigen Hunderttausend Euro nicht einfach in den Wind schreiben.«

»Habt ihr keine Kopie dieses Chips?«

»Nein, das ist ein Einzelstück. Klar sind wir in der Lage, den Chip zu reproduzieren, aber dadurch würde sich das Projekt wesentlich verzögern, und wir müssten bei den Experimenten wieder bei Null anfangen. So kommen wir auf keinen Fall weiter.«

»Und wie willst du es anstellen, diese Maus wiederzufinden? Vielleicht ist sie in diesem Moment nicht einmal mehr in Marseille.«

»Lass dich eines besseren belehren. Sie ist in diesem Moment wahrscheinlich und sogar gewiss noch in unseren Räumlichkeiten.«

»Und wie kannst du dessen so sicher sein?«

»Das ist recht einfach. Die Mauern unserer Labore zu durchdringen, ist unmöglich, selbst für eine kleine Maus. Sie ist wahrscheinlich unter einem Regal in einem der Labore versteckt oder aber tief in einem Luftschacht.«

»Genauso gut könnte sie einen dieser Schächte entlang gelaufen sein und sich im Freien wiedergefunden haben, bevor sie dahin verschwunden ist, wo ihr sie nie wiederfinden werdet.«

»Nein, das ist unmöglich. In großer Weitsicht hat der Architekt unserer Räumlichkeiten Absperrgitter an jeder Anschlussstelle installiert, die einen Laborluftschacht mit dem Hauptschacht verbindet. Nur eine Maus von ein paar Millimetern Umfang könnte durch das Gitter schlüpfen. Unsere Maus ist viel zu wohlgenährt, um das zu schaffen.«

»Es bleibt also nur, eure ganzen Labore und die Luftschächte sorgfältig abzusuchen.«

»Das ist es, was meine Mitarbeiter tun. Aber das wird eine geraume Zeit dauern. Allein die vollständige Durchsuchung unserer Labore wird Stunden in Anspruch nehmen, vielleicht sogar einen ganzen Tag. Und wenn sich die Maus zu ihrer Flucht die Luftschächte ausgesucht hat, wird die Suche noch komplizierter werden. Man sollte wissen, dass sich ein Mensch nicht durch die Abluftöffnungen zwängen kann. Selbst ein Kind könnte nicht problemlos seinen Kopf hineinstecken. Außerdem verlaufen diese Schächte in verschlungenen Wegen, bevor sie in die Gitter münden, die sie vom Hauptschacht trennen. Eine Taschenlampe würde uns daher nichts nützen, es sei denn, die Maus würde sich am Eingang des Schachts aufhalten, was sehr verwunderlich wäre.«

»Wie wollt ihr es dann anstellen, diese Schächte zu durchsuchen?«

»Wir haben einen Miniroboter, der mit einer Kamera ausgestattet ist. Wir setzen ihn in die Abluftöffnung und steuern ihn fern. Das von der Kamera aufgenommene Bild wird auf einen kleinen Bildschirm übertragen, wodurch wir von außen sehen können, was der Roboter im Inneren beobachtet. Ich schätze die Untersuchungsdauer für jeden Schacht auf über eine Stunde. Die Etage ist mit elf Öffnungen ausgestattet, also kannst du es dir selbst ausrechnen.«

»Es wäre für euch wahrscheinlich von Vorteil, wenn ihr eure Suche in der Nähe des Ortes beginnt, an dem die Maus entwischt ist.«

»Danke Maurice, ich bin kein Idiot. Aber stell dir vor, dass meine Praktikantenmannschaft in Marseille überhaupt keine Ahnung hat, an welchem Ort die Maus den Käfig verlassen hat. Und wie ich schon sagte, sie wollen mich verrückt machen.«

»Trotzdem kann ich mir vorstellen, dass ihr die Käfige eurer Labortiere abends in einen bestimmten Raum bringt. Da die Maus in der Nacht entschlüpft ist, kann der Ort ihrer Flucht nur der betreffende Raum sein.«

»Das ist leider auch nicht so einfach. In unseren Laboren arbeiten etwa zehn Praktikanten. Wir führen Experimente an unzähligen Tieren aus, hauptsächlich an Mäusen. Ich denke, dass wir gegenwärtig um die zwanzig vierbeinige Pensionsgäste haben. Jeden Tag führen unsere Forscher verschiedene Beobachtungen an den kleinen Biestern aus, die von einem Labor ins andere wandern. Abends schlafen sie in dem Labor, in dem sie ihre letzte Analyse des Tages über sich ergehen lassen durften.«

»Eure Mäuse schlafen also nicht jede Nacht an demselben Ort?«

»Genau, der Ort hängt im Wesentlichen von der Tagesplanung unserer Experten ab. Kurz gesagt, ich weiß nicht, wo unsere fünfhunderttausend Euro teure Maus die Nacht verbracht hat.«

»Aber der Käfig ist doch sehr wohl in einem bestimmten Raum gefunden worden und zwar in dem, in dem die Maus entwischt ist.«

»Ah! Wenn das Leben so einfach wäre, wäre es das Paradies. Stell dir vor, dass jeden Morgen einer meiner Praktikanten damit beschäftigt ist, alle Käfige aus den verschiedenen Laboren einzusammeln. Er bringt sie in einen Raum, in dem wir die Tiere füttern. Dieser Praktikant, den ich nach meiner Rückkehr nach Marseille entlassen werde, hat nicht einmal gemerkt, dass der Käfig leer war, als er ihn transportierte. Es war also viel zu spät, als die Abwesenheit unseres Pensionsgastes bemerkt wurde, weil der Käfig schon umgeräumt worden war.«

»Und ich vermute, dass deine Forscher nicht angeben können, wer von ihnen sich als Letzter um deine Maus gekümmert hat.«

»In der Tat. Wie du siehst, ist es nicht übertrieben, wenn ich sage, dass ich von Inkompetenten umgeben bin. Würden sie ihre Arbeit mit dem ganzen nötigen Ernst korrekt verrichten, indem sie die genaue Zeit jeder Analyse schriftlich festhalten, wäre alles viel einfacher.«

»Ich bin nicht sicher, ob alles viel einfacher wäre. Nach allem, was ich verstanden habe, kann die Maus in der Nacht irgendwo entwischt sein. Ihr Ausgangsort scheint also nicht unbedingt von Bedeutung zu sein, obwohl man, wenn sie sich zu einer Lüftungsöffnung begeben hat, annehmen könnte, dass sie sich für eine in der Nähe ihres Fluchtorts entschieden hat.«

»Würde ich ihren Ausgangsort kennen, könnte ich zumindest versuchen, die von den Bewegungsmeldern gelieferten Informationen zu verwenden, um den Weg nachzuvollziehen, den sie genommen hat, auch wenn mir die Anzahl der Möglichkeiten gigantisch erscheint.«

»Welche Art von Informationen hast du durch diese Melder gesammelt? Ich glaube verstanden zu haben, dass sie in dieser Nacht rund zwanzig Mal angeschlagen haben. Weißt du dazu noch etwas mehr?«

»Ja, sogar viel mehr. Unsere Alarmanlage wird jeden Abend nach Schließung der Räumlichkeiten in Betrieb genommen. Die Flure der Etage, in der sich unsere Labore befinden, sind mit zwölf Bewegungsmeldern versehen, die mit Zählern ausgestattet sind. Beim Einschalten des Systems werden alle Zähler auf null gesetzt. Sobald ein Melder die kleinste Bewegung feststellt, erhöht sich sein Zähler um eins und ein Signal wird an die Überwachungszentrale übertragen.«

»Und ihr habt die Zähler nach den wiederholten Alarmen dieser Nacht zurückgesetzt?«

»Es war der Wachmann, der sich in dieser Nacht an Ort und Stelle begeben hat. Er ließ sie zurücksetzen. Als er gestern Abend vor Ort ankam, hat er zuallererst das Überwachungssystem der Etage deaktiviert. Anschließend hat er eine systematische Kontrolle jedes Labors vorgenommen und er hat, wie ich dir vorhin schon gesagt habe, nichts Verdächtiges festgestellt. Als er ging, musste er das System wieder in Betrieb nehmen. Glücklicherweise handelt es sich um eine intelligente Person, nicht zu vergleichen mit meinen Praktikanten. Ihm war klar, dass sich jede Information, auch wenn man gegenwärtig nicht versteht, wozu sie gut sein soll, in der Zukunft als nützlich erweisen kann. Folglich hat er den Stand aller Zähler erfasst, bevor sie auf null zurückgesetzt wurden.«

»Das sind die Zahlen, die ich dich vorhin am Telefon wiederholen hören habe?«

»Ja. Meine Praktikanten haben die Wachgesellschaft kontaktiert, die ihnen diese Information gegeben hat.«

»Aber dann braucht man sich nur an die Folge der Bewegungsmeldungen zu halten, um den Weg der Maus nachzuzeichnen.«

»Du glaubst wohl noch an den Weihnachtsmann? Ich wäre nicht in einem so nervösen Zustand, wenn alles so einfach wäre. Die besagten Zähler sind nichts als einfache mechanische Anzeiger, die zwar bei Detektion einer Bewegung eine Stufe höher einrasten, aber nicht den Detektionszeitpunkt festhalten.«

»Und die Überwachungszentrale kann die Folge der Alarmsignale nicht rekonstruieren, die sie von euren Laboren erhalten hat?«

»Leider nein. Während sie uns auch auf die Sekunde genau sagen können, wann die aufeinanderfolgenden Alarme ausgelöst wurden, können sie dagegen nicht wissen, welcher Melder im Einzelnen jeden Alarm bewirkt hat. Wenn einer unserer Apparate eine Bewegung feststellt, wird ein Signal zur Zentrale übertragen, das nichts über die Nummer des Melders aussagt.«

»Mit einem spezifischen Alarm für jeden Melder hätte alles viel einfacher sein können.«

»Ja, und das System wäre uns auch viel teurer gekommen. Wie vermutlich überall auf der Welt erhält unser kriminalistischer Polizeidienst keine enormen Gelder für die Infrastruktur der Gebäude, und wir haben uns daher für ein System entschieden, das uns für die Aufgabe ausreichend erschien, mögliche Einbrecher ausfindig zu machen.«

»Hast du über eure Labore einen Plan?«

»Ich kann dir einen zeichnen.«

Ich biete Courtel ein Blatt von meinem Notizblock und einen Bleistift an. Er nimmt sich Zeit, um mir eine ziemlich genau Skizze der Etage anzufertigen, in der die Maus verschwunden ist. »Hier ist eine ziemlich detailgetreue Wiedergabe der Räumlichkeiten.

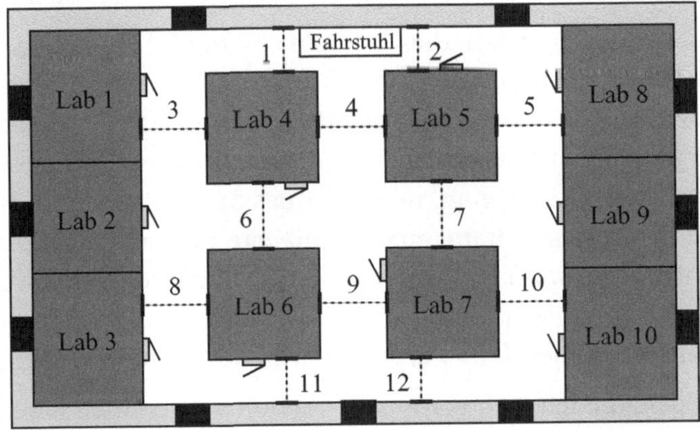

Wie du meinem Plan entnehmen kannst, umfasst die Etage zehn Labore. Man erreicht die Etage durch einen Fahrstuhl. Die Abluftöffnungen sind durch kleine schwarze Vierecke gekennzeichnet.«

»Ich nehme an, dass die von eins bis zwölf nummerierten kurzen gepunkteten Linien den Bewegungsmeldern entsprechen.«

»Gut erfasst. Wie dir vielleicht aufgefallen ist, bin ich ziemlich gut im Zeichnen. Ich habe sogar alle Labortüren dargestellt.«

»Da kann man dir wirklich nur gratulieren. Das ist ein Plan, der mir eine ausgezeichnete Vorstellung von den Räumlichkeiten gibt.«

»Aber ich glaube nicht, dass dir das groß helfen wird, selbst wenn du dazu deine Graphen zu Rate ziehst.«

»Sprich nicht zu voreilig, du könntest eine Überraschung erleben. Ich habe schon meine kleine Idee im Kopf, die es dir – wenn du Glück hast – vielleicht erlauben wird, die Maus schnell wiederzufinden. Kannst Du mir vorerst die Zählerstände geben, die du dir vorhin notiert hast?«

»Natürlich, aber ich sage dir noch einmal, du wirst schnell einsehen, dass die Anzahl der möglichen Wege enorm ist, insbesondere wenn man den Ausgangsort nicht kennt.«

»Gib sie mir erstmal, und wir werden sehen, was ich damit anfangen kann.«

»Ich habe sie für dich in Tabellenform gebracht, damit es klarer ist.

Nummer des Melders	1	2	3	4	5	6	7	8	9	10	11	12
Zählerstand	2	2	3	3	1	3	0	2	2	3	2	1

Stell dir nun einen Moment vor, Maurice, dass die Maus im Labor 1 entwischt ist, links oben in meiner Zeichnung. Sie könnte sich nach rechts bewegt und den Melder 3 ausgelöst haben. Sie könnte sich auch am Melder 1 vorbei zum Fahrstuhl begeben haben, um sich anschließend weiter geradeaus zum Melder 2 zu bewegen oder sich nach rechts zum Melder 4 zu wenden. Du wirst dich schnell davon überzeugen, dass die Anzahl der Möglichkeiten enorm ist, und noch habe ich nur Labor 1 als Beispiel für den Ausgangsort angenommen. Wenn ich mich noch recht an meinen Mathematikunterricht erinnere, dann kann man hier von einer kombinatorischen Explosion sprechen, weil die Anzahl der möglichen Wege enorm ist.«

»Du hast recht, Sébastien, es ist wirklich sehr schwierig herauszufinden, wo deine Maus entlanggelaufen ist. Wenn du wissen möchtest, wie die Folge der drei ersten Bewegungsmeldungen unter der Annahme gewesen ist, dass die Maus vom Labor 1 losgelaufen ist, hast du schon 16 Möglichkeiten. Zum Beispiel hat die Maus vielleicht den Melder 1 passiert, dann den Melder 2 und schließlich den Melder 5, was ich als $1 \Rightarrow 2 \Rightarrow 5$ schreiben werde. Damit sind die 16 Möglichkeiten wie folgt:

$$\begin{array}{llll} 1 \Rightarrow 1 \Rightarrow 1 & 1 \Rightarrow 1 \Rightarrow 3 & 1 \Rightarrow 2 \Rightarrow 2 & 1 \Rightarrow 2 \Rightarrow 5 \\ 1 \Rightarrow 4 \Rightarrow 4 & 1 \Rightarrow 4 \Rightarrow 6 & 1 \Rightarrow 4 \Rightarrow 7 & 1 \Rightarrow 4 \Rightarrow 9 \\ 3 \Rightarrow 3 \Rightarrow 1 & 3 \Rightarrow 3 \Rightarrow 3 & 3 \Rightarrow 6 \Rightarrow 4 & 3 \Rightarrow 6 \Rightarrow 6 \\ 3 \Rightarrow 6 \Rightarrow 7 & 3 \Rightarrow 6 \Rightarrow 9 & 3 \Rightarrow 8 \Rightarrow 8 & 3 \Rightarrow 8 \Rightarrow 11 \end{array}$$

Von diesen 16 Möglichkeiten kann man dank deiner Zählertabelle 3 streichen. Nach dem, was du mir geschildert hast, wurde vom Melder 7 keine Bewegung festgestellt, was die Fälle $1 \Rightarrow 4 \Rightarrow 7$ und $3 \Rightarrow 6 \Rightarrow 7$ ausschließt. Da außerdem Melder 1 nicht mehr als zwei Mal aktiviert wurde, kann die Maus nicht den Weg $1 \Rightarrow 1 \Rightarrow 1$ genommen haben. Trotzdem bleiben 13 Möglichkeiten für die ersten drei Bewegungsmeldungen, und das immer noch unter der Annahme, dass die Maus in Labor 1 losgelaufen ist. Wenn ich richtig gerechnet habe, haben die Melder 24 Bewegungen festgestellt. Du hast also vollkommen recht, die Gesamtzahl der möglichen Wege ist astronomisch.«

»Ich habe es dir gesagt, die Informationen der Zähler sind uns leider nicht von nutzen.«

»Da kann ich dir leider nicht zustimmen. Welchen Weg die Maus genommen hat, spielt keine Rolle. Wir wollen lediglich herausfinden, wo sie sich versteckt. Es gibt nur 10 Labore und 11 Abluftöffnungen, was 21 Versteckmöglichkeiten ergibt. Das ist keine allzugroße Zahl.«

»Abgesehen davon, dass es uns mindestens zwei Tage kosten wird, um alle zu durchsuchen. Was für eine Zeitverschwendung!«

Während ich den Plan aufs Neue betrachte, wird mir bewusst, das wir eine wichtige Möglichkeit außer Acht gelassen haben. »Ich denke, Sébastien, dass die Situation noch schlimmer ist, als du dir vorstellen kannst. Als der Wachmann vor Ort ankam, war die Maus vielleicht in der Nähe des Fahrstuhls. Sie hat sich während der Inspektion dorthin geschlichen und ist so euren Laboren entwischt. Zum gegenwärtigen Zeitpunkt spaziert sie vielleicht durch die Straßen von Marseille, wenn sie sich nicht von der ersten Straßenkatze hat fressen lassen, die ihr über den Weg gelaufen ist.«

Courtel sieht mich mit vollkommen deprimierter Miene an. »Du hast leider recht. Daran hatte ich noch gar nicht gedacht. Es könnte sein, dass meine halbe Million Euro im Magen einer Katze begraben ist. Aber ich bin es mir schuldig, meine Labore abzusuchen, um Gewissheit zu haben. Trotzdem vielen Dank für deinen Versuch, mir zu helfen.«

Während Courtel zu mir spricht, betrachte ich erneut den Plan und die Zählertabelle. Etwas fällt mir auf. »Mein lieber Sébastien, so schnell wirst du mich nicht los. Ich möchte dir noch mehrere Fragen stellen. Kannst du mir zunächst bestätigen, dass die Melder nicht erneut angeschlagen haben, nachdem der Wachmann durch die Räume gegangen ist?«

»Ich bestätige es unter der Annahme, dass mir meine Kollegen aus Marseile alles erzählt haben. Die Maus hat sich vor der Inspektion der Räume in dieser Nacht versteckt und sie hat sich danach nicht gerührt, da keine Bewegung gemeldet wurde, nachdem der Wachmann das Alarmsystem reaktiviert hat.«

»Wenn ich mich nicht täusche, könnte deine Maus gestern Abend sehr wohl vor dem Weggang deiner Praktikanten entwischt sein. Da der Käfig schlecht verschlossen war, hätte sie auch entwischen können, als die Alarmanlage noch nicht in Betrieb war. Liegt das im Bereich des Möglichen?«

»Ich sehe nicht, welchen Unterschied das macht. Erinnere dich daran, dass wir in dieser Nacht ihre Bewegungen festgestellt haben und sie sich folglich wohl zu diesem Zeitpunkt in unseren Räumlichkeiten aufhielt.«

»Du antwortest nicht auf meine Frage. Ich muss wirklich wissen, ob deine kostbare Ausreißerin ihren Käfig verlassen haben kann, als noch Leute in den Laboren waren.«

»Ehrlich gesagt, habe ich keine Ahnung. Wenn du aber meine Meinung hören willst, erscheint mir dein Szenario unwahrscheinlich. Es handelt sich wahrscheinlich um die Schreckhafteste unter unseren Pensionsgästen, und ich kann mir schlecht vorstellen, dass sie ihren Käfig verlässt, wenn in ihrer Nähe reges menschliches Treiben herrscht. Übrigens ist sie so ängstlich, dass es unwahrscheinlich ist, dass sie, wie vorhin von dir angeregt, durch den Fahrstuhl entwischt sein könnte, als der Wachmann in dieser Nacht seine Runde machte. Ich bin überzeugt, dass sie sich jetzt in unseren Räumlichkeiten befindet. Ich muss recht haben.«

»Wenn deine Maus so ängstlich ist, kann ich mir vorstellen, dass sie sich heute Vormittag seit der Rückkehr deiner Praktikanten ins Labor nicht gerührt hat.«

»In der Tat. Eigentlich halte ich es für das wahrscheinlichste Szenario, dass sie ihren Käfig mitten in der Nacht verlassen und nicht mehr als ein paar Minuten gebraucht hat, um ihr Versteck zu erreichen – Zeit genug, um rund zwanzig Alarme auszulösen. Ich glaube nicht, dass sie sich dann weiter bewegt hat. Ich stelle sie mir in einem Winkel verkrochen vor, zitternd vor Angst.«

»Bevor ich dir meine Ansicht über die wahrscheinlichste Lage ihres Verstecks mitteilen kann, fehlt mir noch eine wesentliche Information.«

»Ich bin ganz Ohr.«

»Dem Plan der Räumlichkeiten, den du mir gezeichnet hast, kann ich nicht entnehmen, wo sich das Feld zum Aktivieren oder Deaktivieren der Alarmanlage befindet.«

»Ich sehe kaum, inwiefern das nützlich sein könnte, aber wenn du es wissen willst: Das Feld befindet sich am Eingang von Labor 8, oben rechts in meiner Zeichnung.«

»Wenn ich deine Erläuterungen von eben richtig verstanden habe, hat sich der Wachmann unverzüglich zu diesem Kontrollfeld begeben, um den Alarm zu deaktivieren.«

»Ja, genau das hat man mir gesagt.«

»Der Melder 2 muss folglich die Anwesenheit des Wachmanns festgestellt haben, als sich dieser vom Fahrstuhl zum Kontrollfeld begab.«

»Ja, du hast recht.«

»Ich möchte sicher sein, richtig verstanden zu haben. Du hast mir vorhin gesagt, dass die Anlage jeden Vormittag vom Ersten deaktiviert wird, der eure Räumlichkeiten betritt.«

»So spielt es sich in der Tat ab.«

»Diese Person läuft also zwangsläufig unter dem Melder 2 durch, was unweigerlich einen Alarm in der Überwachungszentrale nach sich zieht.«

»Nein, ganz genauso ist es nicht. Sobald ein Melder eine Bewegung festgestellt hat, schlägt der Alarm in unseren Räumlichkeiten an und informiert uns darüber, dass wir noch 30 Sekunden haben, um die Anlage zu deaktivieren. Anderenfalls wird der Alarm an die Zentrale weitergeleitet, was einen sofortigen Einsatz ihrerseits nach sich zieht.«

»Aber der Zähler hat sich um eine Einheit erhöht, um anzuzeigen, dass der Wachmann den Melder 2 vor dem Abschalten der Anlage durchlaufen hat?«

»Ja, der Zähler ist rein mechanisch und bewegt sich bei jeder Bewegungsmeldung um eine Raste weiter.«

»Die Person, die den Alarm an diesem Abend aktiviert hat, ist ebenfalls zwangsläufig unter dem Melder 2 hindurchgegangen, um sich zum Fahrstuhl zu begeben. Wurde auch ihre Bewegung erfasst?«

»Nein, in diesem Fall hat der Melder nichts erfasst, weil man eine Zeitspanne von einer Minute hat, um die Räumlichkeiten zu verlassen, wenn die Alarmanlage in Betrieb genommen wurde.«

Ich halte einige Sekunden inne, um den Graphen zu korrigieren, den ich in meinem Kopf gezeichnet habe. Und die Lösung scheint mir plötzlich klar und deutlich. »Courtel, ich habe eine hervorragende Neuigkeit für Dich. Ich meine zu wissen, wo sich deine Maus versteckt.«

»Ich verstehe gar nichts mehr. Kaum eine Minute ist es her, da hast du mich darauf aufmerksam gemacht, dass die Maus durch den Fahrstuhl entwischt sein könnte, bevor sie sich von einem Kater hat fressen lassen. Nun sagst du mir, dass du weißt, wo sie sich versteckt.«

»Ja, und man kann sagen, dass du ein echter Glückspilz bist. Die von dem Wachmann gelieferten Informationen bezüglich der Zählerstände hätten für mich völlig nutzlos sein können. Aber in der vorliegenden Situation erweist sich, dass ich aus ihnen nicht nur ableiten kann, wo sich die Maus befindet, sondern auch, von wo sie ausgerückt ist.«

Courtel sieht mich an, unsicher, ob ich das gerade ernst gemeint habe. Seine Intuition sagt ihm, dass ich solche Worte nicht leichtfertig verkünde und ich spüre einen Hoffnungsschimmer in ihm aufsteigen. Um jeden Zweifel zu beseitigen, sagt er zu mir: »Wenn das ein Scherz ist, dann zeugt er von einem sehr schlechten Geschmack.«

»Ich würde es nicht wagen, in diesem Moment einen solchen Witz zu machen, denn ich denke, Sébastien, du würdest ihn mir nie verzeihen.«

»Sind es wieder deine Graphen, die dir zuhilfe gekommen sind?«

»Natürlich.«

»Los, erzähl mir alles, ich koche vor lauter Ungeduld.«

»Ich schlage dir vor, zuallererst dein Büro in Marseille anzurufen und sie zu bitten, ihre Suche auf die Abluftöffnung gegenüber dem Fahrstuhl zu konzentrieren. Das ist zwischen den Meldern 11 und 12.«

»Bist du dir sicher?«

»Fast. Eigentlich hängt alles von der Richtigkeit deines Szenarios ab, demzufolge sich deine Maus diese Nacht nicht länger als ein paar Minuten bewegt hat und all ihre Bewegungen von den Meldern aufgezeichnet worden sein sollen.«

Courtel greift zu seinem Telefon und ruft seinen Laborleiter an. »Guten Tag, Courtel am Apparat... Ihr seid wirklich eine Bande von Unfähigen, von Inkompetenten, von Taugenichtsen. Stellt euch vor, dass ich mich viele hundert Kilometer von Marseille entfernt befinde und es mir geglückt ist, die Maus wiederzufinden... Wie, ihr glaubt mir nicht? Ich erwarte von euch, dass ihr mir zuhört und euch unverzüglich zur Halterung des Erkundungsrobotors begebt... Ja, hört auf in den Laboren zu suchen, die Maus ist in der Abluftöffnung zwischen den Meldern 11 und 12... Ja, gegenüber des Fahrstuhls... Woher ich das weiß? Ich werde es euch später sagen... Nein, ich empfange kein Signal von ihrem Elektronikchip... Hört, ich habe keine Zeit darüber zu diskutieren. Das ist eine Anweisung, die ich euch gebe und ich erwarte euren Telefonanruf in der nächsten Stunde. Es wäre besser für eure Personalakte, wenn ihr mir meldet, dass ihr sie gefunden habt... Gut, also bis gleich.«

Nachdem er aufgelegt hat, wendet sich Courtel mir zu und sagt: »Ich hoffe, dass du dich nicht irrst. Anderenfalls werden sie mich für verrückt erklären und noch Jahre über meinen Telefonanruf lachen. Nun, erkläre es mir. Woher weißt du, wo sich meine so kostbare Maus befindet?«

»Ich werde dir zunächst eine kleine Zeichnung anfertigen.

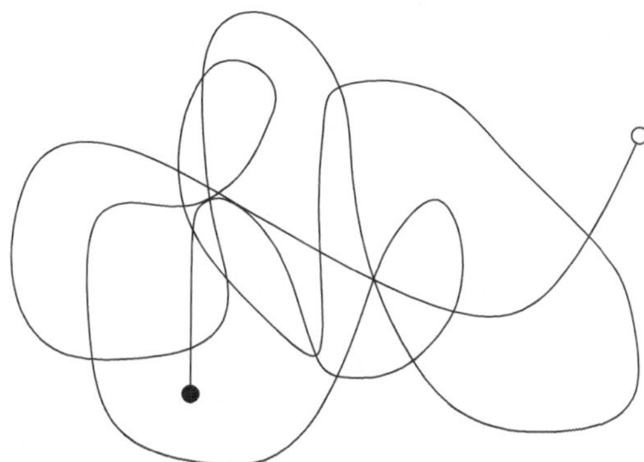

Fällt dir etwas Besonderes daran auf?«

»Sie erinnert an das Gekritzel eines zweijährigen Kindes. Ich sehe nichts Besonderes, abgesehen von dem kleinen weißen und dem kleinen schwarzen Kreis. Was genau möchtest du mir begreiflich machen?«

»Betrachte den schwarzen Kreis als Ausgangspunkt des Weges deiner Maus und den weißen Kreis als den Ort, an dem sie sich versteckt.«

»Ja, das kann ich mir gut vorstellen. Ihr Fluchtweg könnte so ähnlich wie deine Zeichnung aussehen. Aber es gibt noch Milliarden andere mögliche Wege.«

»Ich gebe dir recht. Trotzdem haben all diese Wege Punkte gemeinsam, wie man in dieser Zeichnung sehr schön sieht.«

»Und was siehst du, was mir nicht festzustellen gelang?«

»Ich interessiere mich für die Stellen, an denen die Maus mehrmals vorbeigekommen ist. Auf meiner Zeichnung entspricht das Selbstüberschneidungen der Kurve. Wenn man zum Beispiel von dem schwarzen Kreis ausgeht, hat sich die Maus nach oben bewegt und ist dann viel später zum zweiten Mal an einem Punkt vorbeigekommen, der sich knapp oberhalb ihres Ausgangspunktes befindet. Hier ist eine Zeichnung um diesen Überschneidungspunkt herum.«

»Gut! Das ist ein kleiner Ausschnitt deiner Kritzelei von eben. Und was soll ich bemerken?«

»Stell dir vor, dass ich dich bitte, diese Zeichnung zu reproduzieren, indem du Striche zeichnest, die alle von diesem Überschneidungspunkt ausgehen. Wie viele Striche wirst Du brauchen?«

»Vier.«

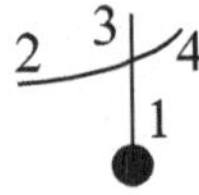

»Und für diesen anderen Selbstüberschneidungspunkt, der sich in der großen Zeichnung etwas weiter rechts befindet?«

»Dafür brauche ich sechs Striche, aber ich sehe nicht, worauf du hinaus willst.«

»Ich versuche dir begreiflich zu machen, dass die Anzahl der Striche immer gerade ist, also 2 oder 4 oder 6 usw. Weißt du warum?«

»Weil jedes Kurvenstück, das durch diesen Selbstüberschneidungspunkt läuft, einen Teil hat, der vor dem Überschneidungspunkt liegt, und einen danach.«

»Ja, genauso ist es. Anders ausgedrückt, habe ich gesagt, dass die Anzahl der Eintritte in den Überschneidungspunkt gleich der Anzahl der Austritte aus ihm ist.«

»Na und?«

»Ich werde jetzt deinen Plan der Räumlichkeiten wiederverwenden, indem ich ihn etwas modifiziere.«

»Ich lösche die Namen der Labore und die Nummern der Melder. Stattdessen ergänze ich Namen für die Bereiche zwischen den Meldern. Für die neun Bereiche verwende ich die Buchstaben *A* bis *I*.«

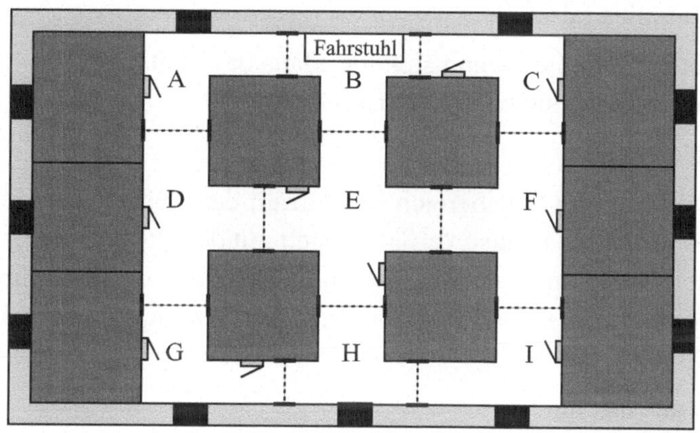

»Und was hast du damit gewonnen? Soll ich darin etwas erkennen, was in meiner ursprünglichen Zeichnung nicht klar erschien?«

»Die neun Bereiche sind für mich wie die Selbstüberschneidungspunkte der Kurve, die ich eben erst gezeichnet habe.«

»Wenn du es sagst.«

»Das ist doch einfach. Du gabst mir recht, als ich dir sagte, dass man bei meiner Kurve genauso viele Male auf einen Überschneidungspunkt zugeht, wie man ihn verlässt. Nun, bei meinen Bereichen ist das ähnlich. Die Maus ist genauso oft in einen Bereich hineingelaufen, wie sie ihn verlassen hat.«

»Das ist wahr, gute Feststellung.«

»Tatsächlich ist das nur fast immer wahr.«

»Was du nicht sagst.«

»Es ist für alle Bereiche wahr, ausgenommen vielleicht der Startbereich und der Endbereich.«

»Das musst du mir erklären.«

»Nehmen wir den Startbereich. Die Maus befand sich schon dort, bevor sie entwischte. Folglich hat sie den Bereich ein Mal mehr verlassen, als sie in ihn zurückgekehrt ist. Wenn sie also beispielsweise nie in ihren Startbereich zurückkehrt, dann wird sie diesen Bereich kein weiteres Mal verlassen. Wenn sie ein einziges Mal dorthin zurückgekehrt ist, dann hat sie den Bereich zwei Mal verlassen usw.«

»Und dasselbe kann man über den Bereich sagen, in dem sie sich versteckt. Sie hat sich ein Mal mehr in ihn hineinbegeben als sie ihn verlassen hat.«

»Bravo! Ich sehe, dass du anfängst zu verstehen. Aber das, was wir gerade über den Start- und den Endbereich gesagt haben, ist vielleicht vollkommen falsch.«

»Machst du das eigentlich absichtlich? Kaum habe ich etwas verstanden, verkündest du mir, dass vielleicht alles falsch ist.«

»Es ist doch nicht mein Fehler, wenn sich die Maus dazu entschlossen haben kann, sich dort zu verstecken, von wo sie entwischt ist.«

»Was ändert das?«

»Das bewirkt, dass auch im Startbereich die Anzahl der Austritte genauso groß ist wie die Anzahl der Eintritte und ebenso verhält es sich mit dem Endbereich, weil es sich nun um ein und denselben Bereich handelt. In dem Fall, in dem die Maus ihren Spaziergang dort beendet, wo sie ihn begonnen hat, ist in jedem Bereich die Anzahl der Eintritte gleich der Anzahl der Austritte.«

»Aber wo bringt uns das hin?«

»Es gibt mehrere mögliche Fälle, die wir jetzt analysieren werden. Die erste Möglichkeit ist, dass sich die Maus in ihrem Startbereich versteckt. In diesem Fall ist es unmöglich festzustellen, von wo sie losgelaufen ist, weil in allen Bereichen die Anzahl der Eintritte gleich der Anzahl der Austritte ist. In einer solchen Situation bleibt nichts anderes übrig, als das zu tun, was deine Labormannschaft bis zu deinem letzten Telefonanruf gemacht hat, das heißt, überall suchen.«

»Ich sehe keine andere Möglichkeit als die, dass sich meine Maus nicht in dem Bereich versteckt hat, aus dem sie entwischt ist.«

»Ich schlage dir vor, diese zweite Möglichkeit in mehrere mögliche Szenarien zu untergliedern, eines davon wird sich als besonders vorteilhaft für dich erweisen. Du wirst in einigen Minuten verstehen, warum ich vorhin sagte, dass du ein echter Glückspilz bist. Nehmen wir also an, dass sich deine Maus nicht in dem Bereich versteckt, aus dem sie entwischt ist. Dann haben wir zwei besondere Bereiche, die an dem Sachverhalt erkennbar sind, dass sich dort die Anzahl der Eintritte von der Anzahl der Austritte unterscheidet.«

»Ja, das sind der Startbereich und der Endbereich.«

»Wenn diese beiden Bereiche keinen Laboreingang aufweisen, wie es beispielsweise bei den Bereichen B und H der Fall ist, bedeutet es, dass etwas in deinen Informationen nicht stimmt.«

»Wieso?«

»Weil die Maus, als sie sich aus dem Staub machte, aus einem Käfig entwischt ist, der sich in einem Labor befand. Aber ich kann dich gleich beruhigen, denn ich habe in den Informationen, die du mir gegeben hast, keine Ungereimtheiten entdeckt. Also wissen wir, dass mindestens einer der beiden besonderen Bereiche einen Laborzugang hat.«

»Bis hierher kann ich dir folgen.«

»Wenn unsere beiden besonderen Bereiche Laborzugänge haben, wissen wir, dass einer davon der Ort ist, an dem die Maus ihren Käfig verlassen hat, und der andere ist der Ort, an dem sie sich versteckt. Das könnte zum Beispiel bei den Bereichen *D* und *F* der Fall sein.«

»Ein solcher Fall wäre nicht so katastrophal, weil man nur die beiden fraglichen Bereiche genauestens untersuchen müsste.«

»Ja, aber stell dir vor, dass es sich dabei um die Bereiche *C* und *G* handelt. Beide haben Zugang zu zwei verschiedenen Laboren und zwei Abluftöffnungen. Du müsstest also vier Labore durchsuchen. In deinem Plan sind das die mit den Nummern 3, 5, 6 und 8. Und dein Roboter hätte liebenswürdigerweise bis zu vier verschiedene Abluftöffnungen untersuchen müssen. Erinnere dich daran, dass ich die Maus in einer ganz bestimmten Abluftöffnung verortet habe.«

»Das stimmt.«

»Die letzte Möglichkeit, die wir analysieren müssen, ist die, in der genau einer der beiden besonderen Bereiche einen Laborzugang hat.«

»Wenn ich richtig verstehe, ist das für mich eine in zweifacher Hinsicht ideale Situation. Erstens: Da der von dir beschriebene Bereich derjenige ist, aus dem meine Maus entwischt ist, weiß ich genau, wer für diese Eskapade verantwortlich ist, und ich werde ihn von seiner Arbeit entbinden. Zweitens: Der andere besondere Bereich ohne Laborzugang ist der Ort, an dem sich meine Maus versteckt, und ich kann daher meine Suche auf ihn konzentrieren.«

»Ich stimme nicht ganz mit dir überein.«

»Und warum nicht?«

»Zunächst muss dir dieser Fall nicht unbedingt erlauben, den für die Sache Verantwortlichen genau zu benennen.«

»Ich kann dir nicht ganz folgen.«

»Wenn deine Maus aus den Bereichen *A*, *D*, *F* oder *I* entwischt ist, dann steht der Verantwortliche vollkommen fest, weil diese vier Bereiche einen Zugang zu genau einem Labor haben. Aber stell dir vor, dass die Flüchtige in den Bereichen *C*, *E* oder *G* losgelaufen ist. Da diese drei Bereiche jeweils zwei Laborzugänge aufweisen, hast du zwei mögliche Verantwortliche. Aber ich habe dir schon gesagt, dass du unglaubliches Glück hast, weil das uns vorliegende Szenario für dich ideal ist. Deine kostbare Maus ist in einem Bereich mit einem Zugang zu genau einem Labor entwischt.«

»Ich hatte doch aber recht, als ich sagte, dass der Fall, den wir analysieren, insofern ideal ist, als er es mir erlaubt, meine Suche auf einen bestimmten Ort zu konzentrieren.«

»Erneut stimme ich nicht ganz mit dir überein.«

»Hast du beschlossen, mir bei jeder meiner Behauptungen zu widersprechen?«

»Nein, überhaupt nicht. Ich werde dir aufzeigen, an welcher Stelle du ein Glückskind bist. Die Situation, die wir analysieren, hätte schlimmer für dich sein können. Du hast sie als ideal bezeichnet, obwohl sie dich zutiefst hätte deprimieren können.«

»Das musst du mir erklären.«

»Stell dir vor, dass der besondere Bereich, der keinen Laborzugang hat und dessen Anzahl der Eintritte nicht gleich der Anzahl der Austritte ist, der Bereich B ist. Du würdest deine Suche sofort stoppen können, denn das wahrscheinlichste Szenario wäre gewesen, dass eine Katze sich deine Maus als Zwischenmahlzeit ausgesucht hat.«

»Du hast erneut recht. Ich hatte den Fahrstuhl vergessen.«

»Ideal ist für dich allein das Szenario, in dem der Ausflug deiner Maus im Bereich H zu Ende gegangen ist, und genau das ist passiert. Als ich dir sagte, dass du ein Glückspilz bist, habe ich nicht gelogen.«

»Ich verstehe es jetzt besser. Hätte sich meine Maus in A, C, D, E, F, G oder I versteckt, hätte ich meine Suche auf zwei Bereiche konzentrieren müssen, was ein genaues Absuchen von vier Laboren und vier Abluftöffnungen nach sich gezogen hätte.«

»Insofern dieser Bereich nicht der Ort ist, von wo sie entwischt ist, denn sonst hättest du die gesamte Etage absuchen müssen, was ja deine Mannschaft gemacht hat, bis sie deine neuen Anweisungen erhielt.«

»Und wenn der zuletzt von meiner Maus besuchte Bereich der Bereich B gewesen wäre, hätte ich meine Maus abschreiben können. Du hast recht, ich habe viel Glück gehabt. Ich sollte mir heute unbedingt einen Lottoschein kaufen.«

»Dein Glück besteht außerdem in der Tatsache, dass der Startbereich deiner Maus genau einen Laborzugang aufweist.«

»Das stimmt, ich vergaß diesen wichtigen Punkt, der mir genau sagt, welcher meiner Praktikanten sich einer Intensivschulung im Käfigschließen unterziehen müssen wird. Übrigens hast du mir immer noch nicht gesagt, von wo die Maus entwischt ist.«

»Wie ich dir vorhin schon erklärt habe, handelt es sich um den Bereich, den die Maus ein Mal mehr verlassen hat, als sie in ihn zurückgekehrt ist. Der Käfig befand sich zwangsläufig in diesem Bereich.«

»Und wie bestimmt man, wie oft die Maus in einen Bereich hineingelaufen ist oder wie oft sie ihn verlassen hat?«

»Ich habe schon mit großer Ungeduld auf diese Frage gewartet. Die Antwort ist einfach: Man verwendet einen Graphen!«

»Ich hätte es ahnen müssen.«

Ich nehme mir meinen Bleistift und zeichne neun kleine Kreise auf eine neue Seite meines Notizblocks. »Bestimmt hast du schon erraten, was diese Kreise darstellen.«

»Das sind die Knoten deines Graphen. Ich denke, dass es einen für jeden Bereich gibt.«

»Bravo! Aus dir wird noch ein Experte. Ich werde die Knoten übrigens mit denselben Buchstaben kennzeichnen wie in dem Plan, den wir vor uns haben.«

»Und die Kanten in deinem Graphen, welchem Sachverhalt entsprechen sie diesmal?«

»Eine Kante in meinem Graphen steht für eine Bewegungsmeldung. Da Melder 1 zwei Bewegungen festgestellt hat, zeichne ich zwei Kanten zwischen *A* und *B*.«

»Woher weißt du, ob es sich um Bewegungen von *A* nach *B* oder von *B* nach *A* handelt? Das scheint mir wichtig, um die Eintritte und Austritte eines Bereichs zu zählen.«

»Ich bin vollkommen außerstande, die Richtung dieser Bewegung zu bestimmen. Die zwei Kanten zwischen *A* und *B* könnten bedeuten, dass sich die Maus zwei Mal von *A* nach *B* begeben hat oder zwei Mal von *B* nach *A* oder aber ein Mal von *A* nach *B* und ein Mal in entgegengesetzter Richtung.«

»Du kannst also die Eintritte und Austritte der Bereiche gar nicht zählen.«

»Geduld, du wirst gleich verstehen, worauf ich hinaus will. Für den Moment kann ich sagen, dass du recht hast.«

»Der Graph weist 24 Kanten auf, denn meine Melder haben 24 Bewegungen erfasst.«

»Das trifft zu. Hier siehst du übrigens, wie der Graph aussieht.

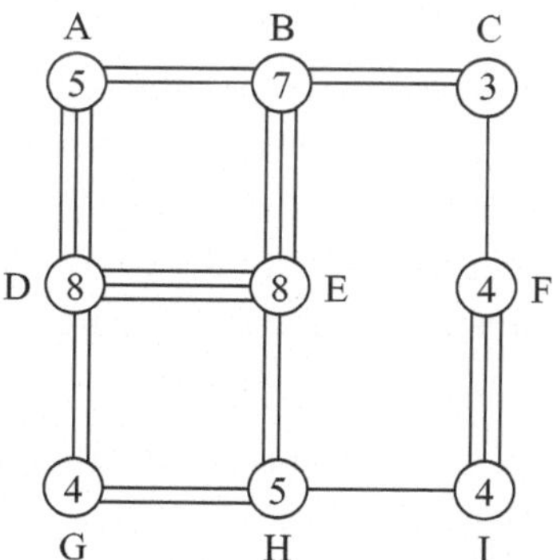

Ich habe in jeden Kreis eine Zahl geschrieben, die für die Anzahl der Kanten steht, die an jedem Bereich liegen. So steht im Knoten *F* eine 4, weil es eine Kante gibt, die *F* mit *C* verbindet, und drei Kanten, die *F* mit *I* verbinden.

Wenn du dich noch gut an unsere Unterhaltung von vorhin erinnerst: Wir haben beobachtet, dass der Weg der Maus, wie auch immer er im Detail aussehen mag, nur zwei Arten von Bereichen haben kann: Bereiche, deren Anzahl der Eintritte gleich der Anzahl der Austritte ist, und Bereiche, die einen Eintritt oder einen Austritt mehr haben.«

»Ja, ich erinnere mich sehr gut daran.«

»Nehmen wir zum Beispiel den Bereich F. Da es vier Kanten gibt, die an diesem Bereich liegen, ist die einzige Möglichkeit, dass die Maus zwei Mal hineingelaufen und zwei Mal hinausgelaufen ist. Tatsächlich sind alle Bereiche mit einer geraden Kantenzahl Bereiche, die die Maus nur durchlaufen hat. Sie entsprechen weder dem Bereich, aus dem sie entkommen ist, noch dem Bereich, in dem sie angekommen ist.«

»Ich habe verstanden, das ist wie in deinen Kritzeleien. Deine Knoten, an denen eine gerade Anzahl von Kanten liegt, entsprechen Überschneidungspunkten deiner Kurve, die, wie wir gesehen haben, eine gerade Anzahl von Strichen haben, die an ihnen liegen.«

»Ich sehe, dass du es verstanden hast. Die Bereiche D, E, F, G und I kommen also als Startbereich nicht in Frage.«

»Und die beiden übrigen Bereiche... Es gibt aber ein Problem! Du hast mir gesagt, dass es nicht mehr als zwei besondere Bereiche geben kann, in denen sich die Anzahl der Eintritte von der Anzahl der Austritte unterscheidet. Ich sehe hier, dass uns vier Bereiche bleiben, nämlich A, B, C und H.«

»Ja, du hast recht.«

»Trotzdem hast du mir vorhin gesagt, dass du keine Ungereimtheiten festgestellt hast.«

»Du hast schon wieder recht. Aber wenn du dich recht erinnerst, habe ich dir einige Fragen darüber gestellt, wie die Alarmanlage aktiviert und deaktiviert wird.«

»Ja, ich erinnere mich daran. Es war übrigens unmittelbar nach meinen Erläuterungen, dass du mir verkündet hast, zu wissen, wo sich meine Maus versteckt.«

»Nach dem, was du mir gesagt hast, ist der Wachmann, der in dieser Nacht aufgrund der wiederholten Alarme vorbeigekommen ist, um die Räumlichkeiten zu inspizieren, unter dem Melder 2 hindurchgelaufen, um die Anlage zu deaktivieren. Diese Bewegung ist erfasst worden. Die Anzahl der Durchläufe der Maus zwischen den Bereichen B und C reduziert sich also auf eins anstelle von zwei, weil die zweite Bewegung unter dem Melder 2 durch den Wachmann ausgeführt wurde.«

»Man muss daher eine Kante zwischen den Bereichen B und C streichen. Ist es das, was du mir zu erklären versuchtest?«

»Nun, ja! Ebenso deinen Erklärungen zufolge ist der Wachmann erneut unter dem Melder 2 hindurchgelaufen, nachdem er die Alarmanlage wieder in Betrieb genommen hatte. Diese Bewegung ist aber nicht erfasst wurden, weil er die Räumlichkeiten nach der Aktivierung innerhalb von einer Minute verlassen hat. Auf jeden Fall war er die Zählerstände durchgegangen, bevor er sich wieder auf den Weg machte und bevor die Zähler durch die Aktivierung auf null zurückgesetzt wurden. Daher muss man keine zweite Kante zwischen B und C streichen.«

»Es ist soweit, ich habe es verstanden. Wenn man diese Kante zwischen B und C streicht, weisen die beiden zugehörigen Bereiche nur noch eine gerade Anzahl von Durchläufen auf: Es sind sechs für B und zwei für C. Die einzigen besonderen Bereiche sind also nur noch A und H.«

»Und hier kannst du sicher nachvollziehen, inwiefern du ein Glückskind bist. Der Bereich A bietet nur Zugang zu Labor 1, das folglich dem Ort entspricht, an dem deine Maus entwischt ist. Da der Bereich H keinen Laborzugang hat, nicht in der Nähe des Fahrstuhls liegt und nur eine Abluftöffnung aufweist, lässt sich die Maus dort bestimmt finden.«

»Ich habe alles kapiert. Aber wie hast du es geschafft, zu diesem Schluss zu kommen, ohne den kleinsten Graphen zu zeichnen? Als du mir die gute Neuigkeit mitgeteilt hast, hattest du noch nichts auf deinen Notizblock geschrieben.«

»Ich bin in der Lage, Graphen in meinem Kopf zu zeichnen. Derjenige, den ich hier vor dir entwickelt habe, diente nur zur Unterstützung meiner Argumentation, damit du meinen Gedankengang nachvollziehen kannst.«

»Maurice, du bist ein Genie. Du befindest dich hunderte von Kilometern von meinem Labor entfernt, und du bist in der Lage, mir aus so großer Entfernung zu sagen, wie der Weg meiner Maus verlaufen ist.«

»Nein, Sébastien, den genauen Wegverlauf kenne ich nicht. Ich kann dir einfach nur sagen, dass sie den Bereich A verlassen hat, um sich im Bereich H zu verstecken. Für den Weg, dem die Maus gefolgt ist, gibt es hingegen zahlreiche Möglichkeiten. Hier sind zum Beispiel zwei davon.«

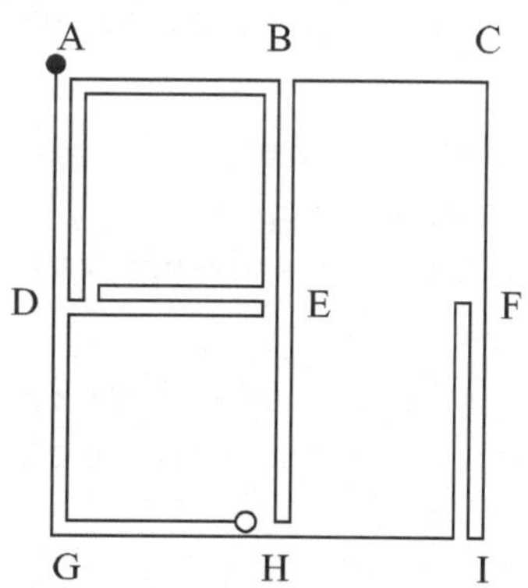

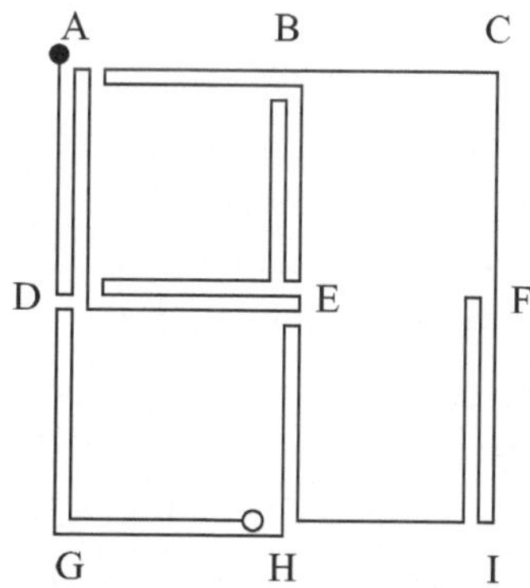

Als Courtel meine Zeichnungen bewundert, klingelt sein Telefon erneut. »Es ist Marseille. Ich wette, dass sie die Maus gefunden haben. Entschuldige mich zwei Sekunden.

Courtel am Apparat... Nun, ihr habt sie wiedergefunden? Ich habe es euch doch gesagt... Was ich fragen wollte, es ist doch Simonet, der für Labor 1 verantwortlich ist?... Na gut! Er wird bei meiner Rückkehr von mir hören... Wie ich es geschafft habe herauszufinden, wo sie sich versteckt hat? Das ist allerdings einfach. Ihr wisst doch, dass man genauso oft in einen Raum hineingeht, wie man ihn verlässt... Wie, ihr versteht nichts? Das ist wie in unseren Abteilungen, an einem Tag wird man aufgenommen und manchmal ist man schneller wieder draußen als gedacht. In jedem Fall könnt ihr Simonet ausrichten, sollte er bei meiner Rückkehr keine handfeste Erklärung haben, wodurch es zur Öffnung des Käfigs kommen konnte, dann kann er seine Sachen aufräumen und sich woanders einen Job suchen... Nach allem was ich weiß, ist er der Schuldige. Ich werde es euch bei meiner Rückkehr erklären.«

Nachdem er aufgelegt hat, beginnt Courtel lauthals zu lachen. »Ich denke, dass Simonet die Angst seines Lebens haben wird. Ich hoffe, dass ihm das eine Lehre sein wird. Er wird sich keinen zweiten Fehler dieses Ausmaßes leisten können. Hätte ich die Maus nicht wiedergefunden, dann hätte ich ihn wahrscheinlich wirklich entlassen.«

»Deinen Worten habe ich entnommen, dass sie die Maus wiedergefunden haben.«

»Ja, sie haben den Roboter in die Abluftöffnung gesetzt. Es hat nur ein paar Minuten gedauert, unsere Ausreißerin ausfindig zu machen. Als sie die Maus zurückholten, schien sie verängstigt zu sein, am ganzen Leibe zitternd.«

»Ich kann mir vorstellen, dass sie den Roboter für ein Monster gehalten hat, oder schlimmer noch, für eine Katze.«

»Nun, ich hoffe meinerseits, dass auch Simonet wie Espenlaub zittert. Sein Gehirn muss doch kaum größer sein als das der Maus.«

»Du solltest trotzdem nicht allzu streng mit ihm sein. Irren ist menschlich. Und dann kannst du dich glücklich schätzen, dass du imstande gewesen bist, dem Schuldigen einen Namen zu geben. Wie wir gesehen haben, hätten dir andere Szenarien diese Möglichkeit nicht gegeben.«

»Auf jeden Fall ist es mir wichtig, dir von ganzem Herzen zu danken. Ich glaube, dass es mir nicht gelungen wäre, vor meiner für morgen Vormittag geplanten Rückkehr nach Marseille an etwas anderes zu denken. Ich werde nun einen Tag und einen letzten Abend angenehm verbringen können.«

Ich schaue auf meine Uhr. »Es ist 9.40 Uhr. Auf der Tagung ist es bald Zeit für die Kaffeepause. Machen wir uns dorthin auf den Weg, wir könnten gleich an der zweiten Reihe der Sitzungen des heutigen Vormittags teilnehmen.«

»Ich werde mir lieber einen Pastis an der Bar genehmigen. Ich brauche einen guten Stärkungstrunk. Komm, ich lade dich ein. Ich verspreche dir, dass wir zu den Vorträgen ab 10.15 Uhr rechtzeitig da sein werden.«

Als wir uns zur Bar begeben, lacht Courtel schon wieder über diese ganze Sache. Mir wird plötzlich klar, dass es schon die zweite Person ist, die ich an diesem Vormittag zum Lachen gebracht habe. Es war zuallererst Cindy, die ihr Lachen wiedergefunden hat, und nun ist es Courtel, der sich so erleichtert fühlt, seine Maus wiederbekommen zu haben. Der Tag hat wirklich gut begonnen.

7 Der Kapuzenmann

Der Polizeibetrieb hat von den wissenschaftlichen Fortschritten der letzten beiden Jahrhunderte unwahrscheinlich profitiert. Unaufhörlich haben sich die Methoden zur Identifikation von Personen und der Indizienrecherche verbessert. So wurde es zunehmend einfacher, Personen anhand verschiedener Indizien zu identifizieren, darunter – selbst winzigste – biologische und chemische Spuren. Auch die Ermittlung des Todeszeitpunkts bei einem Leichenfund hat ein solches Präzisionsniveau erreicht, dass sich damit die Liste der Verdächtigen beachtlich reduzieren lässt. Früher, in Wirklichkeit ist es noch gar nicht so lange her, reichte eine Zeugenaussage oder ein Schuldgeständnis, um Richter und Geschworene zu überzeugen. Heute ist der wissenschaftliche Beweis zu einem unverzichtbaren Bestandteil kriminalistischer Ermittlungen geworden.

Obwohl es stimmt, dass die Naturwissenschaften im gegenwärtigen Polizeibetrieb einen wichtigen Platz einnehmen, haben mir die Vorträge dieses Vormittags gezeigt, dass es keine Ermittlung ohne Teamarbeit gibt. Jeder hat sein Spezielgebiet, sei es nun die Ballistik, die Graphologie, die Kryptographie oder die Untersuchung von organischen Überresten. Jeder kann seinen Beitrag dazu leisten, eine Ermittlung voranzubringen. Ich gebe jedoch offen zu, den Vorträgen nur mit einem halben Ohr zugehört zu haben. Meine Gedanken schweiften, und ich hatte Mühe, mich zu konzentrieren. Isabelle und die Kinder fehlen mir, und ich bin nicht traurig, morgen nach Hause zurückzukehren. Ich habe die Mittagspause genutzt, um meine Sachen zu sortieren. So werde ich heute Abend eine halbe Stunde früher packen können, was mir die Möglichkeit geben wird, einen letzten langen und angenehmen Abend am Ufer des Sees zu verbringen. Gegenwärtig bereite ich mich auf das zweite Treffen meiner Arbeitsgruppe ›Gestohlenes und Verschwundenes‹ im Rahmen der Sektionen ›Ungelöste Fälle‹ vor. Natürlich war ich von unserer ersten Sitzung begeistert, in der ich meinen Kollegen demonstrieren konnte, dass die Graphen bei bestimmten Ermittlungen wirklich nützlich sein können. Ich kann es kaum erwarten, etwas über den neuen Fall zu erfahren, den man uns nun vorstellen wird.

Beim Betreten des Raumes bemerkte ich Inspektor Morard, der die Montagssitzung geleitet hat. Er ist mit einem Mann um die vierzig ins Gespräch vertieft, der Anzug und Krawatte trägt, sowie sehr dicke Brillengläser, die wahrscheinlich eine starke Kurzsichtigkeit korrigieren. Ich glaube nicht, dieser Person auf der Tagung schon begegnet zu sein. Was Courtel angeht, so hat er an derselben Stelle Platz genommen wie vorgestern und mit großer Freude unterbreitet er mir den Vorschlag, in dieser letzten Arbeitssitzung sein Platznachbar zu sein. Obwohl die Gespräche überall in vollem Gange sind und ein wahrhaftes Stimmengewirr bilden, sieht Morard auf die Uhr und möchte uns unbedingt beweisen, dass die berühmte Schweizer Pünktlichkeit keine Legende ist. »Meine Damen und Herren, darf ich Sie um Ruhe bitten. Es ist genau 14 Uhr, und ich will höchstens die zwei vor uns liegenden Stunden dafür verwenden, die Ermittlungen in dem Fall voranzubringen, den ich Ihnen heute gern vorstellen möchte.«

Ungefähr dreißig Sekunden dauert es, bis sich das letzte Geflüster gelegt hat, dann ergreift wieder Morard das Wort. »Ich möchte zuerst den Ausgang des Falls bekanntgeben, mit dem wir uns vorgestern befasst haben. Ermittler Bonneau hat mich soeben darüber informiert, dass sein Team bei Madame Tait eine Wohnungsdurchsuchung vorgenommen hat. Sie haben die gestohlenen Akten sofort gefunden, weil Madame Tait mit dem Besuch der Polizei nicht gerechnet hatte. Madame Tait wurde unverzüglich festgenommen. Sie hatten also recht, Manori, die Schuldige war tatsächlich unsere Verdächtige Nummer 1.

Ich möchte Ihnen heute gern meinen Kollegen, Inspektor Antille, von der Kantonspolizei Wallis vorstellen. Liebenswürdigerweise hat er die Reise von Sion (*deutsch* Sitten) auf sich genommen. Für diejenigen, die es noch nicht wissen: Sion befindet sich ungefähr 100 Kilometer von hier entfernt, flussaufwärts der Rhône. Er hat diese weite Reise trotz seines sehr vollen Zeitplans unternommen.«

Morards letzte Bemerkung lässt mich schmunzeln. Eine Reise über eine Entfernung von 100 Kilometern würde man in Québec nie als ›weit‹ bezeichnen. Schon die Ile de Montréal hat allein eine Länge von etwas mehr als 50 Kilometern. Zudem pendeln unzählige Menschen regelmäßig zwischen Montréal und Québec, was ungefähr dem Durchqueren der Schweiz von Nord nach Süd entspricht. Der Begriff der Entfernung wird von einem Kontinent zum anderen offenbar sehr verschieden wahrgenommen. Aber ich muss mich wieder auf unseren Fall konzentrieren, wenn ich in der Lage sein will, meinen Beitrag zu leisten.

Morard, der mein Schmunzeln nicht bemerkt hat, setzt die Vorstellung seines Spezialgastes fort. »Der Fall, den wir heute behandeln werden, war Gegenstand gründlicher Ermittlungen des Teams um Inspektor Antille. Aus diesem Grund habe ich mir gedacht, dass er der Kompetenteste ist, wenn es darum geht, uns den Sachverhalt zu schildern und auf die Fragen zu antworten, die Sie nicht versäumen werden zu stellen. Ich habe Inspektor Antille von dem unerwarteten Erfolg erzählt, den wir letzten Montag bei der Behandlung des Diebstahls aus dem Lausanner Kantonsarchiv hatten. Ich habe ihm auch zu verstehen gegeben, dass er sich weder zu viele Illusionen machen noch mit einem Wunder rechnen soll. Wir werden seine Ermittlungen wahrscheinlich voranbringen können, aber es wäre trotzdem verwunderlich, wenn es uns erneut gelänge, den Fall in zwei Stunden aufzulösen. Ich möchte nicht noch mehr Zeit in Anspruch nehmen und übergebe das Wort daher an meinen Walliser Kollegen.«

Nachdem er uns begrüßt und sich bedankt hat, dass wir unsere Zeit für den Versuch verwenden, ihm bei dem Fall zu helfen, der ihm sehr zu schaffen macht, beginnt Antille mit seiner Schilderung des Sachverhalts. »Am 17. Februar diesen Jahres, genau 17.58 Uhr war Madame Rossier gerade dabei, ihren kleinen Lebensmittelladen in der Rue du Midi 42 zu schließen, als plötzlich ein Mann mit einer Kapuze vor ihr stand. Er bedrohte Madame Rossier mit einer Pistole und drängte sie, ihm das Geld aus der Kasse zu übergeben. Dem Unbekannten gelang es, zu Fuß zu flüchten, wobei er mehrere Hundert Franc davontrug.«

Mit gesenkter Stimme sagt Courtel zu mir: »Dieser Antille sollte mal bei uns in Marseille vorbeikommen. Raubüberfälle dieser Art hat man dort mehrmals täglich, und die Beute ist üblicherweise viel höher. Ich finde es bizarr, dass man an uns appelliert, einen solchen Fall zu lösen, der mir von geringerer Bedeutung zu sein scheint. Ich fühle nur mit Madame Rossier.«

»Pst, Sébastien, er ist mit seiner Beschreibung des Sachverhalts noch nicht fertig. Vielleicht ist der Fall nur am Anfang so.«

Man könnte meinen, dass Inspektor Antille Courtels Worte vernommen hat, denn er fährt unverzüglich fort: »Ich glaube, an dieser Stelle sind Sie alle darüber erstaunt, dass man Sie bittet, an einem Raubüberfall in einem kleinen Lebensmittelladen zu arbeiten, der dem Täter nur ein paar Hundert Franc gebracht hat. Ich muss Ihnen an dieser Stelle etwas über das sionische Gefängnissystem erzählen.«

»Was soll das heißen ›sionisch‹?«, fragt mich Courtel.

»Ein Sioner, mein lieber Sébastien, ist ein Einwohner der Stadt Sion.«

»Sion?«

»Du lebst noch hinter dem Mond, oder? Du hast dich wohl noch nicht ganz vom Ausflug deiner Maus erholt? Wärst du aufmerksamer gewesen, wüsstest Du, dass Antille aus dieser Stadt kommt und dass es dieser Ort ist, an dem sich der Raubüberfall ereignet hat. Das Wort ›sionisch‹ wird auch als Adjektiv verwendet, um alles zu bezeichnen, was sich auf die Stadt Sion bezieht. Antille wird uns also etwas über die Gefängnisse seiner Stadt erzählen.«

Antille rückt seine Brille zurecht, bevor er ein Foto der Stadt Sion an die Wand projiziert, die an den beiden Felsen, an die sich die Altstadt schmiegt, leicht erkennbar ist. »Auf dem linken Felsen sehen Sie die Festung Tourbillon, während man auf dem rechten das Schloss und die Basilika von Valère erkennen kann. Diese beiden Wahrzeichen der Stadt Sion, die auf den Hügeln trohnen, zeugen von der bewegten Vergangenheit der Hauptstadt des Kantons Wallis.«

»Das ist doch wunderschön«, flüstert Courtel mir zu.

»Du solltest bei deiner nächsten Reise in die Schweiz eine Fahrt durch das Wallis machen. Ich versichere dir, der Abstecher wird sich lohnen.«

»Das Gefängnis des Kantons Wallis«, fährt Antille fort, »befindet sich in Sion, angeschmiegt an den Felsen Valère. Das Gefängnis hat eine Kapazität von ungefähr 100 Plätzen: 58 Plätze für die Untersuchungshaft, die sich im Anfang des Jahrhunderts erbauten ›neuen‹ Gefängnis befindet, und 42 Plätze für den offenen Vollzug, der sich im alten Gefängnis befindet, das zwischen 1776 und 1780 erbaut wurde.«

»Was genau verstehen Sie unter offenem Vollzug?«, fragt Andrews.

»Der offene Vollzug ist eine Vollzugsform, die es einer zu einer Haftstrafe verurteilten Person erlaubt, sich während einer gewissen Zeit des Tages ohne ständige Aufsicht außerhalb einer Strafvollzugsanstalt aufzuhalten, um im Hinblick auf die soziale Widereingliederung beispielsweise eine Berufsausbildung zu machen oder ein Praktikum zu absolvieren oder einer zeitweiligen Beschäftigung nachzugehen. Die Gefangenen im offenen Vollzug können auch gemeinnützige Tätigkeiten in einem Krankenhaus oder einem Altersheim verrichten.«

»Wenn ich richtig verstehe«, sagt Andrews, »erlaubt es der offene Vollzug eine Berufsausbildung sicherzustellen, und zwar unter der Zielsetzung, den Gefangenen das Leben nach ihrer Entlassung zu erleichtern.«

»Das ist tatsächlich eines der Hauptziele. Aber man gewährt Gefangenen einen offenen Vollzug auch, um die Fortsetzung einer medizinischen Behandlung zu gewährleisten oder um ihnen ein wenig die Teilnahme an ihrem Familienleben zu ermöglichen.«

»Und wem wird so eine Vollzugsform zuteil?«, fragt Costello.

»Das sind in der Regel Personen, die zu einer geringen Haftstrafe von bis zu einem Jahr verurteilt wurden oder denen in einigen Monaten die Entlassung bevorsteht.«

»Ist das für die Bevölkerung nicht gefährlich?«, fragt Schwarz.

»Die Gefangenen im offenen Vollzug haben Auflagen. Beispielsweise müssen sie nach der Zeit für die vorgesehenen Aktivität in das Gefängnis zurückkehren. Sie müssen im Gefängnis bleiben, wenn die vorgesehene Aktivität aus irgendeinem Grund nicht stattfinden kann.«

»Und was ist, wenn sie diese Auflagen nicht erfüllen?«, fragt Schwarz weiter.

»Jeder Verstoß gegen die Regeln kann zur unverzüglichen Unterbrechung dieser besonderen Vollzugsform führen. Falls er nicht zur vorgesehenen Zeit in die Anstalt zurückkehrt, kann der Gefangene im offenen Vollzug als flüchtig betrachtet werden und hat disziplinarische und gerichtliche Strafen zu erwarten.«

Antille unterbricht für einige Sekunden seinen Bericht und nimmt sich Zeit, uns zu betrachten. Er zieht seinen Krawattenknoten etwas fest, bevor er erklärt: »Ich kann an Ihren Gesichtern ablesen, dass manche von Ihnen bereits erraten haben, warum ich Ihnen von diesem Gefängnis und dieser Vollzugsform erzähle. Ja, der Raubüberfall des Lebensmittelgeschäfts von Madame Rossier wurde von einem unserer Gefangenen verübt, dem diese Vollzugsform zuteil wird.«

»Sie kennen den Schuldigen also«, hakt Courtel ein.

»Nein«, antwortet Antille, »sonst würde ich nicht vor Ihnen stehen, in der Hoffnung, Hilfe von so großen Spezialisten zu erhalten, wie Sie es sind.«

»Das verstehe ich nicht ganz«, fügt Courtel hinzu. »Woher wissen Sie, dass es sich um einen Ihrer Gefangenen handelt, wenn Ihnen der Schuldige unbekannt ist?«

»Dazu komme ich gleich«, antwortet Antille. »Ich habe zwei unwiderlegbare Beweise, dass der Täter des Raubüberfalls einer unserer Gefangenen ist. Den ersten hat mir Madame Rossier gegeben. Denn als der Räuber seinen Arm hob, rutschte der Ärmel seines Hemdes etwas zurück und gab den Blick auf ein kleines rotes Armband frei, das alle unsere Gefangenen im offenen Vollzug tragen müssen. Man muss wissen, dass uns Madame Rossier seit etlichen Jahren regelmäßig mit Lebensmitteln aus ihrem Geschäft beliefert. Sie kennt unsere Anstalt gut sowie viele unserer Räumlichkeiten. Sie hat diese Armbänder oft am Handgelenk unserer Gefangenen gesehen und kennt sich in deren Bedeutung aus. Als wir sie befragten, hat sie diesen Punkt gleich erwähnt. Wir haben unsere Ermittlungen daher damit begonnen, die Aktivitäten der Gefangenen nachzuverfolgen, die an dem betreffenden Tag Ausgang hatten.«

»Wir haben genau 17 Verdächtige, auch wenn ich der festen Überzeugung bin, dass den Raubüberfall nur Pellegrini begangen haben kann. Kommen wir auf den Tag des 17. Februar zurück. An diesem Tag haben 17 Gefangene das Gefängnis verlassen, um gemeinnützige Tätigkeiten im Krankenhaus zu verrichten. Sie müssen wissen, dass nicht überwacht wird, wann sie ihre Arbeit beginnen und beenden. Außerdem ist es jedem freigestellt, sich für ein Krankenhaus seiner Wahl zu entscheiden. Wir haben die Verantwortlichen der verschiedenen Kliniken und medizinischen Einrichtungen in Sion befragt. Wir haben ihnen Fotos unserer Gefangenen gezeigt, um herauszufinden, ob sie sich daran erinnern, am Tag des 17. Februar einen oder mehrere von ihnen gesehen zu haben. Leider haben sie so viele Leute herumlaufen sehen, dass sie natürlich nicht auf die Köpfe der Gefangenen geachtet haben, die an diesem Tag für sie gearbeitet haben.«

»Wissen sie nicht wenigstens, wie viele eurer Gefangenen für sie gearbeitet haben?«, fragt Despontin.

»Ja, antwortet Antille. In der Tat ist das die einzige Information, die sie uns geben konnten. Ein Mal pro Woche verrichten unsere Gefangenen diese gemeinnützige Tätigkeit und die betreffenden Einrichtungen rechnen die von ihnen geleisteten Stunden ab. Um genauer zu sein, schreiben sie die Anzahl der aus unserem Gefängnis stammenden Personen auf, die für sie in ihrer Einrichtung tätig gewesen sind. Am Ende jedes Monats wird diese Abrechnung an die Stadtverwaltung geschickt, die uns einen schmalen Zuschuss für geleistete gemeinnützige Arbeit gewährt.«

»Und konnten Sie die Abrechnung für den 17. Februar erhalten?«, fragt Despontin.

»Ja, und ich habe damit meinen zweiten Beweis, dass der Raubüberfall von einem unserer Gefangenen verübt wurde. Es zeigt sich, dass die Gefangenen nur an drei verschiedenen Orten gearbeitet haben: in der Klinik de Valère, im medizinischen Zentrum Cerisiers und im Krankenhaus von Sion. Die Anzahl der aus unserem Gefängnis stammenden Personen, die am 17. Februar für diese drei Einrichtungen gearbeitet haben, ist 3, 6 und 7.«

»Das ergibt insgesamt 16 und nicht 17«, sage ich.

»Also leite ich daraus ab«, sagt Antille, »dass einer der 17 Gefangenen, wahrscheinlich Pellegrini, sich nicht dorthin begeben hat, wo er seinen Nachmittag hätte verbringen sollen. Er hat somit gegen die Regeln verstoßen.«

»Wenn ich richtig verstehe«, sagt Andrews, »suchen Sie den Räuber nicht, um Madame Rossier ein paar Hundert Franc zurückzugeben. Vielmehr sind Sie daran interessiert herauszufinden, welcher Ihrer Gefangenen seine Auflagen verletzt hat.«

»Sie haben die Situation vollkommen verstanden. Es geht dabei um die Glaubwürdigkeit unseres gesamten offenen Strafvollzugs. Diese ganze Sache basiert auf Vertrauen, was erklärt, dass unsere Gefangenen nicht überwacht werden, wenn sie einer Berufsausbildung nachgehen oder eine gemeinnützige Tätigkeit ausüben. Ein Gefangener hat dieses Vertrauen missbraucht, und es ist wichtig, dass er eine exemplarische Strafmaßnahme aufgebrummt bekommt.«

»Sie haben zwei Mal einen Gefangenen Namens Pellegrini erwähnt. Warum verdächtigen Sie ihn mehr als die anderen?«, fragt Schwarz.

»Pellegrini ist ein schwerer Wiederholungstäter. Auf sein Konto gehen schon mehrere Raubüberfälle von Tankstellen und kleineren Geschäften. Seine letzte Strafe beläuft sich auf zwei Jahre Gefängnis. Es bleiben ihm nicht mehr als drei Monate bis zu seiner Entlassung, was erklärt, warum ihm diese Form des offenen Vollzugs zuteil wird.«

»Sie haben jedoch keinen Beweis für seine Täterschaft«, bemerkt Despontin. »Außerdem kann ich mir vorstellen, dass die anderen 16 Verdächtigen auch keine Unschuldslämmer sind.«

»Sie haben recht. Dennoch möchte ich erwähnen, dass wir die 17 Gefangenen befragt haben, und meine Überzeugung hat sich nach den Ergebnissen dieser Befragungen nur gefestigt.«

»Kann man die Details der vertraulichen Gespräche erfahren?«, erkundigt sich Costello.

»Ja, natürlich. Das sind übrigens die letzten Informationen, die ich Ihnen geben kann. Gleich werden Sie damit auf demselben Stand sein wie ich, und wir werden sehen, ob ihre Arbeitsgruppe in der Lage sein wird, unsere Ermittlungen voranzubringen, die schon zu lange festgefahren sind.

Ich habe begonnen, jeden Gefangenen nach den Namen der Kameraden zu fragen, mit denen er am 17. Februar gearbeitet hat. Wie ich erwartet hatte, haben mir alle geantwortet, dass sie sich nicht genau erinnern, mit wem sie an diesem Tag zusammen gewesen sind. Es ist so, dass sich die Gruppen jede Woche ändern, weil sich jeder eine Einrichtung aussuchen kann, in der er arbeiten wird. Außerdem arbeiten die Gefangenen in einer Woche für die Krankenhäuser, in einer anderen für die Altersheime und in einer weiteren für die kommunalen Einrichtungen.«

»Wäre es nicht viel einfacher, jeden Gefangenen zu fragen, wo er am 17. Februar gearbeitet hat?«, äußert sich Despontin. »So hätten Sie ihre Aussagen mit den Zahlen 3, 6 und 7 vergleichen können, die Ihnen die medizinischen Einrichtungen geliefert haben.«

»Tatsächlich«, antwortet Antille, »fügen sie sich einem inoffiziellen Verhaltenskodex, nach dem Denunzianten nicht gut angesehen sind. Sie wissen sehr wohl, dass es, wenn sie mir ihren Arbeitsort angeben, zwangsläufig eine medizinische Einrichtung geben würde, für welche die Anzahl der Gefangenen, die vorgeben dort gearbeitet zu haben, größer wäre als die uns gelieferte tatsächliche Anzahl. Ich könnte so die Liste der Verdächtigen auf eine sehr beschränkte Untermenge von Personen reduzieren. Sie sind keine Idioten und haben sich daher geweigert, mir diese Information zu geben, um nicht als Denunzianten zu gelten. Aus demselben Grund haben sie es abgelehnt mir zu sagen, mit wem sie am 17. Februar gearbeitet haben, was mir unschwer erlaubt hätte, den Räuber zu benennen. Diese erste Befragung hat also nichts gebracht.«

»Und wie gedachten Sie, ihnen die Zunge zu lösen?«, fragt Courtel.

»Ich habe Ihnen gegenüber bereits die Anzahl der Gefangenen erwähnt, welche die drei Einrichtungen an diesem Tag gemeldet haben, nämlich 3, 6 und 7. Ich habe den Gefangenen vorgeschlagen, uns auf halbem Wege entgegenzukommen. Ich habe den Gefangenen gesagt, dass ich nachvollziehen kann, wenn man sich nicht genau an die zwei bis sechs Arbeitskameraden erinnert. Ich kann verstehen, dass man lieber keinen Namen nennt, anstatt eine unvollständige Liste abzugeben, womit man riskieren würde, unseren Verdacht auf die in der Liste fehlenden Namen zu lenken. Dagegen hat jeder mit maximal sechs der 16 anderen Gefangenen zusammengearbeitet, und es gibt daher für jeden Gefangenen eine Menge von mindestens zehn Personen, mit denen er am Nachmittag des 17. Februar nicht zusammengearbeitet hat.«

»Das verstehe ich nicht ganz«, sagt Despontin. »Wenn Ihnen jeder die Liste der Leute gibt, mit denen er nicht gearbeitet hat, dann ist das genau dasselbe, wie Ihnen die Liste der Arbeitskameraden zu geben. Ich sehe nicht, worin in diesem Vorschlag das ›auf halbem Wege entgegenkommen‹ liegen soll, um Ihre Redewendung aufzugreifen.«

»Ich habe vorgeschlagen, dass mir jeder nicht die vollständige Liste der Personen gibt, mit denen er nicht zusammengearbeitet hat, sondern einzig eine Untermenge von vier Personen, also weniger als die Hälfte der möglichen Personen. Ich habe ihnen gesagt, dass ich verstehen kann, dass das Erinnerungsvermögen machmal ein bisschen schwach ist, aber sich an vier Namen von mindestens zehn zu erinnern, erscheint mir wesentlich leichter, als die genaue Liste der Arbeitskameraden abzugeben.«

»Und haben sich die Gefangenen darauf eingelassen?«, fragt Courtel.

»Ich musste gewichtige Argumente vorbringen. Ich habe ihnen gesagt, dass wenn sie nicht kooperieren würden, dann ihr offener Vollzug vorläufig bis auf weiteres außer Kraft gesetzt würde. Einige sind schwerer zu überzeugen gewesen als andere, aber am Ende habe ich von meinen 17 Verdächtigen diese Listen mit vier Personen erhalten.«

»Kann man sie sehen?«, fügt Courtel hinzu.

»Ja, ich habe das ganze übrigens in eine elektronische Form gebracht.«

Antille rückt erneut seine Brille zurecht, die etwas über seine Nase gerutscht war. Er greift nach der Computermaus, die nur auf ihren Einsatz gewartet hat und klickt schließlich den gesuchten Ordner an. »Ah! Hier sind diese berühmten Listen.

Name	Liste
A	F, G, H, O
B	A, C, G, H
C	D, J, K, M
D	C, E, P, Q
E	D, F, K, O
F	A, E, G, H

Name	Liste
G	C, E, F, J
H	E, F, I, K
I	A, G, K, L
J	G, I, L, P
K	G, H, L, Q
L	J, M, N, O

Name	Liste
M	A, C, L, N
N	D, L, O, P
O	E, L, N, Q
P	D, J, M, N
Q	D, K, N, O

Beachten Sie, dass ich es vorgezogen habe, Ihnen die Namen unserer Gefangenen nicht anzugeben. Nicht, dass diese Informationen geheim bleiben müssten, aber ich glaube kaum, dass Ihnen diese Art von Information nützlich sein würde. Ich habe mich entschieden, die ersten 17 Buchstaben des Alphabets von *A* bis *Q* zu verwenden. Ich bin gespannt, ob Sie schnell herausfinden können, welchen Buchstaben ich Pellegrini zugeordnet habe.«

Wie eifrige und strebsame Schüler schreiben wir all die Informationen auf die Notizblöcke, die man uns vorsorglich bereitgelegt hat. Eine gute Minute vergeht, bevor Costello eine erste Bemerkung macht. »Ich wette, dass sich Ihr Pellegrini hinter dem Buchstaben *G* oder *L* verbirgt.«

»Bravo, antwortet Antille. In der Tat ist es der Buchstabe *G*, den ich Pellegrini zugeordnet habe. Können Sie uns schildern, wie Sie zu diesem Schluss gekommen sind?«

»Aber sehr gern. Ich habe ganz einfach gezählt, wie oft jeder in einer Liste erscheint. Ein Gefangener, der von vielen seiner Kameraden nicht gesehen wurde, ist mit größter Wahrscheinlichkeit der Räuber, nach dem wir suchen. Wenn ich mich nicht irre, sind das die Ergebnisse der Zählung.«

Costello begibt sich zum Projektor und präsentiert uns die nachfolgende Tabelle.

Name	A	B	C	D	E	F	G	H	I	J	K	L	M	N	O	P	Q
Anzahl	4	0	4	5	5	4	6	4	2	4	5	6	3	5	5	3	3

»Mein Gedankengang ist wie folgt«, sagt er. »Hätte jeder Gefangene die vier Namen rein zufällig ausgewählt, müsste jeder Name im Durchschnitt etwa vier Mal genannt werden. Wenn 17 Personen je vier Namen angeben, erhalten wir nämlich eine Liste mit 68 Namen, die bei gleichverteilten Namen für jede Person vier Nennungen enthalten müsste. Ein Name, der mehr als vier Mal auftaucht, liegt also über dem Durchschnitt und das besagt, dass es sich um eine Person handelt, die von einer ›großen‹ Anzahl seiner Kameraden nicht gesehen wurde. Je weiter die Zahl von diesem Durchschnitt entfernt liegt, desto wahrscheinlicher ist es, dass diese Überlegung zutrifft.«

»Da bin ich nicht ganz Ihrer Meinung«, sage ich.

»Ich bin kein Mathematiker«, erwidert Costello, »aber mir scheint, dass jemand, der von den anderen 16 Gefangenen nicht gesehen wurde, am wahrscheinlichsten der von uns gesuchte Räuber sein muss, verglichen mit jemandem, der auf keiner Liste eines anderen Gefangen auftaucht.«

»In dieser Hinsicht haben Sie recht«, sage ich. »Aber es geht hier nicht um Wahrscheinlichkeiten, sondern um Beweise. Stellen Sie sich beispielsweise vor, dass der Räuber auf keiner Liste vorkommt. Zwar hat ihn keiner gesehen, aber jeder hat vier Namen von Kameraden aus einer Liste von mindestens zehn Personen gewählt, und es kann daher sein, dass ihn niemand gewählt hat. Betrachten Sie umgekehrt einen der drei Gefangenen, die in der Klinik de Valère gearbeitet haben. Es kann sein, dass die 14 anderen Gefangenen seinen Namen gewählt haben, weil sie nicht mit ihm gearbeitet haben. Zusammenfassend kann man sagen, dass der Schuldige keine Nennungen haben kann, während ein Unschuldiger 14 Mal genannt wurde. Aber es stimmt, dass eine solche Situation unwahrscheinlich ist.«

»Da bin ich mir gar nicht so sicher«, hakt Andrews ein. »Stellen wir uns vor, dass die 16 Gefangenen den 17. nicht ausstehen können. Sie könnten alle seinen Namen auf ihre Listen setzen, um ihn verdächtig zu machen. Wenn sie umgekehrt einen ihrer Kameraden decken wollen, weil sie wissen, dass er der von uns gesuchte Räuber ist, kann es sein, dass keiner seinen Namen nennt.«

»Das sind alles nur Spekulationen, und wir brauchen Beweise«, antwortet Courtel. »Ich denke, wir haben Costellos Gedankengang alle verstanden. Die Personen *G* und *L* erscheinen am verdächtigsten, weil ihre Namen sechs Mal erwähnt wurden, was zwei Einheiten über dem Durchschnitt liegt. Aus dem gleichen Grund sind *B* und *I* am unverdächtigsten, weil ihre Namen nicht mehr als zwei Mal genannt wurden, was zwei Einheiten unter dem Durchschnitt liegt.«

»Danke«, sagt Antille. »Ich sehe, dass Sie sich unverzüglich an die Arbeit machen. Hat jemand eine Idee, die mich in meinen Ermittlungen weiterbringen könnte?«

Einige Sekunden vergehen, bevor Andrews wieder das Wort ergreift. »Ich denke, dass Costellos Gedankengang wirklich trügerisch ist. Nichts gegen Sie, Costello, aber wenn Sie die Zahl der Personen wirklich wissen wollen, von denen wir sicher sind, dass sie kein Gefangener gesehen hat, dann müssen Sie anders herangehen. Für *B* erhalten Sie zum Beispiel die Zahl Null, obwohl wir sicher sind, dass *A*, *C*, *G* und *H* nicht mit ihm gearbeitet haben, weil er diese vier Namen auf seine Liste gesetzt hat. Um ein weiteres Beispiel zu geben, haben Sie vier Nennungen des Namens *A* gezählt, weil *B*, *F*, *I* und *M* seinen Namen auf ihre Liste gesetzt haben. Allerdings gibt *A* auch an, *G*, *H* und *O* nicht gesehen zu haben, was die Liste der Personen, die am 17. Februar nicht mit *A* gearbeitet haben, auf sieben erweitert. Ich habe meine eigenen Listen erstellt, und hier sind meine Zahlen, insofern ich mich nicht geirrt habe.«

Name	nicht gearbeitet mit	Gesamt
A	B, F, G, H, I, M, O	7
B	A, C, G, H	4
C	B, D, G, J, K, M	6
D	C, E, N, P, Q	5
E	D, E, G, H, K, O	6
F	A, E, G, H	4
G	A, B, C, E, F, I, J, K	8
H	A, B, I, F, I, K	6
I	A, G, H, J, K, L	6

Name	nicht gearbeitet mit	Gesamt
J	C, G, I, L, P	5
K	C, E, G, H, I, L, Q	7
L	I, J, K, M, N, O	6
M	A, C, L, N, P	5
N	D, L, M, O, P, Q	6
O	A, E, L, N, Q	5
P	D, J, M, N	4
Q	D, K, N, O	4

Antille reagiert als Erster auf diese neue Tabelle. »Das ist ausgezeichnet, Ihre Tabelle bestätigt nur meinen Verdacht. Ich sehe, dass *G*, alias Pellegrini, den Rekord hinsichtlich der Personen hält, die nicht mit ihm gearbeitet haben.«

»Achtung, nicht so schnell«, erwidert Andrews. »Diese Tabelle soll nur aufzeigen, dass Costellos Gedankengang trügerisch war. In meiner Tabelle scheinen *A*, *G* und *K* am verdächtigsten zu sein. Man sieht also, dass wir zwei neue Verdächtige *A* und *K* haben, die in Costellos Tabelle nicht verdächtig erschienen.«

»Wenn man diesem Gedankengang folgt«, sagt Courtel, »sind *B*, *F*, *P* und *Q* die weniger Verdächtigen in Ihrer Tabelle. Diese Tabelle scheint also *F*, *P* und *Q* zu entlasten, mehr noch als die vorherige Tabelle. Dagegen ist der Gefangene *I*, der in der ersten Tabelle nicht verdächtig erschien, hier viel verdächtiger.«

»Sie haben recht«, sagt Andrews. »Aber wie Manori vorhin bemerkt hat, kann es sein, dass keiner den Namen des Räubers genannt hat, was bedeutet, dass seine Liste in diesem Fall nur die vier Personen enthält, die er genannt hat. Ein Gefangener, der nicht der Räuber ist, könnte jedoch immer noch 14 Personen in seiner Liste haben. Wir sind also nicht viel weiter gekommen.«

»Sie werden bemerkt haben«, sagt Antille, »dass der einzige Name, der in beiden Tabellen verdächtig erscheint, der mit dem Buchstaben *G* ist, also Pellegrini. Er hält die Rekorde in den Zählungen beider Tabellen. Ich bleibe bei meiner Überzeugung und bin sehr froh, dass es jemandem von Ihnen gelungen ist zu zeigen, dass ich recht habe.«

Courtel beobachtet mich einige Sekunden lang. Ich bin dabei, alles vollzuzeichnen. »Man hat noch nicht viel von dir gehört, Maurice. Sind deine Graphen in dem Fall, mit dem wir uns gerade beschäftigen, machtlos?«

»Sei still, ich glaube, ich bin drauf und dran, die Angelegenheit aufzulösen.«

Und dann plötzlich kommt die Erleuchtung. Ich habe die Lösung gefunden. Ich kann es mir nicht verkneifen, lauthals den symbolträchtigen Spruch zu verkünden, den Inspektor Boureel, alias Raymond Souplex, als Held der Serie *Les cinq dernières minutes*[1] immer verwendet hat: »Bon sang, mais c'est bien sûr.[2]« Alle blicken auf mich und wagen es nicht zu glauben, dass ich die Angelegenheit in so kurzer Zeit aufgelöst habe. Ich nehme mir Zeit, meine Worte genau abzuwägen.

»Meine Damen und Herren, ich habe das Vergnügen, Ihnen bekannt zu geben, dass ich den Namen des Räubers kenne.«

»Ist es Pellegrini?«, fragt mich Antille.

»Geduld! Am Ende meiner Ausführungen werden Sie alles wissen. Ich kann Ihnen sogar sagen, wer genau in der Klinik de Valère, im medizinischen Zentrum Cerisiers und im Krankenhaus von Sion gearbeitet hat.«

[1] Die letzten fünf Minuten – Französische Fernsehserie, die zwischen 1958 und 1996 ausgestrahlt wurde. Raymond Souplex spielte Inspektor Boureel bis 1973.

[2] Zum Teufel, aber soviel ist sicher.

»Nimm uns nicht auf dem Arm«, sagt Courtel zu mir. »Der Marseiller bin ich, wir müssen nicht die Rollen tauschen. Ich sehe wirklich nicht, wie du herausfinden willst, wo genau jeder Gefangene gearbeitet hat, weil ihnen während der Befragungen keine Frage in dieser Richtung gestellt worden ist.«

»Ich versichere dir, dass ich nicht übertrieben habe. Äußern Sie Ihre ganzen Zweifel in einigen Minuten. Ich werde Ihnen meinen Gedankengang erläutern, und sie werden sehen, dass meine Graphen erneut Wunder bewirkt haben.«

»Wir sind ganz Ohr«, sagt Courtel zu mir.

Für Antille, der am Montag nicht anwesend war, erkläre ich in zwei Minuten, dass sich ein Graph über Knoten und Kanten definiert. Dann beginne ich mit meiner Argumentation. »Es ist Andrews Tabelle, durch die es bei mir klick gemacht hat. Ich habe darauf sofort einen Graphen gezeichnet, in dem jeder Gefangene durch einen Knoten dargestellt wird. Und ich habe zwei Gefangene durch eine Kante verbunden, wenn bekannt ist, dass sie nicht zusammengearbeitet haben. Wenn Sie sich nämlich noch einmal die Tabelle ansehen, die unser Kollege Andrews erstellt hat, lässt sich diese Information leicht ablesen. Es handelt sich dabei einfach um die Listen, die neben jedem Namen stehen. So wissen wir beispielsweise, dass der Gefangene A nicht mit B, F, G, H, I, M und O zusammengearbeitet hat. Diese Liste hat sich aus der Vereinigung der Menge der Namen F, G, H und O aus der von A angegebenen Liste mit der Menge der Namen B, F, I und M, die den Namen A auf ihrer Liste hatten, ergeben.«

»Ja, schon gut«, sagt Despontin. »Wir wissen, wie Andrews diese Liste konstruiert hat.«

»Ich will nur sichergehen, dass sich alle darüber einig sind, dass meine ganzen Argumente auf Tatsachen beruhen. Der von mir konstruierte Graph wird Sie wahrscheinlich verwirren, aber ich zeige Ihnen den Graphen trotzdem.«

Ich begebe mich zum Projektor und zeige meinen Kollegen den Graphen.

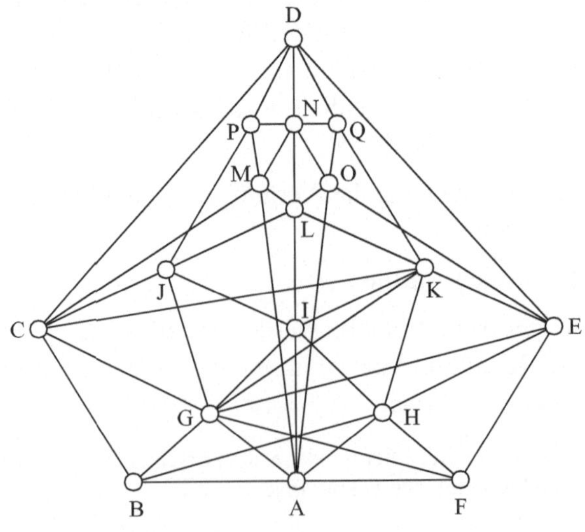

»Und was soll man an diesem Graphen feststellen?«, fragt mich Schwarz.

»Ich gebe zu, dass er etwas komplex ist. Deshalb will ich ihn in kleine Stücke zerlegen. Beginnen wir damit, uns für die Gefangenen *A*, *B*, *C*, *G*, *I* und *J* zu interessieren. Hier ist der Teil des Graphen, der diese sechs Personen betrifft. Fällt Ihnen nichts auf?«

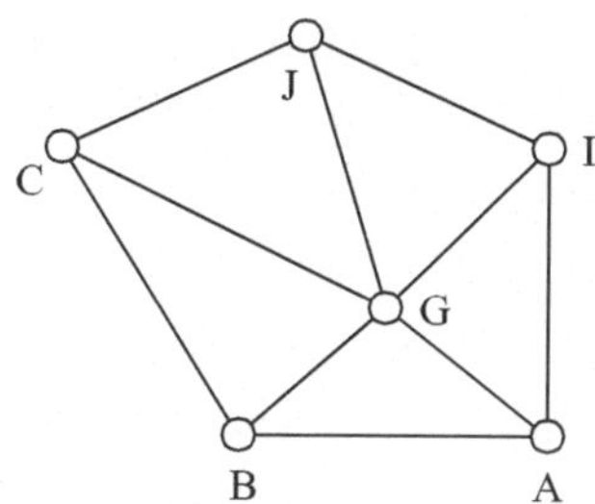

»Ich sehe, dass mein Verdächtiger Nummer 1 zu diesem Teil des Graphen gehört«, sagt Antille. »Abgesehen davon, sehe ich nicht, was es besonderes festzustellen gäbe.«

»Ich kann Ihnen versichern, dass eine dieser sechs Personen der Räuber ist«, sage ich.

»Woran machst du das fest?«, fragt mich Courtel.

»Um Ihnen meinen Gedankengang zu erläutern, werde ich die Knoten für die Gefangenen schwarz, grau oder weiß färben. Diese drei Farben dienen dazu, den Ort zu kennzeichnen, an dem die Gefangenen gearbeitet haben. Wenn ich zwei Gefangenen dieselbe Farbe zuordne, besagt dies, dass sie in derselben medizinischen Einrichtung gearbeitet haben.«

»Wenn ich Ihre Erläuterungen richtig verstehe«, sagt Andrews zu mir, »haben zwei Gefangene, die durch eine Kante miteinander verbunden sind, zwangsläufig verschiedene Farben, weil die Kante bedeutet, dass die beiden fraglichen Gefangenen an verschiedenen Orten gearbeitet haben.«

»Das ist korrekt. Bedenken Sie, dass der Gefangene *G* mit keinem der fünf anderen Gefangenen gearbeitet hat, weil ihn mit jedem der fünf anderen Knoten eine Kante verbindet. Keiner der fünf anderen Gefangenen trägt also die Farbe von *G*, daher müssen diese Knoten mit den beiden übrigen Farben gefärbt werden.«

»Ich bin nicht sicher, richtig verstanden zu haben«, sagt Despontin zu mir.

»Stellen Sie sich beispielsweise vor, dass *G* in der Klinik de Valère gearbeitet hat. Das bedeutet, dass *A*, *B*, *C*, *I* und *J* im medizinischen Zentrum Cerisiers oder im Krankenhaus von Sion gearbeitet haben, aber nicht in der Klinik de Valère, weil keiner der fünf Gefangenen *G* gesehen hat.«

»Ich verstehe es jetzt besser«, sagt Despontin zu mir.

»Ich verstehe gar nichts mehr«, sagt Andrews zu mir. »Ich sehe nicht, wie *A*, *B*, *C*, *I* und *J* an nur zwei verschiedenen Orten gearbeitet haben können. Nehmen wir Ihr Beispiel, in dem G in der Klinik de Valère gewesen ist. Wenn A im medizinischen Zentrum Cerisiers gewesen ist, dann sind B und I im Krankenhaus von Sion gewesen, weil sie A nicht gesehen haben. Aber dann haben C und J im medizinischen Zentrum Cerisiers gearbeitet, weil C den Gefangenen B nicht gesehen hat und J nicht I. Und hier sehe ich einen Widerspruch, weil C und J nicht an demselben Ort gearbeitet haben können. Ich kann denselben Gedankengang aufbauen, indem ich annehme, dass A im Krankenhaus von Sion gewesen ist, und ich werde bei dem unmöglichen Schluss angelangen, dass C und J beide im medizinischen Zentrum Cerisiers gearbeitet haben. Nein, ich verstehe wirklich nichts mehr.«

»Ganz im Gegenteil, Andrews, Sie haben gerade alles verstanden«, sage ich. »Sie haben gezeigt, dass die Angaben dieser sechs Gefangenen auf eine inkohärente Situation führen. Sehen Sie, ich zeichne, was Sie mir gerade gesagt haben. Ich werde die Farbe Schwarz für G und die Farbe Grau für A verwenden. Sie haben gerade gezeigt, dass B und I weiß sein müssen, während C und J grau sein müssen, was unmöglich ist, weil diese beiden Gefangenen nicht zusammen in der medizinischen Einrichtung gearbeitet haben können, die der Farbe Grau zugeordnet ist.«

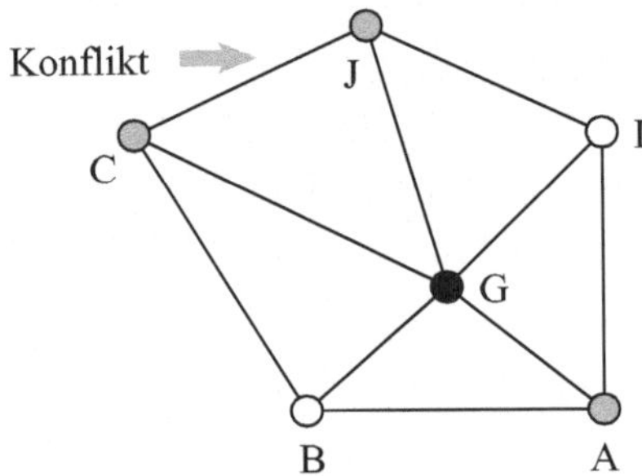

»Aber dann«, sagt Despontin, »ist einer dieser sechs Gefangenen ein Lügner.«

»Nein«, sage ich, »das bedeutet ganz einfach, dass sich die sechs fraglichen Personen nicht an drei, sondern an vier verschiedenen Orten befanden. Fünf der sechs Gefangenen sind in der Klinik oder im medizinischen Zentrum oder im Krankenhaus gewesen, während der sechste an einem anderen Ort gewesen ist, beispielsweise um 17.58 Uhr im Lebensmittelgeschäft vom Madame Rossier. Er hat nicht gelogen, als er seine Liste der vier Personen abgab, die er nicht gesehen hat. In Wirklichkeit hat er niemanden gesehen, und er hat daher wahrscheinlich vier zufällig ausgewählte Namen auf seine Liste gesetzt.«

»Wenn ich richtig verstanden habe«, sagt Costello zu mir, »ist der Räuber also einer von den Gefangenen A, B, C, G, I und J.«

»Ich habe Ihnen von Anfang an gesagt, dass es G, alias Pellegrini, ist«, sagt Antille zu mir. »Warum haben Sie mir nicht geglaubt?«

»Ich betrachte Tatsachen«, sage ich, »keine Verdächtigen. Bis hierher sind *A*, *B*, *C*, *I* und *J* genauso Verdächtige wie Ihr Pellegrini. Costello hat recht: Wir haben die Liste der Verdächtigen auf sechs Personen reduziert. Ich werde sie jetzt noch mehr reduzieren. Dazu schlage ich Ihnen vor, nur die Gefangenen *A*, *E*, *F*, *H*, *I* und *K* zu betrachten. Ich zeichne für Sie noch einmal den Teil des Graphen, der diese sechs Personen betrifft. Was fällt Ihnen auf?«

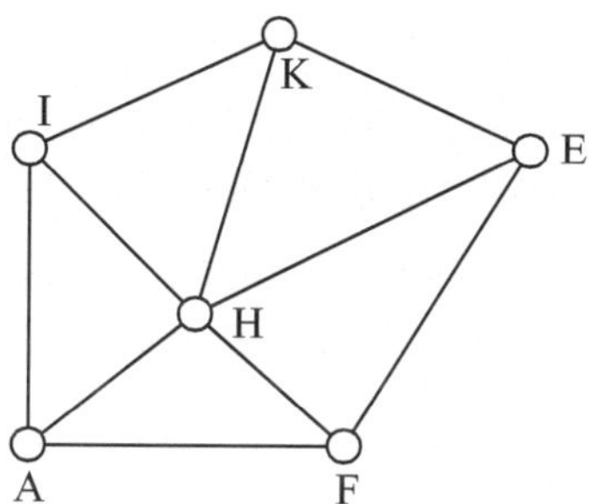

Diesmal ist es Costello, der am schnellsten reagiert. »Sie zeigen uns das zweite Rad eines Fahrrads.«

»Was erzählen Sie uns da?«, erwidert Schwarz.

»Wie?«, fügt Costello hinzu, »Keinem ist aufgefallen, dass der Graph von eben dem Rad eines Fahrrads ähnelt? Wir haben den Rand des Rades, den die Knoten *A*, *B*, *C*, *J* und *I* bilden, und dann den Knoten *G*, der dem Mittelpunkt des Rades entspricht, von dem alle Speichen ausgehen.«

»Sie haben Fantasie«, antwortet Schwarz.

»Ich gebe zu, dass das Rad nicht sehr rund ist, aber ich finde die Ähnlichkeit verblüffend. Ich sagte daher vorhin, dass der neue Graph, den uns Manori zeigt, eine Kopie des ersten Rades ist: Der äußere Rand setzt sich diesmal aus den Knoten *A*, *I*, *K*, *E* und *F* zusammen, während der Mittelpunkt des Rades diesmal dem Knoten *H* entspricht.«

»Sie haben recht«, sagt Andrews. »Man hat den Eindruck, dass sich dieses zweite Rad aus dem ersten ergibt, indem man es an der vertikalen Achse spiegelt.«

»Ich mache Sie darauf aufmerksam«, sage ich, »dass diese beiden Räder, wie Sie sie nennen, zwei Knoten gemeinsam haben, und zwar den Knoten *A* und den Knoten *I*. Man kann daher genau genommen nicht von zwei Rädern eines Fahrrads sprechen. Aber kommen wir auf meine ursprüngliche Frage zurück. Was können Sie aus diesem zweiten Graphen schließen?«

Costello antwortet kurzerhand. »Unter der Annahme, dass es sich um denselben Graphen wie eben handelt, bis auf die Tatsache, dass die Rolle von *G* hier *H* spielt, kann man sagen, dass *H* an einem anderen Ort gearbeitet hat als die fünf anderen, weil er durch jeweils eine Kante mit *A*, *E*, *F*, *I* und *K* verbunden ist. Und wie Andrews so schön erklärt hat, können die fünf anderen nicht an genau zwei verschiedenen Orten gearbeitet haben. Der Räuber ist daher unter diesen sechs Personen.«

»Was die Liste unserer Verdächtigen beachtlich reduziert», sage ich.

Antille zeigt gewisse Anzeichen von Nervosität. Er spielt ununterbrochen an seinem Krawattenknoten und ein paar Schweißperlen beginnen über seine Stirn zu laufen. »Warten Sie einen Moment«, sagt er zu uns. »Wollen Sie sagen, dass ich von Anfang an auf dem Holzweg war, dass der Räuber nicht Pellegrini ist?«

»In der Tat«, sagt Courtel, »bleiben als Verdächtige nur A und I, denn sie sind die beiden einzigen Gefangenen, die zu beiden Graphen gehören, die uns Manori gezeichnet hat.«

»Nun, ich wette mit Ihnen, dass es der Gefangene A ist«, fügt Antille hinzu, sichtlich beunruhigt über das Ergebnis unserer Überlegungen. »Gemäß Ihrer Tabelle erscheint mir dieser Gefangene verdächtiger als I.«

»Ich für meinen Teil«, sagt Courtel nur für meine Ohren bestimmt, »tippe auf I, allein deshalb, weil Antille A für den Schuldigen hält!«

»Ich mache Sie darauf aufmerksam«, sagt Andrews, »dass meine Tabelle den Gefangenen A sehr verdächtig erscheinen lässt, obwohl er es in Costellos Tabelle nicht zu sein schien. Außerdem hatten wir I fast aus der Liste der Verdächtigen gestrichen, als wir allein Costellos Tabelle betrachteten, während es die von mir vorgeschlagene Rechnung nicht so leicht zuließ, I für unschuldig zu erklären.«

»Ja«, sage ich, »Sie haben recht. Wie ich schon am Anfang meiner Ausführungen erwähnt habe, war es Ihre Tabelle, die mir die Erleuchtung gebracht hat. Aber ich wiederhole es noch einmal, ich möchte den Räuber aufgrund von Tatsachen bestimmen und nicht aus dem Bauch heraus.«

»Und was werden wir nun tun, um herauszufinden, welcher der beiden verbliebenen Verdächtigen der Räuber ist? Haben Sie uns einen dritten Teil des Graphen zu zeigen?«, fragt mich Despontin.

»Zunächst einmal werde ich die Gesamtheit der Gefangenen unserer beiden Listen betrachten, die wir bisher untersucht haben, nämlich $A, B, C, E, F, G, H, I, J$ und K. Wenn ich A und I aus dieser Liste streiche, bleiben mir acht Gefangene, die den Raubüberfall nicht verübt haben. Sie sollten sich daher auf die drei medizinischen Einrichtungen verteilen lassen. Betrachten wir den Graphen, der diese acht Personen betrifft.

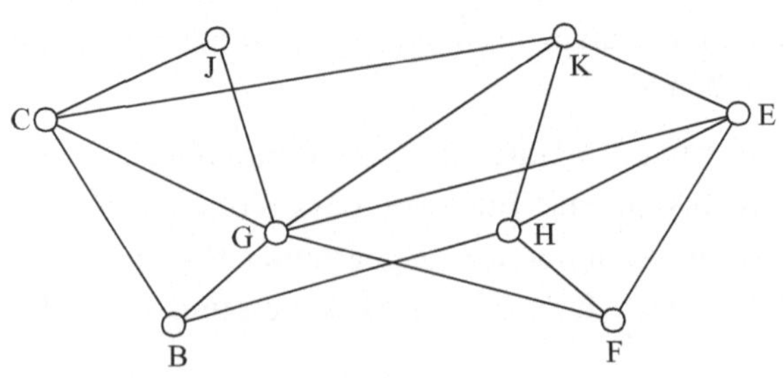

Bedenken Sie, dass *B*, *C* und *G* an verschiedenen Orten gearbeitet haben müssen, weil jeder der drei die beiden anderen nicht gesehen hat, was sich in meinem Graphen in Form eines Dreiecks widerspiegelt, durch das diese drei Gefangenen verbunden sind. Ohne Beschränkung der Allgemeinheit kann ich *G* die Farbe Schwarz zuordnen, *B* die Farbe Grau und *C* die Farbe Weiß.«

»Welcher Farbe entspricht die Farbe Schwarz? Der Klinik de Valère?«, fragt mich Despontin.

»Für den Moment ist das ohne Belang. Es ist gleichgültig, für welche der drei Orte die Farbe Schwarz steht. Genauso verhält es sich mit den Farben Grau und Weiß. Wir werden die Farben etwas später mit den Namen verknüpfen.«

»Gut, und nun?«, fährt Despontin fort.

»Wenn *G* schwarz ist, *B* grau und *C* weiß, kann man schließen, dass *J* und *K* grau sind. Der Knoten *E* ist folglich weiß, weil er wegen *G* nicht schwarz und wegen *K* nicht grau sein kann. Daraus schließt man sofort, dass *H* schwarz ist, weil *K* grau und *E* weiß ist. Schließlich ist *F* grau, weil *H* schwarz und *E* weiß ist. Man erhält den wie folgt gefärbten Graphen.«

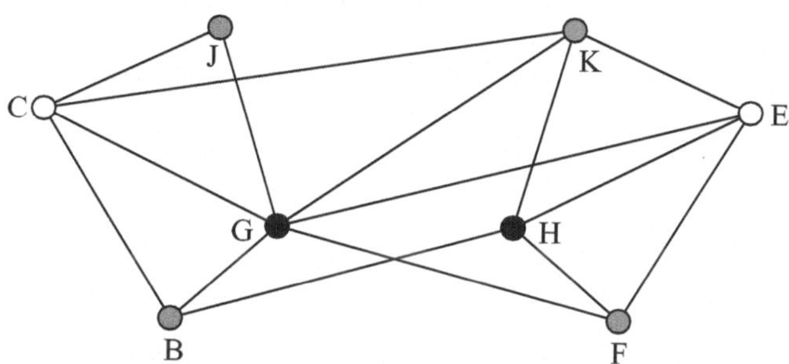

»Das ist hübsch«, sagt Andrews zu mir, »aber inwiefern bringt uns das weiter?«

»Im Moment gibt es für mich nur zwei interessante Informationen. Zuerst können Sie festellen, dass wir unter der Annahme, dass *G* schwarz, *B* grau und *C* weiß ist, eine eindeutige Färbung erhalten haben, in der zwei Knoten schwarz, zwei Knoten grau und zwei Knoten weiß sind. Daraus ergibt sich, dass einer der beiden Gefangenen *A* und *I* nicht der Räuber ist. Er kann daher mit der seinem Arbeitsort entsprechenden Farbe in diesen letzten Graphen eingefügt werden. Beachten wir dabei, dass *A* nicht an demselben Ort gewesen ist wie *B*, *F*, *G* und *H*, weil ihn eine Kante mit diesen vier Gefangenen verbindet. Wenn *A* nicht der Räuber ist, wird seine Farbe also Weiß sein. Was *I* betrifft, so ist er mit *G*, *H*, *J* und *K* verbunden, was bedeutet, dass auch er nur die Farbe Weiß haben kann, wenn er Madame Rossiers Lebensmittelladen nicht ausgeraubt hat.«

»In gewisser Weise«, sagt Courtel zu mir, »kann man sagen, dass eine weiße Weste hat, wer nicht der Räuber ist.«

»Ich weiß dein Wortspiel zu schätzen, Sébastien. Vielleicht sollten wir uns an diese wichtige Information in meinem Gedankengang besser erinnern, wenn ich sie brauchen werde. Um die Situation zusammenzufassen, wissen wir für den Moment, dass der Räuber entweder A oder I ist. Also haben wir in der Gruppe $A, B, C, E, F, G, H, I, J$ und K neun Personen, die wirklich in einer medizinischen Einrichtung gearbeitet haben. Diese neun Personen unterteilen sich zwangsläufig in 2 schwarze, 4 graue und 3 weiße, wobei die dritte weiße Person entweder A oder I ist.«

»Fahren Sie fort, bevor ich in Ihrem Gedankengang den Faden verliere«, sagt Despontin.

»Bis jetzt«, sage ich, »haben wir nur zehn Gefangene betrachtet, und wir wissen, dass der Räuber unter ihnen ist. Ich werde mich nun den sieben übrigen Gefangenen zuwenden, nämlich D, L, M, N, O, P und Q. Wir wissen, dass diese sieben Personen gearbeitet haben, und man sollte sie daher mit unseren drei Farben färben können. Ich werde für Sie den Teil des Graphen nachzeichnen, der diese Personen betrifft.«

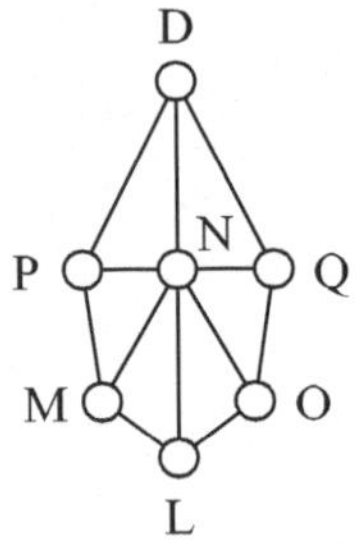

Schwarz reagiert umgehend. »Wir haben nun ein Dreirad, weil Sie uns ein drittes Rad gezeichnet haben.«

»Und ich verstehe überhaupt nichts mehr«, fügt Despontin hinzu. »Ich dachte, dass jedes Rad einen Räuber enthalten würde, woraus wir abgeleitet haben, dass der Schuldige zwangsläufig A oder I sei. Wir haben nun ein neues Rad vor Augen, das weder A noch I enthält, was bedeutet, dass es einen zweiten Räuber gibt.«

»Nicht so schnell«, sage ich. »In diesem dritten Rad haben wir nämlich einen äußeren Kreis, der aus den Knoten D, Q, O, L, M und P besteht, und den Mittelpunkt des Rades N, von dem alle Speichen ausgehen. Dieses Rad ist jedoch ganz anders als die ersten beiden.«

»Und warum?«, fragt Despontin.

»In den ersten beiden Rädern hatten wir fünf Knoten auf dem Rand, während wir hier sechs Knoten haben.«

»Und nun?«, fragt Despontin weiter.

»Fünf ist eine ungerade Zahl, während sechs gerade ist. Das ist sehr verschieden, und ich werde Ihnen erklären warum. Nehmen wir unser erstes Rad. Wie wir festgestellt haben, muss der mittlere Knoten *G* eine andere Farbe haben als die Knoten auf dem äußeren Rand, und da es unmöglich ist, die fünf äußeren Knoten mit zwei Farben im Wechsel zu färben, wissen wir, dass der Räuber sich hinter einem der Knoten dieses Rades verbirgt. In dem letzten Rad, das ich Ihnen gezeichnet habe, setzt sich der äußere Kreis aus einer geraden Anzahl von Knoten zusammen, und daher taucht das Problem von vorhin hier nicht mehr auf.«

»Könnten Sie das genauer erklären?«, fragt mich Despontin.

»Der Mittelpunkt unseres dritten Rades ist der Knoten *N*, und er muss folglich eine andere Farbe haben als die sechs Knoten, die den Rand des dritten Rades bilden. Den äußeren Kreis kann man allerdings in diesem Fall mit nur zwei Farben färben: Eine der beiden Farben ordnet man den Knoten *D*, *O* und *M* zu und die andere den Knoten *L*, *P* und *Q*.«

»Wenn ich Ihre Ausdrucksweise verwende«, sagt Andrews zu mir, »kann dieser Graph mit drei Farben gefärbt werden, was mit der Tatsache übereinstimmt, dass sich der Räuber nicht hinter einem dieser sieben Knoten verbirgt.«

»Sie haben die Situation sehr gut zusammengefasst«, sage ich. »Außerdem weiß ich, dass jede Drei-Färbung dieser sieben Knoten dem Knoten *N* eine Farbe zuordnet und jeweils drei Knoten eine der beiden anderen Farben.«

»Darf man endlich wissen, wie Sie den Räuber bestimmen konnten?«, wirft Antille ungeduldig ein.

»Ja, ich komme dazu. Wir haben jetzt alle Puzzleteile in der Hand, um den Schuldigen zu bestimmen. Dazu müssen wir uns nur daran erinnern, dass uns die drei Einrichtungen, in denen die Gefangenen gearbeitet haben, die Anzahl ihrer Arbeitsbesucher gemeldet haben, die sich an dem Tag des Raubüberfalls zu ihnen begeben haben.«

»Ich habe diese Zahlen noch sehr gut im Kopf«, sagt Courtel. »Es sind die Zahlen 3, 6 und 7.«

»Genau! Du hast ein gutes Gedächtnis. Ich hoffe, dass Sie sich noch gut an die Anzahl der Knoten erinnern, die wir schwarz, grau und weiß gefärbt hatten, als wir nur die zehn Gefangenen *A*, *B*, *C*, *E*, *F*, *G*, *H*, *I*, *J* und *K* betrachtet haben.«

»Sie haben uns gezeigt, dass wir zwangsläufig 2 Mal Schwarz, 3 Mal Weiß, 4 Mal Grau und einen Räuber haben«, sagt Antille, während er sich die Stirn abtrocknet.

»Erneut richtig«, sage ich. »Betrachten wir nun die Farbe des Gefangenen *N*. Wir wissen, dass sie anders als die der Gefangenen *D*, *L*, *M*, *O*, *P* und *Q* ist, die den Rand des dritten Rades bilden. Wenn *N* grau ist, dann hat man insgesamt 5 Mal Grau, 5 Mal Schwarz und 6 Mal Weiß, weil *D*, *O* und *M* eine Farbe haben und *L*, *P* und *Q* eine andere. Ebenso hätte man, wenn *N* weiß ist, 4 Mal weiß, 5 Mal schwarz und 7 Mal Weiß. Schließlich hätte man, wenn *N* schwarz ist, 3 Mal schwarz, 6 Mal weiß und 7 Mal Grau.

Diese letzten drei Ziffern entsprechen denjenigen, an die uns Courtel eben erinnert hat. Hier ist eine kleine Tabelle, die alles für diejenigen zusammenzufasst, die vielleicht nicht ganz mitgekommen sind.«

		Schwarz	Weiß	Grau
	A, B, C, E, F, G, H, I, J, K	2	3	4
Wenn N grau ist	D, L, M, N, O, P, Q	3	3	1
	Insgesamt	5	6	5
Wenn N weiß ist	D, L, M, N, O, P, Q	3	1	3
	Insgesamt	5	4	7
Wenn N schwarz ist	D, L, M, N, O, P, Q	1	3	3
	Insgesamt	3	6	7

»Aus Ihrer Tabelle schließt man, dass *N* schwarz ist«, sagt Andrews.

»Gut gesehen«, sage ich. »Nehmen wir für den Moment an, dass der Räuber der Gefangene *A* ist.«

»Ich bin sicher, dass er es ist«, sagt Antille.

»Seien Sie sich dessen nicht so sicher. Stellen wir uns also vor, wie Inspektor Antille glaubt, dass *A* der Räuber ist und dass *I* in einer der medizinischen Einrichtungen gearbeitet hat. Wir haben gesehen, dass der Gefangene *I* weiß gefärbt sein muss, denn – wie es Courtel in seinem Wortspiel bemerkt hat – er hat eine weiße Weste. Wir wissen auch, dass *J* und *K* grau sind. Außerdem hat der Gefangene *L* mit keinem der vier Gefangenen *I*, *J*, *K* und *N* gearbeitet, wovon man sich anhand der Kanten überzeugen kann, die vom Knoten *L* ausgehen, oder indem man die Tabelle betrachtet, die Andrews erstellt hat.«

»Und nun?«, äußert sich Antille ungeduldig.

»Wenn *A* unser Räuber ist, dann kann der Gefangene *L* nicht dieselbe Farbe haben wie *I*, *J*, *K* oder *N*. Er kann daher weder weiß, noch grau, noch schwarz sein, was unmöglich ist, weil *L* nicht der Räuber ist. Man kann daher den Gefangenen *A* ausschließen.«

»Aber dann«, sagt Antille, »bleibt nur noch der Gefangene *I*.«

»Ja, und es handelt sich um unseren Räuber.«

»Ich hätte wetten sollen«, sagt Sébastien insgeheim.

»Und ich kann Ihnen nun zeigen, dass alle Gefangenenaussagen zusammenpassen. Tatsächlich kann man in diesem Fall *L* die Farbe weiß zuordnen, genau wie *P* und *Q*. Da *N* schwarz ist, bleibt nur eine Möglichkeit für *D*, *M* und *O*, nämlich die Farbe Grau. Hier ist eine gefärbte Version des Graphen mit den 16 Gefangenen, die Madame Rossiers Lebensmittelladen nicht ausgeraubt haben.«

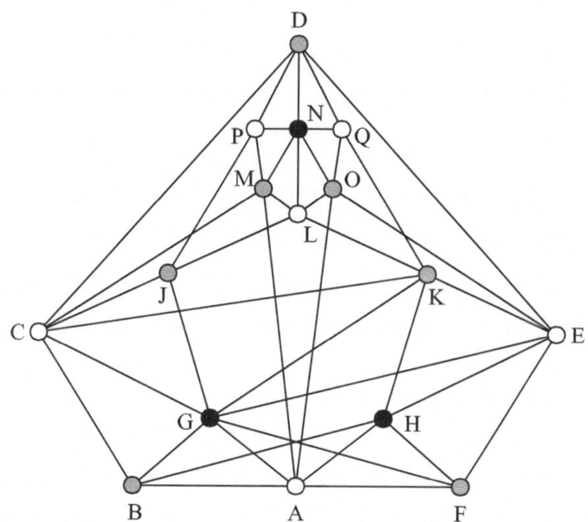

»Ich möchte mich unbedingt für meinen Einwurf von vorhin entschuldigen«, sagt Courtel. »Wie ich sehe, hast du nicht übertrieben als du sagtest, dass du wüsstest, wo jeder Gefangene gearbeitet hat. Die drei schwarzen Knoten *G*, *H* und *N* entsprechen zwangsläufig den drei Gefangenen, die sich in die Klinik de Valère begeben haben; die sechs weißen Knoten *A*, *C*, *E*, *L*, *P* und *Q* sind diejenigen, die im medizinischen Zentrum Cerisiers gearbeitet haben; und schließlich befanden sich die sieben Gefangenen hinter den grauen Knoten *B*, *D*, *F*, *J*, *K*, *M* und *O* zur Tatzeit im Krankenhaus von Sion.«

»Kurzum«, sagt Andrews, »entspricht die Farbe Schwarz der Klinik de Valère, Weiß dem medizinischen Zentrum Cerisiers und Grau dem Krankenhaus von Sion.«

»Ich sehe, dass Sie meine Ausführungen gut verstanden haben.«

Antille nimmt seine Brille ab, um einige Schweißperlen abzuwischen, die sich auf den Gläsern gebildet haben, und wahrscheinlich auch, um in Ruhe über die Worte nachdenken zu können, die er gleich sagen wird. Er setzt seine Brille wieder auf seine Nase, richtet seinen Krawattenknoten, wobei er prüft, dass die Krawatte korrekt in der Weste seines Anzugs steckt. Er räuspert sich etwas und wendet sich schließlich an unsere Arbeitsgruppe. »Meine Damen und Herren, ich gebe zu, dass ich mit meinen Schuldzuweisungen etwas voreilig war. Auch wenn es stimmt, dass Pellegrini nicht unser Räuber ist, behalte ich ihn trotzdem gut im Auge, weil ich überzeugt bin, dass man nicht lange darauf warten muss, bis er wieder in unserer Strafanstalt auftaucht. Er ist ein schwerer Wiederholungstäter. Dagegen werde ich unverzüglich die Behörden verständigen, damit sie das Nötige in die Weg leiten, um Lamberts offenen Vollzug auszusetzen.«

»Lambert?«, fragt Despontin.

»Ja, Lambert, alias Gefangener *I*. Er verbüßt nur eine Strafe von vier Monaten für Einbruchdiebstahl und es war seine erste Verurteilung. Ich habe das Gefühl, dass man diese Person aus der Nähe wird überwachen müssen. Ich möchte Ihnen für Ihre Hilfe danken, insbesondere Inspektor Manori, der den Räuber benannt hat.«

Morard scheint äußerst zurfrieden über die Wendung der Ereignisse. »Liebe Kollegen, ich denke, dass wir Manoris hervorragender Leistung applaudieren können. Ihm ist es erneut in weniger als zwei Stunden gelungen, den Schuldigen in einem ungelösten Fall unserer Schweizer Polizei zu bestimmen. Ich hoffe, dass er nicht mit der Überzeugung nach Hause zurückkehren wird, dass unsere Ermittler nicht sehr kompetent sind!«

Gute 20 Sekunden lang applaudieren mir alle. »Ich hatte einfach Glück«, sage ich, »und nie würde ich mir erlauben, an der Effizienz der Schweizer Polizei zu zweifeln. Die aus den vertraulichen Gesprächen hervorgegangenen Daten hätten zu nichts führen können, aber in diesem bestimmten Fall konnte ich sie verwenden, um den Räuber zu entlarven. Ich muss wiederum sagen, dass ich sehr glücklich darüber bin, Ihnen erneut die Macht der Graphen unter Beweis gestellt zu haben, derer ich mich jeden Tag bediene. Ich denke, dass die beste Art, Sie von ihrer Effektivität zu überzeugen, darin besteht, sie im Rahmen von Ermittlungen zu verwenden. Genau das konnte ich in zwei Fällen tun, und ich bin darüber besonders erfreut.«

Morard ergreift wieder das Wort, um die Sitzung zu schließen. »Diese Sitzung war die letzte Sitzung der diesjährigen COPS-Tagung. Ich danke Ihnen allen für Ihre Teilnahme und hoffe, Sie im nächsten Jahr in Paris wiederzusehen, wobei sich Inspektor Despontin liebenswürdigerweise als Organisator der nächsten COPS bereiterklärt hat. Ich wünsche Ihnen allen eine gute Heimreise.«

Courtel verlässt den Raum an meiner Seite. »Du bist wirklich unglaublich. Du warst der Star dieser Tagung.«

»Übertreib nicht, ich habe das alles nicht allein gemacht. Andrews Tabelle hat mir wirklich sehr geholfen. Das ist wie bei dem Diebstahl aus dem Kantonsarchiv, wo du mir sehr geholfen hast, als du eine Idee hattest, wie der Dieb die Dokumente entwendet haben könnte.«

»Du bist zu bescheiden, Manori. Unser Beitrag war minimal gegenüber dem deinen. Komm, gehen wir ein Glas auf deinen Erfolg trinken.«

»Da sage ich nicht nein. Ich habe Lust auf einen guten Single Malt.«

8 Ein Auto erwartet uns

Während er an meiner Seite im Salon des Hotels an seinem Pastis nippt, wirkt Courtel sehr nachdenklich. Offensichtlich ist er mit seinen Gedanken woanders. Ich erkundige mich, ob ihn etwas bedrückt.

»Ja, ein wenig«, antwortet er mir.

»Hat es mit dem Fall zu tun, den wir soeben gelöst haben?«

»Ja und nein. Tatsächlich gehört nicht viel dazu festzustellen, dass es sich auch bloß um eine Frage von Gefangenen handelt.«

»Könntest du dich etwas deutlicher ausdrücken?«

»Gestern Abend, als wir in Familie aßen, hat mir meine älteste Tochter Laura, 13 Jahre alt, eine schwierige Frage gestellt. Ich hatte ihr den ganzen Abend von den Ermittlungen erzählt, die wir auflösen sollen. Sie ist übrigens auch in den Genuss eines Berichts über deine Heldentat vom Montag gekommen, und ich habe nicht versäumt ihr anzukündigen, dass du diesen Nachmittag wieder in Aktion treten würdest.«

»Das sind nicht wirklich Heldentaten. Ich würde eher sagen, ich hatte einfach Glück.«

»In jedem Fall solltest du wissen, dass ich dich bewundere. Aber kommen wir auf das Gespräch zurück, das ich gestern Abend mit meiner Tochter geführt habe. Sie hat einen sehr wachen Geist und liebt es, kleine Rätsel zu lösen, die man im Internet finden kann. Sie hat ein kleines Problem gefunden, das sie angeblich in zwei Minuten gelöst hat, und sie hat mich herausgefordert, die richtige Antwort zu finden.«

»Darf man erfahren, worum es geht?«

»Ja, natürlich. Wie ich dir schon vorhin gesagt habe, handelt es sich um eine Geschichte von Gefangenen. Es ist dieser Fall, den du soeben aufgelöst hast, der mich daran erinnert hat, dass ich die Lösung um jeden Preis finden muss, bevor ich meiner Tochter in weniger als einer Stunde wieder begegne.«

»Wenn es deiner 13-jährigen Tochter gelungen ist, die Lösung in zwei Minuten zu finden, dürfte das Rätsel nicht allzu schwierig sein.«

»Lass dich eines besseren belehren. Ich habe gute fünfzehn Minuten darüber nachgedacht und ich glaube, die Lösung gefunden zu haben, ohne jedoch ganz sicher zu sein.«

»Wenn du mir das Rätsel stellst, kann ich dich vielleicht aufklären.«

»Es ist eine Geschichte von vier Zellgenossen, die beschlossen haben auszubrechen. Dazu haben sie einen Tunnel gegraben, der sich von ihrer Zelle bis zu der Straße erstreckt, welche die Burgmauer des Gefängnisses umgibt. Es ist ihnen gelungen, sich mit einem Komplizen in Verbindung zu setzen, der sie draußen am Straßenrand mit einem Auto erwarten wird. Die Flucht ist für diesen Abend geplant.«

»Bis hierher kann ich dir folgen.«

»Der Tunnel, den sie gegraben haben, ist nicht besonders breit und im Tunnel ist es sehr dunkel. Es ist wirklich sehr schwierig, den Tunnel zu durchqueren, wenn man keine Lampe hat, die einem den Weg leuchtet. Daher würde eine Passage in der Nacht vermutlich eine gute halbe Stunde in Anspruch nehmen und das Risiko wäre sehr hoch, sich auf dem Weg eine Gehirnerschütterung zu holen.«

»Haben sie keine Kerze zum Leuchten?«

»Nein, aber es ist ihnen gelungen, sich eine Taschenlampe zu besorgen.«

»Eine einzige.«

»Ja, eine einzige.«

»Sie müssen sich also alle nacheinander hinter dem Lampenträger einreihen.«

»Das ist leider unmöglich. Sie haben den Versuch unternommen und sind schnell zu dem Schluss gekommen, dass maximal zwei Personen auf einmal den Tunnel benutzen können. Nicht zuletzt deshalb, weil eine dritte Person gar nichts sehen würde. Außerdem ist der Tunnel so eng, dass es undenkbar ist, sich einfach nur an der Kleidung des Vorgängers festzuklammern.«

»Wenn ich richtig verstehe, besteht die einzige Fluchtmöglichkeit für die Gefangenen darin, den Weg zunächst zu zweit zurückzulegen. Einer der beiden kehrt sofort mit der

Taschenlampe zurück. Erneut beschreiten dann zwei Gefangene den Tunnel und eine Person kehrt mit der Taschenlampe zurück, um den letzten Zellgenossen zu holen.«

»Du hast es erfasst.«

»Das war also nicht das Rätsel.«

»Nein, ich bin gerade bei der Formulierung des Problems, und ich bin noch nicht fertig. Es fehlen dir noch einige wichtige Informationen. Zuerst solltest du wissen, dass die vier Gefangenen nicht alle gleich alt sind und sich ein Teil davon keiner guten Gesundheit erfreut. Ich sage dir das, weil jeder eine andere Zeit braucht, um den Tunnel mit nur einer Taschenlampe zu durchqueren. Diese Zeiten sind 1, 2, 5 und 10 Minuten. Tatsächlich schafft es der jüngste Gefangene, der in sehr guter Form ist, in einer Minute, während es der Älteste nicht schafft, sich in weniger als zehn Minuten zum anderen Ende des Tunnels zu begeben. Die beiden anderen Gefangenen sind mittleren Alters, wobei einer der beiden eine Handverletzung hat, die ihn bei der Flucht behindert.«

»Ist er derjenige, der fünf Minuten braucht?«

»Exakt.«

»Und wie läuft es ab, wenn zwei Personen den Tunnel gleichzeitig durchlaufen?«

»Der schnellere passt sich der Geschwindigkeit des langsameren an. Wenn beispielsweise derjenige, der zehn Minuten Zeit braucht, mit dem schnellsten Zellgenossen läuft, so brauchen sie für die Passage zehn Minuten.«

»Und du sollst herausfinden, wie lange die vier Gefangenen für die Flucht brauchen?«

»Das ist es fast. Das Gefängnis wird nämlich stark überwacht. Die Wachen machen ihre Runde rund um die Uhr und laufen an jeder Zelle in regelmäßigen Abständen von 17 Minuten vorbei.«

»Die Gefangenen haben also nur 17 Minuten für ihre Flucht oder zumindest, um sich zu dem Auto zu begeben, in dem sie ihr Komplize erwartet.«

»Exakt. Wenn sie mehr als 17 Minuten brauchen, wird mit Sicherheit eine Wache an ihrer Zelle vorbeilaufen und wahrscheinlich das Verschwinden der Gefangenen bemerken. Die Wache wird sofort Alarm schlagen, was jeden Versuch, den Tunnel zu verlassen, wegen der unzähligen Wachen, die sich auf den Türmchen der Burgmauer postieren werden, zu einem waghalsigen Unterfangen machen wird.«

»Ich denke, dass die Passage des Tunnels nicht viel leichter sein dürfte, wenn sie aller 17 Minuten in die Zelle zurückkehren müssten.«

»Dazu habe ich keine Details, aber du hast wahrscheinlich recht.«

»Und die Frage lautet?«

»Die Frage ist, wie es die Gefangenen schaffen können, das Auto ihres Komplizen in höchstens 17 Minuten zu erreichen, aber in nicht einer Minute länger.«

»Ich verstehe. Und du sagst, dass du glaubst, die Lösung gefunden zu haben, ohne jedoch absolut sicher zu sein. Wie ist das möglich?«

»Durch Analyse der möglichen Fälle bin ich zu dem Schluss gekommen, dass es keine Lösung gibt, weil es unmöglich ist, die Flucht zu realisieren. Ich glaube, beweisen zu können, dass die Gefangenen mindestens 19 Minuten brauchen, um sich aus dem Staub zu machen. Aber ich habe meinen Zweifel. Wenn ich recht habe, sehe ich nicht, warum die Wachen im Rätsel nicht 18 Minuten brauchen, um ihre Runde zu drehen.«

»Ich verstehe deine Frage nicht.«

»Im Allgemeinen sind die bei dieser Art von Rätsel angegebenen Zahlen genauestens bemessen. Wenn die Wachen für ihre Runde nur drei Minuten brauchen würden, läge es auf der Hand, dass keine Lösung existiert. Mit 17 Minuten liegt das weniger auf der Hand, und mit 18 Minuten läge es noch weniger auf der Hand.«

»Und wie bist du zu dem Schluss gekommen, dass eine Flucht nur in mindestens 19 Minuten möglich sei?«

»Wie du vorhin erklärt hast, müssen zur Flucht drei Mal zwei Personen den Tunnel von der Zelle nach draußen durchqueren, und zwei Mal muss eine Person zurückkehren, um die Taschenlampe zurückzubringen.«

»Ja, das habe ich gesagt.«

»Nun gut! Wenn die Gefangenen, die fünf und zehn Minuten bis zum Auto brauchen, nicht zusammen gehen, dauern die drei Passagen des Tunnels mindestens 17 Minuten, denn es dauert 10 Minuten, den langsamsten auf die andere Seite zu bringen, 5 Minuten dauert es für den anderen und zwei Minuten brauchen die beiden schnellsten, bis sie den Tunnel durchquert haben. Da es mindestens jeweils eine Minute dauert, um die Lampe zurückzubringen, bekommt man es bestenfalls in 19 Minuten hin.«

»Bis hierher ist dein Gedankengang vollkommen nachvollziehbar.«

»Da du bezüglich dieses ersten Teils meines Gedankengangs mit mir übereinstimmst, denke ich, dass meine Antwort die richtige ist. Der zweite mögliche Fall ist nämlich noch einfacher zu analysieren. Stell dir vor, dass die Gefangenen, die zehn und fünf Minuten brauchen, zusammen gehen. Dazu brauchen sie zehn Minuten und einer der beiden, sagen wir der schnellere, wird die Taschenlampe zurückbringen müssen, wofür er weitere fünf Minuten brauchen wird. Da er den anderen erneut begleiten muss, werden fünf weitere Minuten vergehen. Damit ist man schon bei 20 Minuten, ohne die letzte Passage von zwei Personen und einen weiteren Rücktransport der Taschenlampe berücksichtigt zu haben, was insgesamt mindestens drei weitere Minuten kostet. Ich schließe daraus, dass man es nicht besser als in 19 Minuten hinkriegt, was die Flucht unmöglich macht. Bist du mit meinem Gedankengang einverstanden?«

»NEIN! Überhaupt nicht. Dein Gedankengang hat einen monumentalen Fehler.«

»Du erstaunst mich. Welcher Irrtum ist mir denn unterlaufen?«

»Wenn die beiden langsamsten den Tunnel gemeinsam durchqueren, muss es nicht zwangsläufig so sein, dass einer dieser beiden zurückkehrt.«

»Und wie bringst du die Lampe zurück?«

»Bei der Antwort auf deine Frage muss man zwei Möglichkeiten betrachten. Zunächst könnten sie den Tunnel als Letzte durchqueren, was mit sich brächte, dass keiner der beiden die Lampe noch einmal zurückbringen muss.«

»Du hast recht, aber das ändert nichts. Weil sie die beiden Letzten sind, muss einer der beiden, sagen wir der schnellere, die Lampe zuvor zurückgebracht haben. Er muss daher den Tunnel schon ein Mal durchquert haben und zurückgekommen sein, um die Lampe zu bringen. Erneut würde das zwei Mal fünf Minuten kosten, was zu den zehn Minuten für die gemeinsame Passage des Tunnels durch die beiden Langsamsten hinzukommt, was insgesamt schon 20 Minuten ergibt, und dabei habe ich noch nicht einmal die Läufe der beiden Schnellsten berücksichtigt.«

»Du begehst wirklich einen Irrtum, wenn du behauptest, aus der Tatsache, dass die beiden langsamsten Gefangenen den Tunnel gemeinsam durchqueren und dabei nicht die Letzten sind, würde folgen, dass einer der beiden die Taschenlampe zurückbringen muss.«

»Und warum ist das ein Fehler? Wenn sie die Lampe nicht zurückbringen, können die letzten Zellgenossen ihren Weg doch nicht antreten.«

»Es muss nicht zwangsläufig einer der beiden langsamsten die Lampe zurückbringen. Stell dir zum Beispiel vor, dass der Schnellste der vier Gefangenen den Tunnel bereits vor den beiden Langsamsten durchquert hat. Wenn die beiden Langsamsten am Auto ankommen, kann der junge und schnelle Gefangene die Lampe zurückbringen, um den letzten Zellgenossen zu holen.«

»Ah ja! Du hast recht. Aber denkst du, dass das einen Unterschied machen könnte?«

»Zweifellos ja. ich werde dir nämlich jetzt zeigen, wie man leicht die schnellste Art findet, diese Flucht zu realisieren.«

»Ich wette, dass du mir wieder von Graphen erzählen wirst.«

»Du hast es erraten. Ich werde den vier Gefangenen zuerst die Namen 1, 2, 5 und 10 geben, entsprechend der Zeit, die sie brauchen, um den Tunnel allein zu durchqueren. Ich werde dann alle Konstellationen betrachten, die möglich sind, ohne dass sich ein Gefangener gerade im Inneren des Tunnels befindet. Für jede dieser Konstellationen werde ich in meinem Graphen einen Knoten zeichnen. Zur Beschreibung jeder Konstellation werde ich zwei Gruppen von Gefangenen bilden. Eine entspricht den Gefangenen, die noch in der Zelle sitzen, und die andere entspricht denjenigen, die sich in Freiheit befinden. Diese beiden Gruppen werde ich durch einen kleinen waagerechten Strich trennen, wobei links davon die Personen im Gefängnis stehen. Außerdem werde ich die Taschenlampe als dicken schwarzen Punkt darstellen, weil es wichtig ist zu wissen, auf welcher Seite sie sich befindet.«

»Kannst du mir ein Beispiel geben?«

»Mit Vergnügen. Ich betrachte die Konstellation, die ich mit $(1,5-2,10\bullet)$ bezeichne. Das bedeutet, dass die Gefangenen 1 und 5 noch im Gefängnis sind, während die Gefangenen 2 und 10 den Tunnel bereits durchquert haben und im Besitz der Taschenlampe sind. Das ist die Konstellation, die man erhält, wenn 2 und 10 den Tunnel zuerst durchqueren, was zehn Minuten dauern wird.«

»Wenn ich richtig verstanden habe, wird die Anfangskonstellation als $(\bullet 1,2,5,10-)$ geschrieben, und die Endkonstellation ist $(-1,2,5,10\bullet)$.«

»Genauso ist es. Nachdem die ersten beiden den Tunnel durchquert haben, gibt es nur sechs mögliche Konstellationen, entsprechend der Auswahl dieser beiden Gefangenen. Dann kehrt einer der Gefangenen zurück, um die Taschenlampe zurückzubringen, wofür es nur vier mögliche Konstellationen mit einem einzelnen Gefangenen außerhalb des Gefängnisses gibt. Die nachfolgende Etappe besteht darin, zwei Gefangene auf die andere Seite zu bringen, sodass nur ein Gefangener ohne Taschenlampe im Gefängnis bleibt, wofür es folglich wieder vier Möglichkeiten gibt. Schließlich kehrt einer davon ins Gefängnis zurück, um den letzten Gefangenen zu holen, und man hat daher sechs mögliche Konstellationen für die beiden Gefangenen mit der Taschenlampe im Gefängnis. Sie müssen sich nur noch in das wartende Auto begeben, was auf die Endkonstellation führt, die ich mit $(-1,2,5,10\bullet)$ bezeichne.«

»Ich kann dir folgen. Und wie setzt du in dem Graphen deine Kanten?«

»Ich verbinde zwei Konstellationen durch eine Kante, wenn es möglich ist, die eine Konstellation durch eine Passage des Tunnels in die andere zu überführen. Zum Beispiel setze ich eine Kante zwischen die Anfangskonstellation $(\bullet 1,2,5,10-)$ und die Konstellation $(1,5-2,10\bullet)$, weil man die eine in die andere überführen kann, indem man die Gefangenen 2 und 10 den Tunnel durchqueren lässt. Ich werde dir den Graphen mit allen Kanten zeichnen.«

»Ich brauche einige Minuten, um den Graphen mit allen notwendigen Details zu zeichnen. Zufrieden mit meinem Werk, zeige ich Courtel den Graphen auf der nachfolgenden Seite.«

»Du zeichnest wirklich gut, Maurice. Wie ich sehe, hast du verschiedene Linienarten für die Kanten verwendet. Ich kann mir vorstellen, dass sie die verschiedenen Zeiten veranschaulichen, welche die Gefangenen brauchen, um den Tunnel zu durchqueren.«

»Du hast es erraten. Ich habe tatsächlich vier verschiedene Arten von Linien verwendet. Zuerst gibt es gestrichelte Linien, um die Passagen zu kennzeichnen, die nur eine Minute brauchen. Es handelt sich dabei um diejenigen, bei denen der Gefangene 1,

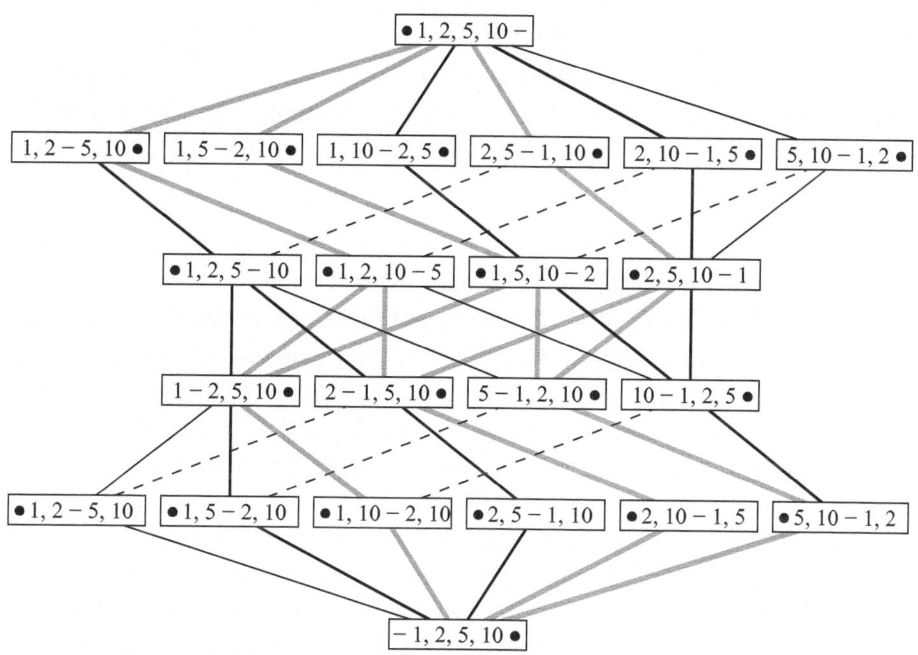

also der Schnellste, die Taschenlampe zurückbringt, das betrifft beispielsweise die Kante vom Knoten $(2,5-1,10\bullet)$ zum Knoten $(\bullet 1,2,5-10)$. Die dünnen durchgezogenen Linien entsprechen Passagen, die zwei Minuten brauchen, beispielsweise um von $(\bullet 1,2,5,10-)$ nach $(5,10-1,2\bullet)$ zu kommen, wenn die Gefangenen 1 und 2 den Tunnel gemeinsam durchqueren, oder um vom Knoten $(1-2,5,10\bullet)$ zum Knoten $(\bullet 1,2-5,10)$ zu gelangen, wenn es der Gefangene 2 ist, der die Lampe zurückbringt. Die etwas dickeren durchgezogenen Linien, beispielsweise die zwischen $(\bullet 1,2,5,10-)$ und $(1,10-2,5\bullet)$, entsprechen einer Dauer von fünf Minuten, um Passagen mit dem Gefangenen 5 zu kennzeichnen, Passagen mit dem Gefangenen 10 ausgenommen. Schließlich stehen die dicken grauen Linien für Passagen, an denen der langsamste Gefangene beteiligt ist, die demnach zehn Minuten dauern.«

»Das ist wirklich schön.«

»Ja, ich finde auch, dass mir meine Zeichnung bestens gelungen ist. Aber die Schönheit der Sache liegt vor allem darin, dass dir dieser Graph sofort die Lösung deines Problems liefert, wenn es dir gelingt, ihn richtig zu lesen.«

»Wie machst du das?«

»Man muss sich einfach nur vergegenwärtigen, dass sich dein Problem darauf zurückführen lässt, den kürzesten Weg zwischen den $(\bullet 1,2,5,10-)$ und $(-1,2,5,10\bullet)$ zu bestimmen, also zwischen der Konstellation, in der alle Gefangenen in der Gefängniszelle sitzen und derjenigen, in der sie sich im Auto ihres Komplizen befinden.«

»Der kürzeste, gemessen in Zentimetern?«

»Nein, der kürzeste in der Zeit, wobei jeder Durchlauf einer gestrichelten Linie einer Passage entspricht, die eine Minute dauert, während die dünnen durchgezogenen Linien, die dicken durchgezogenen Linien und die dicken grauen Linien Passagen mit einer Dauer von zwei, fünf bzw. zehn Minuten entsprechen.«

»Ich verstehe.«

»Zum Beispiel hast du mir vorhin eine Lösung für eine Flucht in 19 Minuten vorgeschlagen, bei der die Gefangenen 5 und 10 den Tunnel nicht gemeinsam durchqueren. Dazu kann man sich zuerst vom Knoten $(\bullet 1,2,5,10-)$ zum Knoten $(2,5-1,10\bullet)$ begeben, wobei man die dicke graue Linie durchläuft, die für eine Wegdauer von zehn Minuten steht. Sie entspricht einer Passage der Gefangenen 1 und 10. Dann kehrt der Gefangene 1 mit der Taschenlampe zurück, was einer Bewegung zum Knoten $(\bullet 1,2,5-10)$ entspricht, wobei man die gestrichelte Linie für eine Dauer von 1 Minute durchläuft. Die nachfolgende Bewegung besteht darin, die Gefangenen 1 und 5 auf die Reise zum Knoten $(1-1,5,10\bullet)$ zu schicken, wobei man der dicken schwarzen Linie für eine Dauer von 5 Minuten folgt. Der Gefangene 1 kehrt sofort zurück, um den Gefangenen 2 zu holen, was dem Weg zum Knoten $(\bullet 1,2-5,10)$ entlang einer gestrichelten Linie entspricht. Schließlich bahnen sich die Gefangenen 1 und 2 ihren Weg in die Freiheit, indem man sich entlang einer einfachen durchgezogenen Linie zum Knoten $(-1,2,5,10\bullet)$ begibt, was einer Dauer von 2 Minuten entspricht. Wir haben damit eine Gesamtdauer in Minuten von $10+1+5+1+2=19$, wie du es vorhin angegeben hast.«

»Ja, genauso habe ich es mit meiner Analyse ganz ohne Graphen bestimmen können.«

»Nun gut! Es geht besser. Ich kann dir zwei Lösungen mit einer Dauer von 17 Minuten aufschreiben. Es handelt sich dabei um die beiden Wege auf der nachfolgenden Seite, die den Knoten $(\bullet 1,2,5,10-)$ mit dem Knoten $(-1,2,5,10\bullet)$ verbinden.

In diesen beiden Lösungen machen sich die Gefangenen 1 und 2 das erste Mal gemeinsam auf den Weg, dann kehrt einer der beiden zurück, um die Taschenlampe zurückzubringen. Die zweite Reise zu zweit machen die Gefangenen 5 und 10, die dann beim Auto bleiben, und es ist der Gefangene 1 oder der Gefangene 2, der draußen stehen geblieben war, der sich zu seinem letzten Zellgenossen begibt, und beide dürfen den Tunnel erneut durchqueren und die Flucht beenden.«

»Das scheint alles so einfach, wenn man deinen Graphen sieht.«

»Genau das ist mein Ziel, wenn ich Situationen durch Graphen modelliere. Oft kann man ein offenes Problem anhand einer einfachen Zeichnung besser verstehen.«

»Nun gut! Manori, ich muss mich erneut bei dir bedanken. Du hast mich davor bewahrt, mich vor meiner Tochter zu blamieren. Wenn ich ihr die Lösung präsentiere, natürlich ohne deinen Graphen, dann werde ich in ihren Augen vielleicht ein bisschen intelligenter erscheinen.«

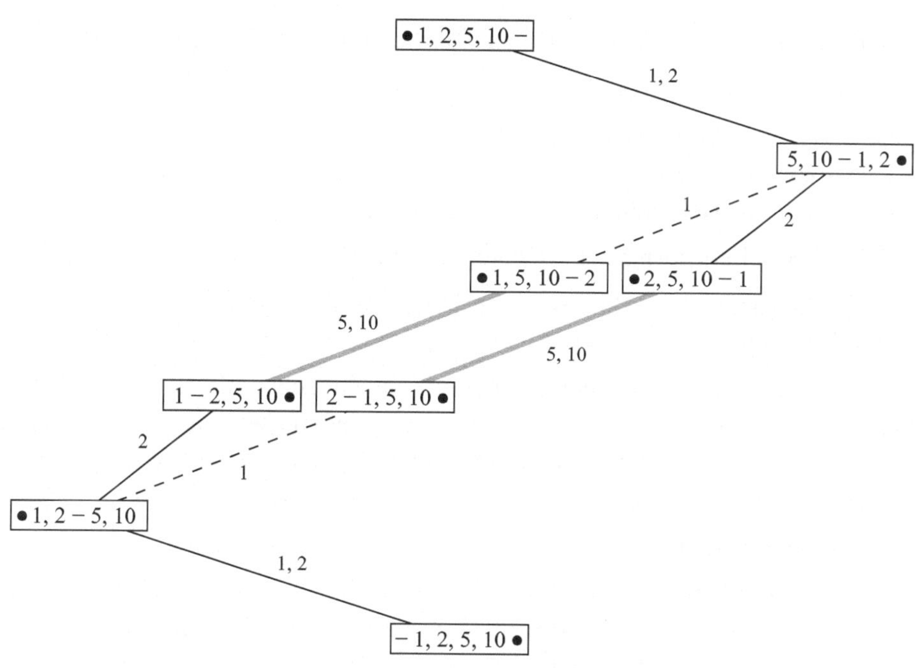

»Entschuldige bitte, dass ich vom Hundertsten ins Tausende komme, aber als du mir von deiner Tochter erzählt hast, bin ich darauf gekommen, dass ich sehr gern diesen Abend im Kreis deiner charmanten Familie verbringen würde, wenn ihr noch nichts anderes vorhabt. Wir könnten zum Beispiel am Ufer des Sees oder in der Stadt gemeinsam essen.«

»Liebend gern, aber ich bin mir nicht sicher, ob dir unser Zeitplan zusagt. Wir haben beschlossen, recht bald zu essen, damit wir zeitig ins Bett gehen können. Wir werden morgen früh gegen 5.00 Uhr aufstehen, und ich möchte fit sein für die lange Reise nach Marseille, die mich erwartet.«

»Fünf Uhr morgens?«

»Ja, wir werden unser Gepäck zeitig packen und dann sofort frühstücken. Ich werde noch die Schlüssel unserer Villa zurückgeben, um schließlich den Leihwagen entgegennehmen zu können, den ich fahren werde.«

»Wann willst du soweit sein? Gegen 7.00 Uhr?«

»Nein, ich bin diesbezüglich kein Masochist. Ich habe den Wagen für 8.30 Uhr bestellt. Jedenfalls bin ich mir nicht sicher, ob der Frühstücksraum schon vor 6.00 Uhr offen ist, damit wir unser Frühstück einnehmen können.«

»Du hast den Wagen für 8.30 Uhr bestellt und ihr wollt 5.00 Uhr aufstehen?«

»Ja, was findest du daran so ungewöhnlich?«

»Ihr müsst Stunden brauchen, um euch zu waschen und eure Sachen zu packen.«

»Nicht länger als andere gewöhnliche Sterbliche auch.«

»Nun, ich wette, dass ihr euren Wecker auf viel später als 5.00 Uhr stellen könnt. Gesetzt den Fall, dass ich dich überzeuge, bist du bereit, mir mehr Details darüber zu geben, was ihr zwischen dem Aufstehen und der Abreise machen wollt?«

»Ja, natürlich. Welche Information möchtest du haben?«

»Ich brauche die Liste eurer Aktivitäten für jedes Familienmitglied zwischen dem Aufstehen und der Entgegennahme des Autos.«

»Ja, das wird dich erheitern. Fangen wir bei mir an. Zunächst döse ich noch solange im Bett, bis Françoise das Bad frei gemacht hat. Anschließend wasche ich mich und ziehe mich an, wozu ich ungefähr zehn Minuten brauche. Dann räume ich die Kleiderschränke und die Schubfächer der Kommoden aus, wobei ich alle Sachen auf das Bett lege.«

»Wie lange brauchst du dafür?«

»Maximal eine Viertelstunde. Am längsten dauert dann das Packen. Ich kümmere mich eigentlich nur um die Sachen von Françoise und mir. Unsere beiden Töchter legen ihre Sachen ebenfalls auf einen Haufen, und meine Frau ist dafür verantwortlich, ihre Koffer zu packen. Wie du feststellen kannst, teilen wir uns die Aufgaben gut.«

»Und wie viel Zeit braucht ihr schätzungsweise, um die Koffer zu packen?«

»Wahrscheinlich gute zwanzig Minuten. Und ich betone, dass ich hier nur die Zeit rechne, die wir zum Packen der Sachen aus unserem Zimmer brauchen. Françoise verbringt vermutlich genauso viel Zeit damit, dasselbe im Zimmer unserer Töchter zu erledigen.«

»Konzentrieren wir uns im Moment auf deinen Zeitplan. Was machst du, wenn die Sachen aus eurem Zimmer gepackt sind?«

»Das kommt darauf an. Wenn Françoise mit dem Packen der Koffer unserer Töchter noch nicht fertig ist, lese ich ein wenig auf unserer Terrasse. Sobald ich den Startschuss vernehme, dass alle Sachen gepackt sind, ist es als einziger Mann des Hauses meine Aufgabe, unser Gepäck zur Hotelrezeption zu bringen.«

»Wofür du wie lange brauchst?«

»Unsere Villa ist ebenerdig, ich muss also keinen Fahrstuhl benutzen oder keine Treppen laufen. Zwei Mal jeweils fünf Minuten müssten reichen, um das ganze Gepäck zur Rezeption zu bringen.«

»Also brauchst du insgesamt zehn Minuten.«

»Genau.«

»Und danach, was machst du dann?«

»Ich warte, bis alle bereit sind, frühstücken zu gehen.«

»Ich kann mir vorstellen, dass ihr euch für das Essen Zeit nehmt, denn die Reise nach Marseille ist ziemlich lang.«

»Ja, gewöhnlich brauchen wir ungefähr eine Dreiviertelstunde, um unsere Schnitten, unsere Eier und unser Müsli usw. zu verspeisen.«

»Reist ihr danach gleich ab?«

»Fast. Wir gehen noch einmal kurz auf unsere Zimmer, um uns die Zähne zu putzen. Das dauert ungefähr zehn Minuten. Danach schließen wir die Türen unserer Villa ab, und ich begebe mich zur Rezeption, um die Schlüssel abzugeben. Die Rechnung werde ich heute Abend begleichen, um etwas Zeit zu gewinnen. Fünf Minuten sollten daher reichen, um unseren Aufenthalt im Hotel endgültig abzuschließen, den Weg zur Rezeption für die ganze Familie mit eingerechnet.«

»Wenn ich richtig verstanden habe, könnt ihr dann den Wagen entgegennehmen.«

»Genauso ist es.«

»Perfekt. Jetzt brauche ich Françoise' Zeitplan.«

»Zuerst geht sie ins Bad. Gewöhnlich kann ich gut zwanzig Minuten im Bett bleiben, bis das Bad wieder frei ist. Dann begibt sie sich in das Zimmer unserer Töchter, welche die Aufgabe haben, ihre ganzen Sachen auf ihr Bett zu legen, damit Françoise ihre Sachen packen kann.«

»Was macht Françoise, wenn die Kinder ihre Schränke noch nicht fertig ausgeräumt haben?«

»Sie wartet oder sie hilft ihnen ein bisschen.«

»Und wie lange braucht sie, um die Sachen zu sortieren und zu packen?«

»So wie ich für unsere Sachen, also ungefähr zwanzig Minuten.«

»Ist sie dann soweit, frühstücken zu gehen?«

»Nein, noch nicht. Sie geht ein weiteres Mal ins Bad, um ihr Make-Up perfekt zu machen. Dann dreht sie eine Runde durch unser Zimmer, um sich zu vergewissern, dass wir nichts vergessen haben. Dasselbe machen unsere Töchter in ihrem Zimmer.«

»Zu deinen Töchtern kommen wir später. Beenden wir zunächst Françoise' Zeitplan.«

»Bestimmt willst du jetzt wissen, wie viel Zeit sie braucht, um sich zu schminken und um sich zu vergewissern, dass wir nichts vergessen haben. Ich würde sagen, dass sie dafür eine gute Viertelstunde braucht. Danach ist sie soweit, frühstücken zu gehen.«

»Und hat sie nach dem Frühstück noch andere Aufgaben?«

»Sie putzt sich die Zähne wie der Rest der Familie.«

»Ah ja! Das hatte ich vergessen. Du hast mir schon gesagt, dass ihr für die Zahnreinigung insgesamt ungefähr zehn Minuten braucht.«

»Das stimmt.«

»Wir können also zu deinen beiden Töchtern kommen.«

»Die Situation lässt sich sehr leicht beschreiben. Sie werden zur selben Zeit geweckt wie wir. Sie räumen gleich ihre Schränke und die Schubladen ihrer Kommoden aus und legen alle Sachen auf ihr Bett. Dazu brauchen sie eine Viertelstunde. Dann warten sie, bis das Bad frei ist, das heißt, bis sich Françoise und ich gewaschen haben. Jede besetzt dann das Bad für ungefähr zehn Minuten. Anschließend sehen sie ihrer Mutter beim Packen ihrer Sachen zu. Wenn ihre Sachen gepackt sind, haben meine Töchter die Aufgabe, sich zu vergewissern, dass in ihrem Zimmer nichts vergessen wurde. Sagen wir, dass sie dafür ungefähr fünf Minuten brauchen. Und um deiner Frage zuvorzukommen, auch sie putzen sich nach dem Essen die Zähne.«

»Wenn du eurem morgendlichen Zeitplan nichts mehr hinzuzufügen hast, dann kann ich jetzt, glaube ich, versuchen zu beweisen, dass ihr morgen früh nicht 5.00 Uhr aufstehen müsst. Ich schlage dir vor, eine kleine Tabelle anzufertigen, die alle Informationen zusammenfasst, die du mir gegeben hast.«

»Ja, tu das!«

Ich skizziere die folgende Tabelle, wobei ich bereits den Graphen im Hinterkopf habe, der es mir erlauben wird, Sébastien und seine Familie zu überreden, an diesem Abend ein wenig mehr Zeit mit mir zu verbringen.

Aufgaben	Beschreibungen	Dauer	Vorgänger
V1	Sich Waschen	10	A1, M1
V2	Schränke im Zimmer der Eltern ausräumen	15	V1
V3	Sachen der Eltern packen	20	V2
V4	Gepäck zur Rezeption bringen	10	V3, M2
V5	Schlüssel abgeben	5	A3
V6	Leihwagen entgegennehmen	0	V5
M1	Sich waschen	20	A1
M2	Sachen der Töchter packen	20	M1, T1
M3	Sich schminken und das Zimmer der Eltern abgehen	15	V3, M2
T1	Schränke im Zimmer der Töchter ausräumen	15	A1
T2	Sich waschen	20	T1, V1, M1
T3	Zimmer der Töchter abgehen	5	T2, M2
A1	Aufstehen	0	
A2	Frühstücken	45	V4, M3, T3
A3	Abschließendes Zähneputzen	10	A2

»Wie du in der ersten Spalte feststellen kannst, habe ich den Aufgaben Namen gegeben. Diejenigen, die mit V beginnen, betreffen dich, wobei das ›V‹ für Vater steht. Für deine Frau habe ich den Buchstaben ›M‹ für Mutter gewählt und für deine Töchter den Buchstaben ›T‹. Die drei Aufgaben, die mit dem Buchstaben ›A‹ beginnen, betreffen euch alle. Dann kommen Spalten mit einer kleinen Aufgabenbeschreibung sowie der Dauer und der Liste der Aufgaben, die vor dieser Aufgabe erledigt werden müssen. So kann etwa die Aufgabe $T2$, also die morgendliche Reinigung deiner Töchter, erst ausgeführt werden, wenn ihr, also Françoise und du, aus dem Bad seid, das heißt nach den Aufgaben $V1$ und $M1$. Natürlich müssen eure Töchter auch die Schränke ausgeräumt haben, bevor sie ins Bad gehen, weshalb in der Liste der Vorgänger von $T2$ auch $T1$ steht.«

»Mir scheint, als hättest du vergessen zu erwähnen, dass die Töchter aufgestanden sein müssen, bevor sie ins Bad gehen. Mit anderen Worten: Die Aufgabe $A1$ müsste meiner Meinung nach auch in der Liste der Vorgänger von $T2$ vorkommen.«

»Theoretisch hast du recht, aber ich muss diese Bedingung nicht extra angeben, weil ich sie durch die Festlegung bereits berücksichtigt habe, dass $A1$ vor $T1$ stattgefunden haben muss, wie in meiner Tabelle vermerkt. Kurz gesagt, habe ich in meiner Tabelle angegeben, dass $A1$ vor $T1$ und $T1$ vor $T2$ stattgefunden haben muss. So ergibt sich auch, dass $A1$ vor $T2$ stattgefunden haben muss.«

»Ok! Ich verstehe.«

»Übrigens habe ich in der Regel die Vorgängerrelationen nicht explizit angegeben, die sich aus anderen Relationen ergeben. Beispielsweise habe ich nicht explizit angegeben, dass $A1$ vor $V5$ stattgefunden haben muss, was bedeutet, dass du die Schlüssel nicht abgeben kannst, bevor du aufgestanden bist. Man kann es aus der Tatsache ableiten, dass die Aufgaben $A1$, $V1$, $V2$, $V3$, $V4$, $A2$, $A3$ und $V5$ in dieser Reihenfolge nacheinander ausgeführt werden müssen, was aus meiner Tabelle klar ersichtlich ist.«

»Ja, ja, schon gut. Ich habe es nun verstanden.«

Courtel betrachtet aufmerksam meine Tabelle und bestätigt, dass alle Informationen korrekt sind. »Das ist alles ganz schön. Aber ich sehe nicht, inwiefern dir das helfen wird, mich davon zu überzeugen, meinen Wecker nicht auf 5.00 Uhr zu stellen. Und glaub mir, Françoise wird noch schwerer zu überzeugen sein als ich.«

»Ich werde dir einen hübschen Graphen zeichnen, um dir meinen gesamten Gedankengang zusammenzufassen. Tatsächlich hat die Festlegung eurer Abreise viele Gemeinsamkeiten mit der Flucht der vier Gefangenen, die wir eben erst analysiert haben.«

»Ich sehe keine wirkliche Ähnlichkeit, außer du willst mir einreden, dass wir aus Lausanne flüchten, wenn wir morgen das Hotel verlassen.«

»In beiden Fällen wartet ein Auto! Bei den Gefangenen war es der Komplize, der sich im Auto auf der anderen Seite des Tunnels befand, während es in eurem Fall der Leihwagen ist, mit dem ihr euch auf den Weg nach Marseille machen werdet.«

»Das ist als Gemeinsamkeit ein bisschen an den Haaren herbeigezogen.«

»Eigentlich gibt es eine andere viel wichtigere Gemeinsamkeit, die du noch nicht siehst. Ich werde dir zeigen, dass dein Weckproblem darin besteht, einen Weg zwischen zwei Knoten eines Graphen zu bestimmen, wie es bei der Flucht der vier Gefangenen der Fall war.«

»Mein ›Weckproblem‹? Du übertreibst.«

»Ja, zugegeben, es ist kein richtiges Problem für dich. Sagen wir, dass die Aufgabe, eure Weckzeit so weit wie möglich hinauszuschieben, für mich ein Optimierungsproblem ist.«

»Gut, ich habe das Gefühl, dass du darauf brennst, mir deinen Graphen zu zeichnen. Wofür stehen die Knoten diesmal?«

»Ich sehe, dass du mich langsam ganz gut kennst. Die Knoten sind einfach die vor eurer Fahrt zu erledigenden Aufgaben. Was die Kanten betrifft, setze ich immer dann eine Kante, wenn eine Vorgängerrelation besteht. Wenn eine Aufgabe A vor einer Aufgabe B erledigt werden muss, verbinde ich demnach A und B durch eine Kante. Ich werde diese Kante sogar mit einer Orientierung von A nach B versehen, um anzugeben, dass A vor B kommen muss und nicht umgekehrt. Ich werde an diese Kante auch eine Zahl schreiben, die der Dauer der Aufgabe A entspricht, um anzugeben, dass man, wenn man Aufgabe A zu erledigen beginnt, noch mindestens so viele Minuten warten muss, bevor man mit der Aufgabe B beginnen kann, denn anderenfalls wäre A noch nicht ganz beendet, was der Vorgängerrelation widersprechen würde.«

»Kannst du mir ein Beispiel geben?«

»Aber sehr gern. Wir haben gesehen, dass $V1$ vor $T2$ stattfindet, weil du aus dem Bad sein musst, bevor deine Töchter hineingehen können. Ich werde diese Bedingung wie folgt darstellen.

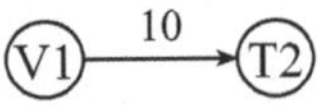

Die Zahl 10 besagt: Wenn dich deine Töchter ins Bad gehen sehen, müssen sie mindestens zehn Minuten warten, bevor sie sich waschen können, um dir Zeit zu lassen, das Bad wieder zu verlassen.«

»Ich verstehe.«

»Perfekt. Gib mir nun ein oder zwei Minuten, um den Graphen zu zeichnen, der alle Daten berücksichtigt, die du angegeben hast.«

Nachdem ich mich versichert habe, keinen Fehler gemacht zu haben, betrachte ich mein Werk einige Zeit, bevor ich erkläre: »Mein lieber Sébastien, ihr werdet wesentlich länger schlafen können, als ihr geplant habt.«

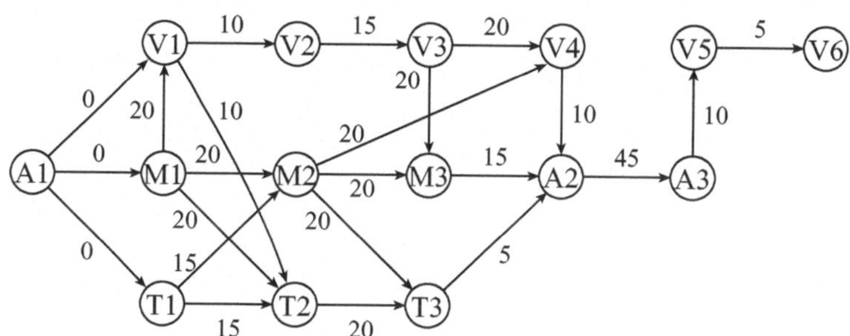

»Wirklich? Wie üblich ist dein Graph großartig, aber ich kann kaum erkennen, wie du damit versuchen willst, uns länger schlafen zu lassen. Wenn ich richtig verstanden habe, entspricht $A1$ dem Aufstehen morgen früh und $V6$ entspricht der Entgegennahme des Leihwagens. Um uns so lange wie möglich schlafen zu lassen, darf auch nur so wenig Zeit wie möglich zwischen den Aufgaben verstreichen.«

»Das ist richtig.«

»Warte, ich glaube, ich habe es verstanden. Ich wette, dass du mir mitteilen wirst, dass es darum geht, den kürzesten Weg zwischen $A1$ und $V6$ zu bestimmen. Oder irre ich mich?«

»An dem, was du gerade gesagt hast, ist etwas Wahres, es gibt aber auch einen großen Irrtum. In der Tat interessiere ich mich für einen Weg, der die Knoten $A1$ und $V6$ verbindet. Allerdings suche ich nicht den kürzesten, sondern den längsten Weg.«

»Den längsten? Was für eine Idee! Du möchtest, dass ich 4.00 Uhr morgens aufstehe?«

»Nein, überhaupt nicht. Erinnere dich an die Geschichte über die Flucht der vier Gefangenen. Stell dir für den Moment vor, dass der langsamste Gefangene den Tunnel in Begleitung des schnellsten durchquert. Wie lange werden sie brauchen, um auf die andere Seite zu kommen?«

»Zehn Minuten.«

»Das ist richtig. Obwohl der Schnellste den Weg in einer Minute zurücklegen könnte. Es ist der Langsamste, der festlegt, wie lange sie für die Passage des Tunnels brauchen. Tatsächlich entspricht jede Kante, die ich in meinem Graphen der Gefangenen eingefügt habe, der Lösung eines kleinen Problems des längsten Weges.«

»Gib mir bitte ein Beispiel.«

»Betrachten wir die dicke graue Kante, die ich zwischen $(\bullet 1,2,5,10-)$ und $(2,5-1,10\bullet)$ eingefügt habe, um anzugeben, dass die Gefangenen 1 und 10 den Tunnel gemeinsam in zehn Minuten durchqueren. Um die Dauer dieser Passage zu bestimmen, hätte ich im Graphen auf der nachfolgenden Seite links ein Problem des längsten Weges lösen können.

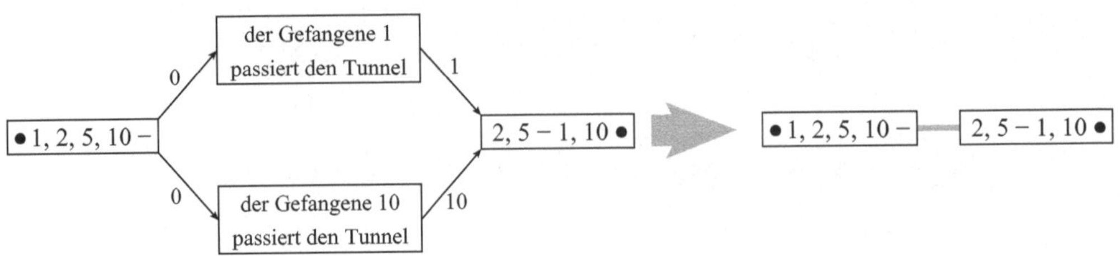

Dieser Graph enthält zwei neue Knoten, einen für die Passage des Gefangenen 1 und den anderen für die des Gefangenen 10. Diese Passagen können sofort beginnen, wenn man sich in der Konstellation ($\bullet 1,2,5,10-$) befindet, was den Wert 0 an den Kanten erklärt, die von diesem Knoten ausgehen. Um den Knoten ($2,5-1,10\bullet$) zu erreichen, müssen die beiden Gefangenen dagegen den Rand des Tunnels bereits erreicht haben. Mit anderen Worten: Die Aufgabe ($2,5-1,10\bullet$) hat in ihrer Vorgängerliste die Passagen der Gefangenen 1 und 10. Eine dieser Passagen dauert eine Minute, die andere zehn. Ich habe die beiden Vorgängerrelationen mithilfe der zwei Kanten dargestellt, die auf den Knoten ($2,5-1,10\bullet$) gerichtet sind. Es ist jetzt der längste Weg und nicht der kürzeste, der die Zeit bestimmt, welche die beiden Gefangenen brauchen, um den Tunnel zu durchqueren. Der längste Weg hat die Länge 10, was die dicke graue Kante erklärt, die ich eingefügt habe, um diese Konstellation darzustellen, wie du im rechten Teil meiner Zeichnung sehen kannst. Verstehst du, was ich meine?«

»Ich glaube, obwohl ich mir dessen nicht sehr sicher bin.«

»Kommen wir nun auf das Problem eures Aufstehens morgen Früh zurück. Stell dir vor, dass Françoise als Erste für das Frühstück fertig wäre. Sie ist gezwungen, so lange zu warten, bis du und deine Töchter auch fertig sind, um zum Speisesaal zu gehen. Anders ausgedrückt, ist es der Langsamste von euch Vieren, der den Zeitpunkt bestimmt, an dem ihr eure Zimmer verlassen könnt. Der Langsamste ist an dem Umstand erkennbar, dass er den längsten Weg von $A1$ nach $V6$ hat.«

»Und wer ist in unserem Fall der Langsamste?«

»Es ist Françoise, die als Letzte für das Frühstück fertig sein wird.«

»Ah! Die Frauen…«

»Sei nicht so voreilig mit deiner Kritik. Sie ist nämlich als Letzte für das Frühstück fertig, weil sie warten muss, bis du mit dem Packen der Sachen fertig bist, bevor sie in ihrem letzten Rundgang prüfen kann, dass in eurem Zimmer nichts vergessen wurde.«

»Da haben wir's! Es wird wieder meine Schuld sein, dass wir früh aufstehen.«

»Keiner ist wirklich Schuld. Sie wartet nämlich auf dich, weil du nicht ins Bad gehen kannst, bevor sie herausgekommen ist, und sie braucht im Bad doppelt solange wie du.«

»Diese Beobachtung gefällt mir schon besser.«

»Aber ich glaube nicht, dass wir nach einen Sündenbock suchen sollten, um ihn für eurer zeitiges Aufstehen verantwortlich zu machen. Ihr leistet Teamarbeit, und ihr bestimmt daher eure Abfahrtszeit gemeinsam. Ich zeige dir hier den längsten Weg.«

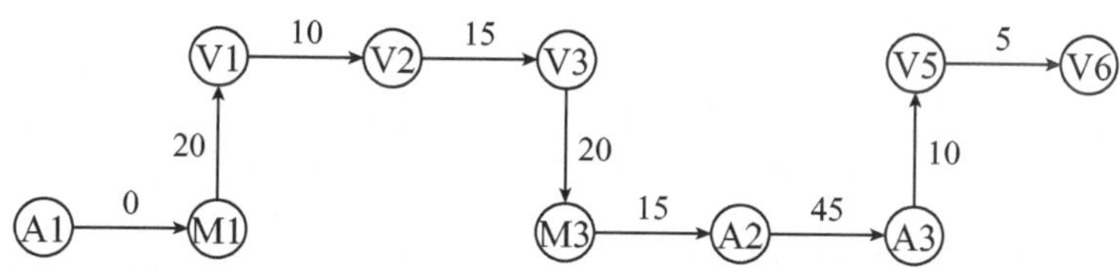

»Und wie hast du ihn bestimmt?«

»Eine Erklärung würde etwas zu lange dauern. Aber ich denke, dass der Graph überschaubar ist, sodass du dich selbst davon überzeugen kannst, dass zwischen $A1$ und $V6$ kein längerer Weg existiert.«

»Ich glaube dir. Wenn ich richtig gerechnet habe ist die Länge des Weges gleich $20+10+15+20+15+45+10+5=140$, was bedeutet, dass wir 2 Stunden und 20 Minuten brauchen, um uns fertig zu machen.«

»Was bedeutet, dass ihr erst 6.10 Uhr aufzustehen braucht, weil euer Auto nicht vor 8.30 Uhr zur Verfügung stehen wird. Außerdem hat der Weg bis zum Knoten $A2$ eine Länge von 80 Minunten, was bedeutet, dass ihr euch 7.30 Uhr in den Speisesaal begeben könnt. So seid ihr wenigstens sicher, dass er offen sein wird und dass euch jemand einen guten heißen Kaffee servieren wird.«

»Das ist interessant. Du hast mir gerade gezeigt, dass wir 70 Minuten länger schlafen können, als wir geplant haben. Aber ich bin mir nicht sicher, ob es mir gelingt, Françoise zu überzeugen, den Wecker so spät zu stellen.«

»Ich glaube, sie davon überzeugen zu können, den Wecker noch später zu stellen, ohne dass ihr euch beeilen müsst, den Leihwagen rechtzeitig entgegennehmen zu können.«

»Ach ja! Und wie?«

»Ich entschuldige mich im Voraus, mich in euer Privatleben einzumischen, aber stell dir einen Moment vor, dass du zuerst ins Bad gehst, wenn der Wecker klingelt.«

»Françoise könnte noch zehn Minuten länger im Bett bleiben, solange ich im Bad bin.«

»Noch besser. Sie könnte tatsächlich 25 Minuten länger schlafen.«

»Aber in Bezug darauf kann ich dir gar nicht mehr folgen.«

»Ich werde prüfen, ob du die Konstruktion meines Graphen richtig verstanden hast. Was ändert sich, wenn du als Erster ins Bad gehst?«

»Ich glaube, mit ziemlicher Sicherheit sagen zu können, dass man nur die Richtung der Kante umkehren muss, die $M1$ mit $V1$ verbindet. Anstatt dass ich warten muss, bis das Bad frei ist, muss sie warten oder kann besser noch ein bisschen länger im Bett dösen.«

»Du hast fast recht. Das reicht nämlich noch nicht ganz. Man muss auch die Zahl ändern, die neben dieser Kante steht, weil sie im Bad zwanzig Minuten braucht, während du nur zehn brauchst. Hier ist die notwendige Änderung.«

»Ich hatte also recht, als ich sagte, dass sie zehn Minuten Schlaf gewinnt.«

»Nein, ich behaupte, dass sie 25 Minuten gewinnt. Mit dieser Änderung ist der längste Weg nicht mehr derselbe wie vorher. Hier ist der neue Weg.«

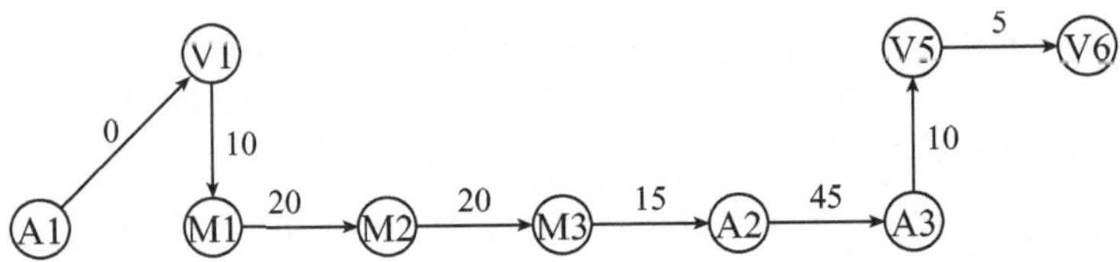

»Warte, bis ich gerechnet habe: $10 + 20 + 20 + 15 + 45 + 10 + 5 = 125$. Ich schließe daraus, dass ich 15 Minuten gewinne.«

»Ja, wenn du vor deiner Frau ins Bad gehst, braucht ihr fünfzehn Minuten weniger, um euch fertig zu machen, und außerdem wartet Françoise zehn Minuten im Bett, bis du im Bad fertig bist. Also gewinnt sie insgesamt 25 Minuten.«

»Wie ist das möglich?«

»Alles hängt an dem Weg, der $M1$ mit $M3$ verbindet, was bedeutet, dass es sich zwischen dem Zeitpunkt abspielt, an dem Françoise ins Bad geht, und dem Zeitpunkt, an dem sie sich vergewissert, dass in eurem Zimmer nichts vergessen wurde. Vergleiche die beiden Wege.«

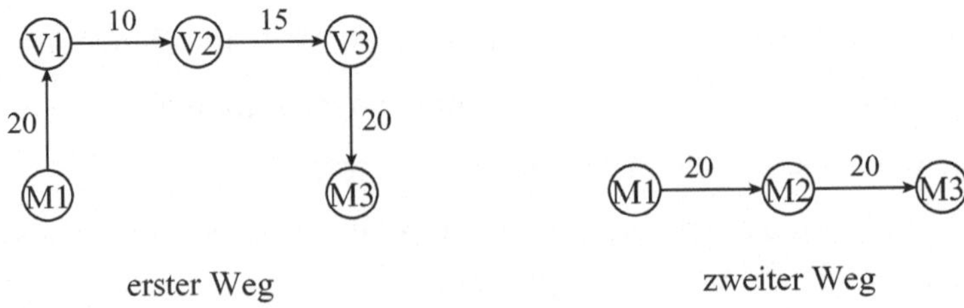

erster Weg zweiter Weg

»Ich sehe, dass der eine eine Länge von 65 Minuten und der andere eine Länge von 40 Minuten hat.«

»Und wenn du 40 von 65 subtrahierst, erhältst du 25, also die 25 berühmten Minuten, die Françoise gewinnt. In beiden Lösungen geht sie ins Bad, bevor sie die Koffer eurer Töchter packt, wozu sie insgesamt 40 Minuten braucht. Ihre nächste Aufgabe $M3$ konnte sie in der ersten Lösung nicht sofort ausführen, weil sie warten musste, bis du mit dem Packen eurer Koffer fertig warst, also mit deiner Aufgabe $V3$. Weil es 45 Minuten dauert, bis du nach dem Aufstehen mit dem Packen eurer Koffer fertig bist, während sie zum Packen der Koffer eurer Töchter nur 20 Minuten braucht, wartet sie 25 Minuten, ohne etwas zu tun. In der zweiten Lösung wartet sie nicht mehr.«

»Aber warum gewinnt man am Ende der Rechnung nur 15 Minuten, denn die Zeitdifferenz zwischen den beiden Wegen von $A1$ nach $V6$ ist, wenn ich richtig gerechnet habe, $140 - 125 = 15$?«

»Das Problem ist, dass zwar deine Frau keine freie Zeit mehr vom Aufstehen bis zum Frühstück hat, dies aber für dich nicht gilt. Nachdem du aus dem Bad gekommen bist, brauchst du fünfzehn Minuten, um die Schränke auszuräumen, zwanzig Minuten, um die Koffer zu packen und zehn Minuten, um alle Koffer zur Rezeption zu bringen, was insgesamt 45 Minuten ergibt. Ihrerseits braucht deine Frau, nachdem du aus dem Bad gekommen bist, zwanzig Minuten zum Waschen, zwanzig Minuten zum Packen der Koffer eurer Töchter und fünfzehn Minuten, um ihrem Make-up den letzten Schliff zu geben und sich zu vergewissern, dass nichts vergessen wurde, was insgesamt 55 Minuten ergibt. Du musst also 10 Minuten warten.«

»Wenn ich richtig verstanden habe, anstatt dass sie 25 Minuten mit Nichtstun verbringt, muss ich 10 Minuten damit verbringen, was eine Differenz von 15 Minuten ergibt.«

»Das ist richtig, und es erklärt, warum ihr den Wecker 15 Minuten später stellen könnt.«

»Und ich mache in Wirklichkeit einen schlechten Tausch. Wenn ich richtig gerechnet habe, werde ich meinen Wecker nämlich auf 6.25 Uhr stellen müssen, während ich in der ersten Lösung erst 20 Minuten nach Françoise aufstehen musste, also 6.30 Uhr.«

»Ja, du hast recht. Aber die anderen gewinnen enorme Schlafzeit. Wir haben zum Beispiel gesehen, dass Françoise bis 6.35 Uhr schlafen kann anstatt nur bis 6.10 Uhr, was nicht zu unterschätzen ist.«

»Und wie ist es bei unseren Töchtern?«

»Eure Töchter müssen nur sicherstellen, dass ihre Sachen auf ihrem Bett liegen, wenn sie Françoise einpacken will. In der ersten Lösung ist sie 6.30 Uhr soweit, weil sie 6.10 Uhr aufsteht und 20 Minuten im Bad braucht. Eure Töchter, die zum Ausräumen der Schränke 15 Minuten brauchen, hätten daher spätestens 6.15 Uhr aufstehen müssen. In der zweiten Lösung verlässt Françoise das Bad 6.55 Uhr, was bedeutet, dass eure Töchter eine Viertelstunde vorher aufstehen müssen, also 6.40 Uhr. Daher gewinnen auch sie 25 Minuten Schlafzeit.«

»Am Ende der Rechnung gewinnen alle 25 Minuten, außer mir, ich verliere 5 Minuten.«

»Ich denke, das kannst du verkraften. Aber das musst du selbst wissen. In jedem Fall glaube ich, dass du gute Argumente hast, den Wecker morgen früh nicht auf 5.00 Uhr zu stellen und deine Frau zu überzeugen, als Zweite ins Bad zu gehen.«

»Deine Argumente sind exzellent, besonders für einen Cartesianer wie mich. Ich bin allerdings nicht so sicher, ob Françoise deinen Empfehlungen folgt.«

»Auch nicht, wenn du ihr sagst, dass ich heute Abend etwas Zeit mit eurer charmanten Familie verbringen möchte und eine Weckzeit von 6.25 Uhr anstatt 5.00 Uhr einen Unterschied von ungefähr anderthalb Stunden macht? Wenn ihr genauso lange schlafen wollt, wie ursprünglich geplant, dann reicht es, wenn ihr anderthalb Stunden später ins Bett geht als geplant, was uns Zeit geben würde, ein letztes Mal ein gutes Restaurant am Ufer des Sees zu genießen.«

»Ich werde es ihr gleich erzählen, denn sie sollte jetzt von ihrem Stadtbummel zurückgekehrt sein.«

»Telefonieren wir in einer Stunde, um uns auf dem Laufendem zu halten?«

»Ok! Das ist eine gute Idee! Ich kann gleich versuchen, sie zu überzeugen, indem ich schon mal einen Teil unserer Sachen auf das Sofa in unserem Zimmer lege, was uns morgen noch ein bisschen mehr Zeit gewinnen lassen dürfte. Denn alles, was wir heute Abend erledigen können, wird uns morgen Früh einen Zeitgewinn bringen, und je später der Wecker gestellt wird, umso besser werde ich morgen in Form sein, um meine ganze Familie nach Marseille zu fahren.«

»Dann warte ich auf deinen Anruf.«

»Ja, bis gleich.«

9 Der Sudoku-Lehrling

OFFENSICHTLICH IST MEINE ÜBERZEUGUNGSKRAFT RECHT GUT ENTWICKELT. Die Argumente, die ich Courtel gestern nannte, um seine Frau zu überzeugen, etwas später schlafen zu gehen als geplant, hatten den gewünschten Erfolg: Schließlich willigte die ganze Familie ein, sich in dem Restaurant am Ufer des Sees, in dem wir gestern zu Abend gegessen haben, Zeit zu nehmen. Vielleicht war ich ihnen auch ganz einfach eine angenehme Gesellschaft. Auf jeden Fall haben wir einen sehr schönen Abend verbracht, wir haben uns gut amüsiert, und das Essen war absolut köstlich. In Lausanne isst man wirklich gut.

Gerade befinde ich mich in einem Flugzeug, das mich nach Montréal zurückbringt. Heute Morgen habe ich gegen 10 Uhr das Hotel verlassen, nachdem ich mich noch von mehreren Tagungszkollegen verabschiedet und mich mit ihnen für die nächste COPS in Paris verabredet hatte. Despontin hatte uns versprochen, uns gut zu behandeln, genauso gut wie die Schweizer es dieses Jahr getan hatten. Bonvin informierte mich, dass es seiner Spezialeinheit gelungen war, den Urheber des anonymen Anrufs in der Erbangelegenheit von Monsieur Grumbacker zu fassen. Es handelt sich um einen Freund der Familie, der hoffte durch seinen Schwindel etwas vom Kuchen abzubekommen. Er befindet sich jetzt hinter Schloss und Riegel und wartet auf seinen Prozess. Monard und

Nicolet, der Organisator der Tagung, bedankten sich ihrerseits beide bei mir dafür, zum Erfolg der Sektion ›Ungelöste Fälle‹, die sie erstmalig organisiert hatten, so wesentlich beigetragen zu haben.

Für den Weg zum Bahnhof habe ich ein Taxi genommen, da Lausanne eine vollkommen am Hang gelegene Stadt ist. Ich sage immer, dass sie nicht für Radfahrer geeignet ist, ausgenommen vielleicht diejenigen, die sich auf Wettkämpfe in den Bergen vorbereiten wollen. Wenn ich immerhin bei meiner Ankunft in Lausanne diesen Sonntag Morgen mühelos zu Fuß vom Bahnhof zum Hotel gelangen konnte, so lag es daran, dass es immer nur bergab ging. Mit meinem Koffer den umgekehrten Weg zu bewältigen, dazu fehlte mir die Courage.

Mein Zug brauchte nur 45 Minuten bis zum Genfer Flughafen. Anschließend habe ich mein Gepäck aufgegeben und nicht sehr lange auf meinen Inlandsflug nach Zürich warten müssen. Im Vergleich zu Kanada ist die Schweiz wirklich ein sehr kleines Land. Das Flugzeug brauchte nur etwas mehr als eine halbe Stunde, um die Schweiz von Südwest nach Nordost zu überqueren. Kaum hatte ich mich hingesetzt und ein Erfrischungsgetränk bekommen, da wurden wir auch schon wieder gebeten, unsere Gurte zu schließen und uns auf die Landung vorzubereiten.

Nach nur zwei Stunden Aufenthalt in Zürich konnte ich schließlich an Bord des Flugzeugs gehen, das mich nach Montréal zurückbringt. Neben mir scheint sich eine junge Asiatin für Sudoku zu begeistern. Dieses Spiel, das heute zahlreiche Anhänger hat, besteht aus einem Gitter mit 9 Zeilen und 9 Spalten, die in 9 Quadrate aus je 3×3 Kästchen unterteilt sind, so wie hier.

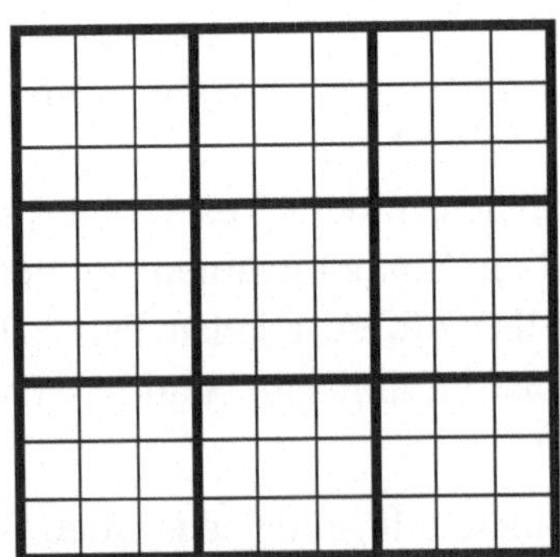

Jedes Kästchen kann nur eine Zahl zwischen 1 und 9 enthalten. Ein Sudoku lösen bedeutet, ein teilweise ausgefülltes Gitter zu betrachten und die Zahlen von 1 bis 9 so zu ergänzen, dass jede Zahl genau ein Mal pro Zeile, pro Spalte und pro Quadrat vorkommt.

Dem Anschein nach sehr einfach, kann dieses Spiel je nach Schwierigkeitsgrad des Gitters, der zumeist von der Anzahl der ursprünglich gegebenen Zahlen abhängt, wahrhaft Kopfzerbrechen bereiten. Die Gitter, die meine Nachbarin auszufüllen versucht, scheinen besonders schwierig zu sein. Ich glaube, sie hat, seit wir an Bord des Flugzeugs sind, in einige Gitter nur eine Zahl eintragen können. Jedes Mal, wenn ich sah, wie sie eine Zahl in ein Kästchen schrieb, ging sie sofort zum nächsten Gitter ihres kleinen Büchleins über, als ob sie der Ansicht wäre, sich nun genug mit dem aktuellen Gitter abgemüht zu haben.

Seit unserem Start in Zürich sind etwas mehr als vier Stunden vergangen. Nach dem Aperitif hat man uns eine leichte Mahlzeit serviert und nun ist meine Sudoku-Nachbarin seit mehr als einer halben Stunde über ein Gitter gebeugt, ohne dass es ihr gelingt, auch nur das kleinste Kästchen auszufüllen. Da auch ich ein Anhänger dieses Spiels bin, kann ich der Versuchung nicht widerstehen, ein Gespräch anzufangen. Vielleicht akzeptiert sie, dass ich ihr ein wenig helfe?

»Guten Tag, entschuldigen Sie bitte, dass ich Sie bei Ihrer Tätigkeit unterbreche, die Sie zu fesseln scheint.«

»Guten Tag.«

»Ist das Ihre erste Reise nach Kanada?«

»Nein, ich bin Studentin in Montréal.«

»Machen Sie eine universitäre Ausbildung?«

»Ich studiere Maschinenbau an der Ècole Polytechnique de Montréal.«

»Ich selbst habe Mathematik studiert, in der Schweiz, aber jetzt lebe ich in Montréal. Wissen Sie schon, in welcher Fachrichtung Sie sich spezialisieren wollen?«

»Wahrscheinlich Luftfahrt, aber ich bin mir noch nicht sicher.«

»Und die Sudokus, die Sie lösen, seit wir im Flugzeug sind, gehören sie zu einer Aufgabe, die Sie bei Ihrer Rückkehr nach Montréal abgeben müssen?«

»Nein, ganz und gar nicht. Ich löse die Sudokus, um mein logisches Denkvermögen zu schulen. Eigentlich sind das gar keine richtigen Sudokus, wie Sie sie vielleicht kennen.«

»Handelt es sich etwa um Samurai Sudokus, von denen ich schon gehört habe?«

»Nein, eigentlich bin ich Sudoku-Lehrling, wenn ich diesen Begriff verwenden darf. Ich versuche Kniffe zu erlernen, um meine Strategien zu verbessern.«

»Können Sie mir mehr darüber sagen?«

»Das ist ganz einfach. In diesem Büchlein habe ich etwa hundert Gitter, aber das Ziel ist nicht, jedes einzelne davon komplett auszufüllen, sondern lediglich jeweils eine Zahl in ein Kästchen einzutragen. Diese Gitter wurden so erstellt, dass es mindestens ein Kästchen gibt, das eindeutig ausgefüllt werden kann.«

»Wenn ich richtig verstanden habe, kann es sein, dass es für Ihre Gitter mehrere Lösungen gibt, aber es gibt jedes Mal mindestens ein Kästchen, für das Sie keine andere Wahl haben, was die Zahl betrifft, die Sie hineinschreiben müssen.«

»Sie verstehen schnell! Es ist genau dieses besondere Kästchen, das ich in jedem Gitter suche.«

»Jetzt verstehe ich auch, warum Sie direkt zum nächsten Gitter übergehen, sobald Sie es geschafft haben, ein Kästchen auszufüllen.«

»Wie ich sehe, haben Sie mich aufmerksam beobachtet.«

»Ja, ich entschuldige mich dafür. Ich bin von Natur aus sehr neugierig und Ihr Umgang mit den Gittern hat mich sehr erstaunt und mich dazu gebracht, ein Gespräch mit Ihnen anzufangen.«

»Das macht nichts. Wenn ich in Montréal mit der Metro fahre und neben jemandem sitze, der versucht ein Sudoku zu lösen, kann ich es mir auch nicht verkneifen, auf sein Gitter zu schielen und zu versuchen, ein Kästchen zu finden, das ich ausfüllen kann.«

»Da sind wir uns ähnlich, ich habe die gleiche Angewohnheit wie Sie.«

»Das muss wohl der stets wache Geist der Wissenschaft sein, der uns dazu treibt.«

»Da haben Sie zweifellos recht. Aber ich bemerke gerade, dass ich mich nicht einmal vorgestellt habe. Ich heiße Maurice Manori, ich bin Kriminalinspektor der Sûreté du Québec.«

»Haben Sie also der Mathematik den Rücken gekehrt, um sich bei der Polizei zu engagieren?«

»Nein, überhaupt nicht! Ich bin Mitglied der Kriminaltechnik und nutze meine mathematische Begabung im Rahmen meiner Ermittlungen.«

»Wow, ich bin beeindruckt! Sie haben mir gesagt, dass Sie in der Schweiz studiert haben und ich nehme an, einige Ihrer Familienmitglieder und Freunde leben immer noch dort. Haben Sie diese Reise unternommen, um sie wiederzusehen, oder gab es berufliche Gründe dafür?«

»Sie unterziehen mich ja einem regelrechten Verhör!«

»Entschuldigen Sie, ich wollte nicht...«

»Aber nein, das war doch nicht ernst gemeint. Ich habe vier Tage als Teilnehmer einer internationalen Tagung der Kriminaltechnik in Lausanne verbracht.«

»Ich wusste nicht, dass sich die Polizisten aus der ganzen Welt auf Tagungen treffen.«

»Man lernt eben nie aus! Mir wird gerade bewusst, dass ich Ihren Vornamen noch nicht kenne. Haben Sie etwas dagegen, ihn mir zu verraten?«

»Mein Vorname ist Lei.«

»Wenn ich mich nicht irre, bedeutet das im Chinesischen ›Knospe‹. Ich habe eine Kollegin mit dem gleichen Vornamen.«

»Die genaue Bedeutung ist ›Blütenknospe‹.

»Das ist ein sehr hübscher Vorname. Um auf die Sudokus zurückzukommen, mir scheint das Gitter, an dem Sie gerade arbeiten, besonders schwierig zu sein. Ich glaube, Sie haben bereits mehr als eine halbe Stunde damit zugebracht.«

»Da haben Sie recht. Und ich weigere mich, zum folgenden Problem zu gehen, bevor ich die Lösung des Gitters, an dem ich gerade arbeite, gefunden habe.«

»Darf ich Ihnen helfen?«

»Wenn Sie möchten, aber Sie werden sehen, dass es gar nicht so einfach ist. Hier ist das betreffende Gitter.«

					5	7		6
	3		1				9	
	1	9	5				4	
					3			7
					6			
					7			1
								3

»Gestatten Sie mir bitte, es abzuzeichnen, und ich werde sehen, ob ich etwas Interessantes entdecken kann.«

Ich hatte das Gitter etwa gut zwei Minuten analysiert, als ich plötzlich die Lösung vor Augen hatte, klar und deutlich. »Aber natürlich«, sagte ich laut, »warum habe ich daran nicht früher gedacht. Wieder das Rad aus dem Fall mit dem Kapuzenmann. Am Rad fehlt lediglich eine Speiche.«

»Wie bitte? Was haben Sie gerade gesagt?«

»Entschuldigen Sie, ich führe Selbstgespräche. Wie ich Ihnen vorhin gesagt habe, komme ich von einer Tagung in der Schweiz und wir haben dort einen Fall mithilfe einer Methode gelöst, die ich tagtäglich anwende. Mir ist gerade klar geworden, dass wir genau diese Methode verwenden können, um ein oder sogar zwei Kästchen Ihres Gitters auszufüllen.«

»Sie machen mich neugierig. Ich kann Ihre Worte kaum erwarten.«

»Zuerst muss ich Ihnen aber einen kleinen einminütigen Kurs über die Graphentheorie geben.«

»Die Graphentheorie? Sie wollen über dieses Modellierungswerkzeug sprechen, das aus Knoten und Kanten besteht?«

Ich werfe meiner Nachbarin einen bewundernden Blick zu. »Jetzt verblüffen Sie mich.«

»Warum? Ich hatte schon in der Sekundarstufe das Vergnügen einer Einführung in die Graphentheorie. Später haben dann im Rahmen der Kurse, die ich an der Ècole Polytechnique besuchte, mehrere Dozenten darüber gesprochen. Ich muss aber zugeben, dass ich mich immer gefragt habe, inwiefern sie im Bereich des Maschinenbaus von Nutzen sein kann.«

»Sie werden erstaunt sein, wie viele praktische Probleme mithilfe der Graphentheorie modelliert werden können. Ich könnte Ihnen zu diesem Thema einen langen Vortrag halten, aber für den Moment halte ich mich lieber an Ihr Sudoku-Gitter.«

»Was haben Sie denn Besonderes an diesem Gitter festgestellt?«

»Ich habe das Rad eines Fahrrads entdeckt, um den bildhaften Begriff zu verwenden, den meine Kollegen in Lausanne gewählt haben.«

»Das Rad eines Fahrrads?«

»Ja, ich werde es erklären. Jedem Kästchen des Gitters kann ich einen Knoten eines Graphen zuordnen.«

»Damit erhalten Sie einen Graphen, der 81 Knoten besitzt.«

»Exakt! Ich habe aber nicht die Absicht, diesen Graphen im Ganzen zu zeichnen. Man würde darauf nichts mehr erkennen können.«

»Welche sind die Kanten Ihres Graphen?«

»Ich werde zwei Knoten durch eine Kante verbinden, wenn diese Knoten zu Kästchen gehören, die sich in derselben Zeile, in derselben Spalte oder in demselben Quadrat aus 3×3 Kästchen befinden.«

»Aber warum? Welche Beweggründe haben Sie dafür, einen solchen Graphen zu betrachten?«

»Ich möchte einfach die Tatsache abbilden, dass zwei durch eine Kante verbundene Knoten zu zwei Kästchen des Gitters gehören, in die nicht die gleiche Zahl eingetragen werden kann.«

»Die neun Kästchen ein und derselben Zeile entsprechen also neun Knoten, die durch jeweils eine Kante miteinander verbunden sind.«

»Ja, und es verhält sich genauso mit den neun Kästchen jeder Spalte oder den neun Kästchen desselben 3×3-Quadrats.«

»Bis dahin kann ich Ihnen folgen.«

»Ehe ich aber alle 81 Knoten dieses Graphen mit den zahlreichen Kanten zwischen ihnen zeichne, beschränke ich mich lieber auf den Teil des Graphen, der den Kästchen entspricht, die ich hier geschwärzt habe und in die ich die Buchstaben A, B, C, D, E und F schreibe, um sie wiederzuerkennen.«

					5	7		6
	3		1		A	B	9	F
								C
	1	9	5		E		4	D
					3			7
					6			
					7			1
								3

»Warten Sie! Lassen Sie mich den Graphen zeichnen, um zu sehen, ob ich richtig verstanden habe.«

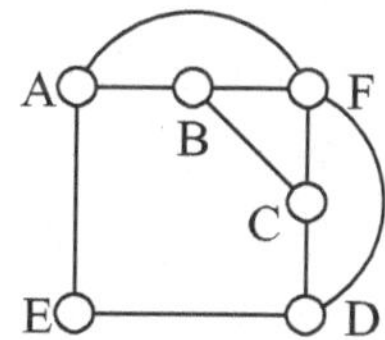

»Bravo Lei! Das ist der richtige Graph.«

»Aber ich sehe nicht, wo Ihr Rad ist.«

»Gedanklich habe ich den Graphen gezeichnet, indem ich die Knoten etwas anders angeordnet habe. Ich habe den Knoten *F* ins Innere des aus den Knoten *A*, *B*, *C*, *D* und *E* gebildeten Fünfecks gelegt, so wie hier.

Der Knoten *F* wurde dadurch zum Mittelpunkt eines Rades, von dem die Speichen ausgehen, wobei die fünf Knoten des Fünfecks die Außenlinie des Rades bilden. Mein Rad ist etwas lädiert, da die Speiche von *F* nach *E* fehlt.«

»Sie haben ja Fantasie. Aber ich verstehe nicht, worauf Sie hinauswollen. Wie hilft mir das Rad dabei, ein Kästchen in meinem Gitter auszufüllen?«

»Nicht ein, sondern zwei Kästchen!«

»Wollen Sie andeuten, dass mir dieser kleine Graph mit sechs Knoten sagen wird, wie ich zwei Kästchen meines Gitters ausfülle?«

»Genau. Zuerst betrachten wir die Möglichkeiten, die uns im Zusammenhang mit jedem der sechs Kästchen *A*, *B*, *C*, *D*, *E* und *F* gegeben sind.«

»Ich habe an dem Gitter schon lange genug gearbeitet, um sagen zu können, dass die Kästchen *A*, *B*, *C* und *F* nur eine 2, 4 oder 8 enthalten können, während man in die Kästchen *D* und *E* nur eine 2 oder 8 schreiben kann.«

»Sie haben recht, Lei. Sie haben also festgestellt, dass diese sechs Kästchen nur drei verschiedene Zahlen enthalten können: die 2, die 4 und die 8.«

»Und dann?«

»Ich schlage vor, den Knoten meines Graphen genau drei Farben zuzuordnen: Schwarz, Grau und Weiß. Dabei sollen Sie nur die Bedingung einhalten, Knoten, die miteinander durch eine Kante verbunden sind, nicht gleich zu färben.«

»Worauf genau wollen Sie hinaus?«

»Den drei Farben ordne ich später die Zahlen 2, 4 und 8 zu, die in den sechs Kästchen *A*, *B*, *C*, *D*, *E* und *F* erscheinen können. Aber ich habe noch nicht entschieden, welche Farbe welcher Zahl entspricht.«

»Wenn ich richtig verstehe, versehen Sie die Enden einer Kante mit verschiedenen Farben, um anzugeben, dass die von ihr verbundenen Kästchen nicht die gleiche Zahl enthalten können?«

»Sie haben genau verstanden. Beachten Sie, dass das Dreieck aus den Knoten *A*, *B* und *F* drei Farben enthält, weil diese drei Knoten paarweise disjunkt verbunden sind. Ich schlage vor, den Knoten *A* schwarz zu färben, den Knoten *B* grau und den Knoten *F* weiß. Nun machen Sie weiter.«

»Ich leite daraus ab, dass *C* schwarz ist, weil *B* grau ist und *F* weiß. Die einzige mögliche Farbe für *D* ist daher Grau, weil *C* schwarz ist und *F* weiß. Der Knoten *E* schließlich muss weiß sein, weil *A* schwarz und *D* grau ist. Hier ist also die einzige mögliche Farbzuordnung Ihres Graphen.«

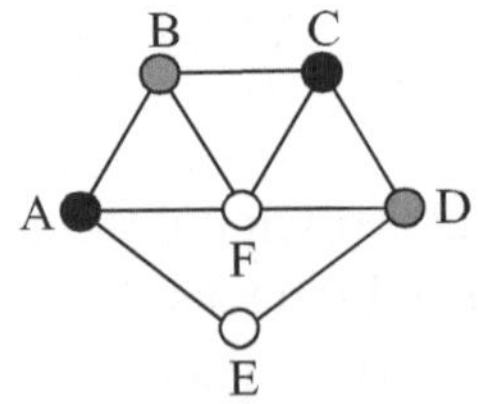

»Sie haben mir gerade gezeigt, dass die Kästchen *A* und *C* die gleiche Zahl enthalten müssen, nämlich die zur Farbe Schwarz. Genauso muss die Zahl zur Farbe Grau in die Kästchen *B* und *D* geschrieben werden. Schließlich können die Kästchen *E* und *F* nur die dritte Zahl enthalten, die der Farbe Weiß entspricht.«

»Und dann?«

»Welche Farbe kann man der Zahl 4 zuordnen?«

»Lassen Sie mich ein paar Sekunden nachdenken... Mir scheint, man hat eigentlich keine Wahl. Ich habe gerade gesagt, dass die Kästchen *D* und *E* keine 4 enthalten können. Daraus schließe ich, dass die Farben Grau und Weiß der Knoten *D* und *E* nicht der Zahl 4 entsprechen. Man kann daher der Farbe Schwarz nur die Zahl 4 zuordnen.«

»Und Sie haben gerade Ihr Sudoku-Problem gelöst. Da die Kästchen *A* und *C* schwarz sind, können sie nur die Zahl 4 enthalten!«

Lei nimmt sich Zeit, um nochmals alle Schritte meiner Argumentation zu überprüfen: »Eine Frage bleibt aber«, sagt sie, »welche Farbe gehört zu den Zahlen 2 und 8?«

»Das weiß ich nicht. Man könnte der Zahl 2 Grau zuordnen und der Zahl 8 Weiß, aber es könnte genauso gut umgekehrt sein. Einzig sicher ist, dass die Zahl 4 der Farbe Schwarz entspricht, wodurch wir diese Zahl in die Kästchen *A* und *C* schreiben können.«

»Ah, Sie sind ja wirklich gut!«

»Sicher ein Zufallstreffer. Ich habe dieses Rad schon verwendet, um den Schuldigen bei einem Raubüberfall zu entlarven.«

»Wenn Sie möchten, kann ich Ihre Fähigkeiten mit einem zweiten Gitter prüfen, über dem ich zwei Stunden lang geschwitzt habe, bevor ich aufgab. Vielleicht haben Sie Lust, einen Lösungsversuch zu unternehmen?«

»Ich nehme gern an. Aber erwarten Sie von mir keine Wunder, obwohl ich mir aus tiefstem Herzen wünsche, Ihnen die Macht der Graphen zu demonstrieren, um den Eindruck zu verbessern, den Sie während Ihres Kurses gewonnen haben.«

»Warten Sie, ich werde das Gitter heraussuchen.«

Lei blättert ihr Büchlein durch und findet schließlich das fragliche Gitter: »Hier ist es.«

	2		9				8	
9						6		3
1	7		8		3			
		5						
7	3							
	9			8				
				2	7	1	9	8

»Danke! Lassen Sie es mich kurz abzeichnen, und ich werde versuchen es zu lösen.«

»Sie werden sehen, man hat beim Hineinschreiben einer Zahl oft die Wahl zwischen zwei Kästchen. Die 8 der 7. Spalte kann zum Beispiel nur in der 4. oder 5. Zeile stehen, weil in der 6. Zeile sowie in der 8. und 9. Spalte schon eine 8 steht.«

»Sie haben recht.«

»Andere Beispiele: Die 9 der 3. Spalte kann nur in einer der letzten beiden Zeilen stehen und mit der 7 der 3. Spalte verhält es sich genauso.«

»Ja, das ist leicht zu erkennen, weil das 3×3-Quadrat unten links die Zahlen 9 und 7 enthalten muss und diese schon weiter oben in den ersten beiden Spalten und weiter rechts in der 7. Zeile erscheinen. Es bleiben also nur die beiden von Ihnen genannten Kästchen für die beiden Zahlen übrig. Solche Situationen sind allerdings häufig bei Sudokus anzutreffen.«

»Ja, aber bei diesem Gitter habe ich den Eindruck, dass es gar nichts anderes gibt. Gut, ich lasse Sie sich damit beschäftigen. Aber Sie werden sehen, es ist nicht leicht zu lösen. Viel Glück!«

Was für ein Vergnügen, diese junge Studentin an meiner Seite zu haben. Durch sie wird meine Reise attraktiver. Aber ich habe jetzt eine Herausforderung zu meistern. Ich muss um jeden Preis vor unserer Landung eine Lösung finden.

Gut fünf Minuten vergehen, bevor ich in Jubel ausbreche. Meine Gedanken wanderten zu meinen Taten der vergangenen Woche, als ich plötzlich wieder an Cindy, die nette Hotelangestellte, dachte, die mit ihrem Zeitplan so unzufrieden war. »Ich glaube, ich kann Sie wieder verblüffen. Ich habe gerade die Lösung Ihres Problems gefunden.«

»Wieder mithilfe der Graphen?«

»Aber ja! Ich kann doch sonst nichts im Leben – oder fast nichts.«

»Nun, wo befindet sich das Rad dieses Mal?«

»Es gibt keins. Ich werde mich wiederum für sechs bestimmte Kästchen interessieren, und zwar die ersten sechs, die in der 3. Spalte nicht ausgefüllt sind. Ich schwärze sie und versehe sie mit den Buchstaben A, B, C, D, E und F.«

	2	A	9				8	
9		B				6		3
1	7	C	8		3			
		5						
7	3	D						
	9	E		8				
		F		2	7	1	9	8

»Da sich diese sechs Kästchen in der gleichen Spalte befinden, wird Ihr Graph sechs Knoten enthalten, die alle miteinander verbunden sind.«

»Um Ihnen die Verschiedenheit der Situationen zu verdeutlichen, die man mit Graphen modellieren kann, werde ich nicht den gleichen Graphen betrachten wie gerade eben. Bevor ich Ihnen aber meine neue Konstruktion erkläre, möchte ich mit Ihnen zusammenfassen, was wir über diese sechs Kästchen wissen. Was haben sie gemeinsam?«

»Ich wüsste nicht, was man groß über sie sagen kann, außer, dass sie keine 5 enthalten können, weil die 5 bereits in der 4. Zeile erscheint.«

»Man kann noch etwas mehr sagen. Als Sie mir das Gitter gaben, damit ich versuche, es zu lösen, wiesen Sie mich darauf hin, dass die beiden letzten Kästchen der 3. Spalte notwendigerweise eine 9 und eine 7 enthalten müssen.«

»Das stimmt, das habe ich vergessen. Ihre sechs Kästchen können daher keine 9 oder 7 enthalten.«

»Wenn ich die Situtaion zusammenfasse, wissen wir, dass die sechs von uns betrachteten Kästchen nur die Zahlen 1, 2, 3, 4, 6 und 8 enthalten können. Und in jedes der sechs Kästchen kommt genau eine dieser sechs Zahlen.«

»Ja, aber für jedes dieser Kästchen gibt es mehrere Möglichkeiten. Nehmen wir das erste Kästchen der Spalte, das Sie mit A bezeichnet haben. Es könnte eine 3, eine 4 oder eine 6 enthalten. Und für die fünf anderen Kästchen, also B, C, D, E und F gibt es jeweils mindestens zwei Möglichkeiten. Man kann folglich daraus nichts schließen.«

»Seien Sie sich da nicht so sicher. Um Sie zu überzeugen, werde ich einen Graphen aus zwei Knotenmengen zeichnen. Auf der einen Seite werde ich die sechs Kästchen A, B, C, D, E und F platzieren, auf der anderen Seite sechs Knoten für die sechs Zahlen, die diese Kästchen füllen sollen, also 1, 2, 3, 4, 6 und 8.«

»Und die Kanten?«

»Ich verbinde einen Knoten der ersten Menge mit einem der zweiten durch eine Kante, wenn das dem Knoten aus der ersten Menge entsprechende Kästchen die dem Knoten der zweiten Menge zugeordnete Zahl enthalten kann.«

»Können Sie mir ein Beispiel geben?«

»Mit Vergnügen! Betrachten Sie das Kästchen A, das – wie Sie festgestellt haben – nur eine 3, eine 4 oder eine 6 enthalten kann. In dem von mir gerade definierten Graphen zeichne ich daher jeweils eine Kante vom Knoten A der ersten Menge zu den Knoten 3,4 und 6 der zweiten Menge.«

»Ich glaube, Ihre Erklärung verstanden zu haben. Lassen Sie mich nochmals überprüfen, ob ich den Graphen zeichnen kann, den Sie mir beschrieben haben.«

Lei widmet sich ihrer Aufgabe und vergewissert sich, jedem der sechs Kästchen die komplette Palette an Möglichkeiten zuzuordnen. Während ich sie beobachte, kann ich es mir nicht verkneifen, mich in der Rolle des Professors zu sehen, der ihr eine Aufgabe im Unterricht gestellt hat. Ich bin überzeugt, dass sie eine brillante und von ihren Dozenten geschätzte Studentin ist. Nachdem sie ihre Zeichnung beendet hat, erklärt sie stolz: »Ich denke, es ist mir gelungen. Man sieht hier nicht allzu viel, da es viele Kanten gibt, aber ich denke, es ist der richtige Graph.

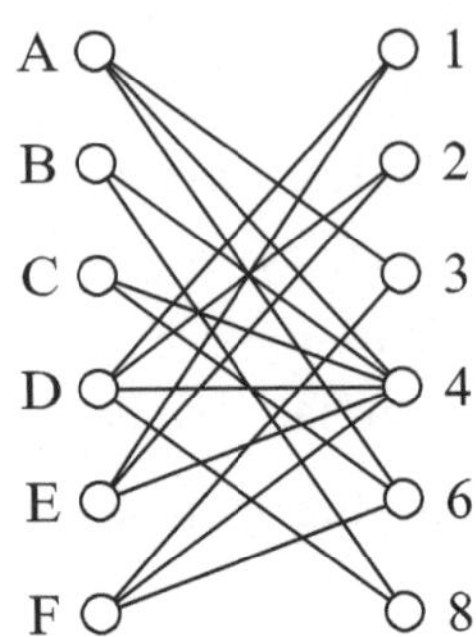

Aber ich verstehe nicht, was uns das bringt. Jeder linke Knoten ist durch Kanten mit mehr als einem rechten Knoten verbunden, was bedeutet, dass man für jedes der Kästchen *A*, *B*, *C*, *D*, *E* und *F* mehr als eine Alternative hat.«

»Ihr Graph ist perfekt und enthält keinen Fehler. Damit Sie allerdings leichter feststellen können, was ich Ihnen verdeutlichen will, muss ich ihn neu zeichnen und dabei die Position der Knoten etwas verändern. In der von Ihnen gewählten Darstellung gibt es für meinen Geschmack zu viele Kanten, die sich schneiden. Beispielsweise hätten Sie den Knoten *A* rechts von den Knoten 1, 2, 3, 4, 6 und 8 platzieren können. Das hätte eine Überschneidung der an *A* liegenden Kanten mit anderen Kanten vermieden.«

»Ich habe meine Knoten in zwei Spalten angeordnet, um die beiden Gruppen zu berücksichtigen, die Sie mir genannt haben: Auf der einen Seite sind die sechs Kästchen, auf der anderen die sechs möglichen Zahlen.«

»Mein Kommentar war keine Kritik. Ich wollte nur meine Präferenz für den Graphen begründen, den ich Ihnen jetzt zeichnen werde. Wenn man auf die zweispaltige Darstellung der Knoten verzichtet, kann man – wie Sie sehen werden – alle Schnittpunkte vermeiden. Zur besseren Orientierung werde ich die Knoten Ihrer linken Spalte schwarz färben, also die den sechs Kästchen *A*, *B*, *C*, *D*, *E* und *F* entsprechenden. Die anderen sechs Knoten für die sechs in die Kästchen zu platzierenden Zahlen färbe ich weiß.«

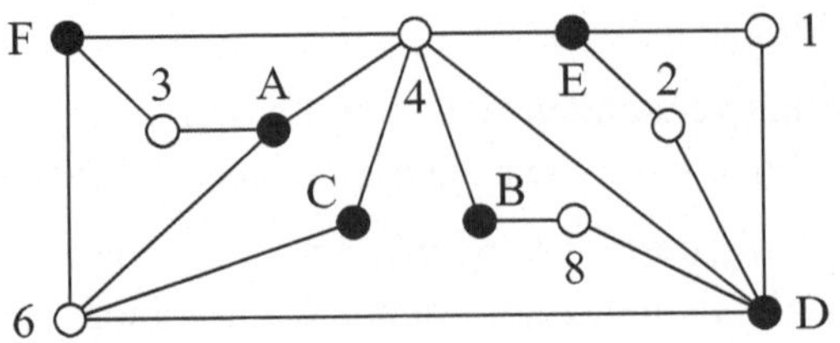

»Sagen Sie mir nicht, dass das der gleiche Graph ist wie meiner!«

»Sie können es selbst überprüfen. Der Knoten A zum Beispiel ist immer noch mit den Knoten 3, 4 und 6 verbunden.«

Lei überprüft, dass jeder schwarze Knoten tatsächlich mit den richtigen weißen Knoten verbunden ist. Nachdem Sie sich davon überzeugt hat, dass alles richtig ist, sagt sie: »Ich gebe zu, Ihr Graph ist leichter darzustellen als meiner. Ich kann immer noch kaum glauben, dass es sich um den gleichen Graphen handelt, den man aus einer einfachen Verschiebung seiner Knoten erhalten hat.

»Ich zeige Ihnen jetzt, dass Kästchen B nur die 8 enthalten kann.«

»Wirklich? Kann man denn nicht auch eine 4 hineinschreiben?«

Ich überlege einen Moment, wie ich ihr das Konzept der *Paarung* erkläre, das ich bereits Despontin und Cindy nähergebracht habe. »Die sechs Kästchen A, B, C, D, E und F auszufüllen bedeutet, Paare aus den linken und rechten Knoten Ihres Graphen zu bilden. Stellen Sie sich vor, die Knoten links seien Männer und die rechts seien Frauen. Ein Mann und eine Frau können nur dann ein Paar bilden, wenn sie durch eine Kante verbunden sind. Das bedeutet, ich kann nur dann eine Zahl in ein Kästchen schreiben, wenn diese Zahl zu den möglichen Alternativen gehört. Da zum Beispiel das Kästchen A nur eine 3, eine 4 oder eine 6 enthalten kann, kann ich aus A nur ein Paar machen, indem ich ihm eine 3,4 oder 6 zuordne.«

»Jeder Knoten kann also nur zu einem Paar gehören, denn ich kann in jedes Kästchen nur eine Zahl schreiben, und jede Zahl kann nur in einem der Kästchen A, B, C, D, E und F vorkommen.«

»Sie haben meinen Gedankengang perfekt verstanden. Es ist wie im echten Leben, wo Männer und Frauen auch nicht mehr als eine Person auf einmal heiraten können.«

»Wenn ich Ihrem Gedankengang immer noch richtig folge, ist ein Paar in Ihrem zweifarbigen Graphen eine Kante mit einem schwarzen und einem weißen Ende.«

»Bravo, ich gebe Ihnen eine 1^+.«

»Danke, das ist sehr nett, aber worauf wollen Sie eigentlich damit hinaus?«

»Ich kann Ihnen jetzt auf zwei verschiedenen Wegen beweisen, dass Knoten B nur mit dem weißen Knoten ein Paar bilden kann, der die Zahl 8 trägt.«

»Fangen Sie doch schon mal mit einer der Erklärungen an.«

»Die Knoten A, C und F können nur mit den Knoten 3, 4 und 6 Paare bilden. Da ich nur drei mögliche Zahlen für drei Kästchen habe, kann ich daraus schließen, dass diese Zahlen nicht anderen Kästchen zugeordnet werden können. So kann beispielsweise, anders als es auf den ersten Blick scheint, die Zahl 4 nicht in die Kästchen B oder E geschrieben werden.«

»Es bleibt also nur die Zahl 8 für das Kästchen B.«

»Genau. Wenn ich die Knoten *A*, *C*, *F*, 3, 4 und 6 aus dem Graphen streiche, erhalte ich die Menge der Möglichkeiten, die für die Verteilung der Zahlen 1, 2 und 8 in die Kästchen *B*, *D* und *E* bleiben.

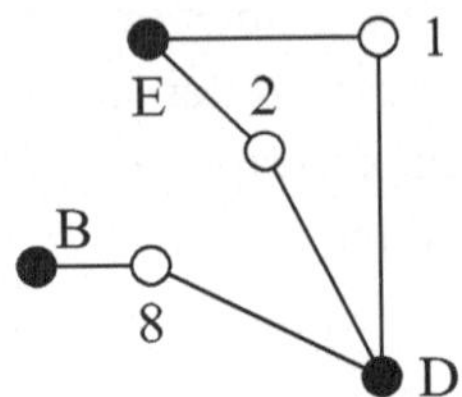

Man sieht deutlich, dass das Kästchen *B* nur mit der Zahl 8 gepaart werden kann.«

»Bravo, Sie sind wirklich sensationell. Ist denn Ihr zweiter Beweis völlig anders als der erste?«

»Überhaupt nicht! Konzentrieren wir uns einen Moment auf die Knoten mit den Zahlen 1 und 2. Diese beiden Zahlen können nur mit *D* und *E* gepaart werden. Aus der Tatsache, dass ich für zwei Zahlen nur zwei mögliche Kästchen habe, kann ich schließen, dass die Kästchen *D* und *E* nur eine 1 oder eine 2 enthalten können.«

»Daher also kann die Zahl 4 nicht ins Kästchen *E* geschrieben werden.«

»Ja, wirklich interessant ist hier aber, dass Kästchen *D* keine 8 enthalten kann. Lässt man die Knoten *D*, *E*, 1 und 2 des Graphen weg, kann man die verbleibenden Möglichkeiten für die Verteilung der Zahlen 3, 4, 6 und 8 in die Kästchen *A*, *B*, *C* und *F* veranschaulichen.

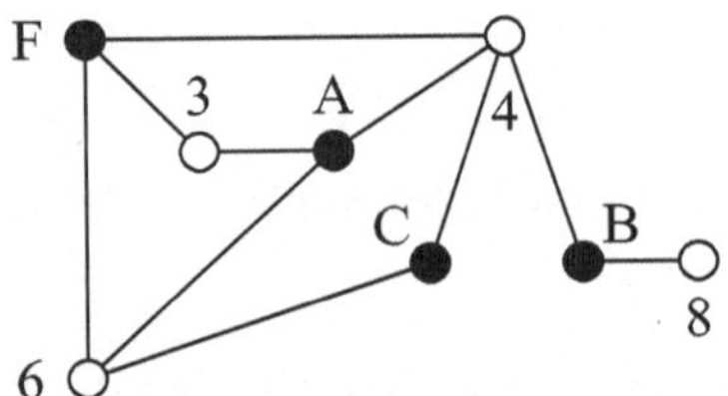

Man sieht deutlich, dass die Zahl 8 nur mit dem Kästchen *B* gepaart werden kann.«

»Sie verblüffen mich wirklich. Ich glaube, wenn ich Sie damals als Professor in meinem Graphenkurs gehabt hätte, wäre meine Meinung zur Nützlichkeit dieses Modellierungswerkzeugs eine andere gewesen.«

»Hätten Sie an der COPS-Tagung in Lausanne teilnehmen können, würden Sie die Macht der Graphen ganz sicher nicht mehr anzweifeln.«

»Haben Sie dort über die Verwendung der Graphen in Ihren Ermittlungen berichtet?«

»Ich habe tatsächlich einige graphenbasierte Informatik-Tools präsentiert, die uns bei unseren Ermittlungen helfen können. Aber vor allem ist es mir gelungen, die Schuldigen in einer Diebstahlsache und bei einem Raub zu benennen. Und ich habe sogar einen Betrüger in einer Erbangelegenheit entlarvt.«

»All das mithilfe der Graphen?«

»Ja, und genau dies ist der Grund, weshalb man mich auch ›Graf der Graphen‹ nennt.«

»Weil Sie die Übeltäter mithilfe der Graphen ergreifen?«

»Genauso ist es. In den vergangenen Tagen haben mir die Graphen auch ermöglicht, eine Maus wieder einzufangen, die aus ihrem Käfig geflüchtet war. Ich habe einer Hotelangestellten das Lächeln wiedergegeben und einem Freund und seiner Familie anderthalb Stunden Schlaf geschenkt.

»Beeindruckend. Sie müssen unbedingt ein Buch schreiben, das von Ihren Taten erzählt. Es wird eine gute Werbung für Ihre Graphen sein. Ich würde es ›Der Graf der Graphen‹ nennen, nach Ihrem Spitznamen.«

»Das ist eine gute Idee, darüber sollte ich ernsthaft nachdenken.«

Das Ende der Reise war sehr angenehm. Ich habe weiter mit meiner Sudoku-Nachbarin diskutiert und ihr einige Ratschläge zur Fortsetzung ihres Studiums gegeben. Wir sind planmäßig auf dem Flughafen Pierre Elliott Trudeau gelandet und ich habe in Rekordzeit mein Gepäck wiederbekommen. Ich begebe mich jetzt zum Ausgang. Ich bin sicher, dass Isabelle mich seit einer guten halben Stunde dort erwartet. Sie hat bei all ihren Verabredungen solche Angst, zu spät zu kommen, dass sie gewöhnlich lange vorher da ist. Ich bin jetzt direkt vor den Türen zur Ankunftshalle. Sie öffnen sich. Ich lasse meinen Blick über die Menge schweifen und sehe meine liebe Frau, die mir deutlich zuwinkt. Ich beeile mich, sie zu umarmen, ich habe ihr so viel zu erzählen.

Den Ganoven der Stadt Montréal und Umgebung kann man die Warnung zukommen lassen: Der Graf der Graphen ist wieder im Lande.

Anmerkungen des Autors

Ich habe viele Dinge mit Maurice Manori gemein, den man Graf der Graphen nennt. Ich habe in der Schweiz studiert, ich wohne in Montréal, aber vor allem umgeben mich die Graphen seit ungefähr 25 Jahren. Diese Disziplin der angewandten Mathematik ist der Hauptgegenstand meiner Arbeit. Die Graphen dienen mir dazu, die vielfältigsten Situationen zu modellieren. Und genau das wollte ich demonstrieren, als ich dieses Buch schrieb, in dem es meinem Grafen der Graphen gelingt, der Reihe nach scheinbar sehr unterschiedliche Probleme zu lösen, denen jedoch ihre Darstellung mithilfe von Knoten und Kanten gemein ist.

Die Graphentheorie wird im Allgemeinen an Universitäten gelehrt, manchmal auch auf dem Gymnasium. Studierende der Naturwissenschaften oder der Mathematik können übrigens die zu diesem Buch verfügbaren mathematischen Anmerkungen nutzen, um die Verwicklungen aus diesem Buch als Fingerübungen in ihre Fachsprache zu übertragen. Beim Schreiben dieses Buches war es meine Absicht, einen Überblick über die Theorie einem größeren Publikum zugänglich zu machen und so dazu beizutragen, etwas mehr Graphen unter die Leute zu bringen. Ich habe mir vorgenommen, so wenige Fachbegriffe wie möglich zu verwenden, sodass ich bildhafte Beschreibungen der am Ende übergenauen wissenschaftlichen Fachsprache vorgezogen habe. Im Kapitel über den Kapuzenmann habe ich beispielsweise von Rädern eines Fahrrads mit fünf Speichen gesprochen, die vom Mittelpunkt ausgehen. Ein Graphentheoretiker hätte eher die Worte ›induzierter Teilgraph aus einem Kreis der Länge 5 ohne Sehne sowie einem Knoten, der zu allen Knoten des Kreises benachbart ist‹ verwendet.

Wenn mich jemand bittet, ein Problem zu lösen, dann kann ich es mir nicht verkneifen, nach einem Graphen zu suchen, der mich in die Lage versetzt, eine elegante Lösung vorzuschlagen. Ich hoffe, dass es mir mit diesem Buch gelungen ist zu zeigen, dass die Graphen allgegenwärtig sind. Mein Inspektor Manori fasst seinen Aufenthalt in Lausanne gegenüber seiner Flugzeugnachbarin zusammen, indem er ihr erzählt, dass es ihm dank der Graphen geglückt sei, die Schuldigen in einer Diebstahlssache und bei einem Raub zu benennen, einen Betrüger in einer Erbangelegenheit zu entlarven, eine Maus wieder einzufangen, die aus ihrem Käfig geflüchtet war, einer Angestellten ihr Lächeln wiederzugeben und einer Familie anderthalb Stunden Schlaf zu schenken. Tatsächlich hat er auch einem Sudoku-Lehrling geholfen, einige Kästchen auszufüllen, und sogar seinem Freund Courtel den für Marseiller typischen Hang zur Übertreibung nachgewiesen, als dieser ihm seine Villa im Hotel Bellevue beschrieb.

Am meisten wünsche ich mir, dass Sie nach der Lektüre dieses Buches feststellen, dass Sie unbewusst enorm dazugelernt haben. Wenn es mir gelungen ist, Ihnen die wissenschaftlichen Begriffe verständlich zu machen und Ihre Neugier zu wecken, dann habe ich meine Wette gewonnen und Sie haben das Nützliche mit dem Angenehmen verbinden können.

Manche Leser wollen nun möglicherweise mehr über Graphentheorie erfahren. Vielleicht ist es mir wirklich gelungen, Ihre Neugier zu wecken. In diesem Fall sollen Sie die folgenden Informationen auf Publikationen aufmerksam machen, anhand derer Sie Ihr Wissen auf diesem Gebiet vertiefen und vervollständigen können.

Zunächst erscheint es mir wichtig, auf einige Bücher zu verweisen, in denen alle Konzepte, dank derer es Manori gelingt, seine Probleme und Ermittlungen aufzulösen, in einer formalen Art beschrieben werden. Ich bin es mir schuldig, mit *dem* Werk über die Einführung in die Graphentheorie [Ber58] zu beginnen, das 1958 von dem französischen Mathematiker Claude Berge geschrieben wurde, der wesentlich zur Entwicklung dieser Theorie beigetragen und die französische Forschung auf diesem Gebiet geprägt hat. Ich habe mich selbst anhand dieses Buches mit den Graphen vertraut gemacht.

Claude Berge, gestorben am 30. Juni 2002, war zudem ein bekannter Schriftsteller und Bildhauer. Er hat unter anderem eine kriminalistische Novelle [Ber94] geschrieben, in welcher der Mörder mithilfe der Graphentheorie überführt wird. Genau diese Novelle hat mich beim Schreiben des 3. Kapitels inspiriert. Als ich in Kanada meine erste Vorlesung über Graphentheorie hielt, habe ich meinen Studenten dieses kriminalistische Rätsel vorgestellt, das sich Claude Berge ausgedacht hat. Um die Probleme, die ich meinen Studenten vorstelle etwas zu variieren, habe ich später angefangen, mir andere Rätsel auszudenken, die ich nun schließlich in diesem Werk vereine. Ich habe sie in eine Geschichte eingebunden und die Figur Maurice Manori erschaffen, kriminalistischer Spezialist in Graphentheorie.

Heutzutage ist es leider schwierig, sich Claude Berges Werk [Ber58] zu verschaffen. Jedoch existieren zahlreiche andere Werke, die sich der Einführung in die Graphentheorie widmen. Die Wissenschaftssprache ist vorrangig Englisch und nicht Französisch oder Deutsch, weshalb die Bücher, auf die ich nachfolgend verweisen werde, in Englisch geschrieben sind. Besonders liebe ich das Buch von Douglas Brent West aus dem Jahr 2001 [Wes01]. Es ist sehr umfassend und ermöglicht einen ziemlich tiefen Einblick in alle Konzepte, derer sich mein Graf der Graphen bedient.

Im Folgenden werde ich dem interessierten Leser einige Erläuterungen und zusätzliche Hinweise geben, die es ihm bei Bedarf erlauben, sein Wissen in Spezialgebieten der Graphentheorie zu vertiefen. Im 1. Kapitel habe ich oft von der ›Anzahl der Kanten, die an einem Knoten liegen‹ gesprochen. Diese Anzahl heißt ›Grad‹ eines Knotens. Die Gruppen, welche die Organisatoren der COPS-Tagung bilden wollten, sollten sich aus 15 Knoten vom Grad 7 zusammensetzen. Eine wohlbekannte Eigenschaft in der Graphentheorie ist der Umstand, dass die Summe der Knotengrade immer eine gerade Zahl ist, weil diese Summe gleich dem Doppelten der Anzahl der Kanten in diesem Graphen ist. Manori konnte daher leicht zeigen, dass die gewünschte Aufteilung in Gruppen unmöglich war, weil die Summe der Knotengrade einer Gruppe 7 mal 15 gleich 105 ist, was keine gerade Zahl ist.

Das 2. Kapitel ist den ›planaren‹ Graphen gewidmet. Es handelt sich dabei um Graphen, die man in einer Ebene zeichnen kann, ohne dass sich ihre Kanten überschneiden. Wenn man einen Graphen zeichnet, dessen Kanten sich überschneiden, bedeutet das nicht, dass dieser Graph nicht planar ist. Es kann nämlich sein, dass man durch Verschieben der Knoten alle Überschneidungen vermeiden kann. Ein gutes Beispiel wird im letzten Kapitel gegeben, wo Manori das zweite Sudoku-Gitter zu lösen versucht. Der erste Graph, den der Sudoku-Lehrling Lei angibt, enthält viele Überschneidungen. Die Kante zwischen dem Knoten *A* und dem Knoten 3 schneidet zum Beispiel vier Kanten, und zwar die Kanten zwischen *D* und 1, *D* und 2, *E* und 1 sowie *E* und 2. Manori zeichnet dann eine andere Darstellung desselben Graphen, in der alle Überschneidungen vermieden werden. Der von Lei gezeichnete Graph ist also planar.

Die planaren Graphen wurden schon von dem Schotten Francis Guthrie im Jahr 1852 populär gemacht, als er sich fragte, ob es möglich sei, alle geographischen Karten mit nur vier Farben zu färben, ohne dass zwei Länder mit einer gemeinsamen Grenze dieselbe Farbe haben. Wenn man jedes Land durch einen Knoten darstellt und zwei Knoten genau dann durch eine Kante verbindet, wenn sie eine Grenze gemeinsam haben, erhält man einen planaren Graphen. Francis Guthrie wollte also wissen, ob es immer möglich ist, die Knoten eines planaren Graphen zu färben, indem man nur vier Farben verwendet, wobei die einzige Bedingung darin besteht, dass die Enden jeder Kante verschieden gefärbt sein müssen (was äquivalent zu der Forderung ist, dass Länder mit einer gemeinsamen Grenze verschiedene Farben haben). Erst 1976 gelang es Kenneth Appel und Wolfgang Haken zu zeigen, dass vier Farben immer ausreichen [AH89]. Dieser Beweis machte intensiv von Computern Gebrauch, und es ist unmöglich, per Hand zu überprüfen, dass alle vom Computer betrachteten Fälle keinen Fehler aufweisen. Die Gemeinschaft der Mathematiker ist gegenwärtig in zwei Lager gespalten, nämlich in diejenigen, die diesen Nachweis als endgültig akzeptieren, und in diejenigen, die glauben, dass noch etwas zu tun bleibt. Große Anstrengungen wurden unternommen, um diesen Beweis zu vereinfachen. Eine kürzere Version wurde in [RSST97] veröffentlicht.

Planare Graphen waren schon Gegenstand zahlreicher Studien lange bevor Francis Guthrie seine Frage nach der Färbung stellte. Wie im 2. Kapitel erwähnt, hat zum Beispiel der berühmte Schweizer Mathematiker Leonhard Euler im Jahr 1736 gezeigt, dass zwischen der Anzahl der Knoten, der Anzahl der Kanten und der Anzahl der Flächen eines planaren Graphen eine Relation besteht. Der an planaren Graphen interessierte Leser kann viel dazulernen, wenn er zum Beispiel das Buch von Nishezki und Chiba [NC88] zur Hand nimmt.

Das 3. Kapitel befasst sich mit einer besonderen Klasse von Graphen, die man ›Intervallgraphen‹ nennt. Es handelt sich dabei um Graphen, welche die Überschneidungen einer Menge von Intervallen über der reellen Achse darstellen. Jeder Knoten stellt ein Intervall der Menge dar, und zwei Knoten sind durch eine Kante verbunden, wenn sich die beiden zugehörigen Intervalle überschneiden. Mithilfe dieser Graphen gelingt es in der Novelle von Claude Berge [Ber94], den Mörder des Herzogs von Densmore zu entlarven. Der von Manori gelöste Fall ist etwas komplexer als der, den sich Claude Berge ausgedacht hat, er bedient sich aber derselben Eigenschaft von Intervallgraphen, dass nämlich darin kein Kreis mit mehr als drei Knoten ohne Abkürzung existiert. Man hat daher weder ein Viereck, noch ein Fünfeck, noch ein Sechseck usw. Aufgrund der Tatsache, dass es in dem Graphen, der den Zeugenaussagen der Verdächtigen entspricht, Vierecke gibt, kann Manori Madame Tait des Diebstahls überführen. Der interessierte Leser, der mehr über diese Art von Graphen erfahren möchte, kann die beiden Bücher [Fis85] und [Tro92] zu Rate ziehen.

In der Erbangelegenheit von Monsieur Grumbacker (4. Kapitel) beweist Manori, dass der anonyme Anrufer ein Betrüger ist. Dabei bedient er sich Graphen, die man ›Kantengraphen‹ nennt. Es handelt sich dabei um Graphen von Überschneidungen der Kanten eines Graphen. Genauer gesagt, ist ein beliebiger Graph G gegeben, so kann man einen neuen Graphen H konstruieren, in dem die Knoten die Kanten von G darstellen und zwei Knoten in H durch eine Kante verbunden sind, wenn die beiden zugehörigen Kanten in G einen gemeinsamen Endpunkt haben. Eines der ersten wichtigen Resultate bezüglich dieser Klasse von Graphen stammt von Hassler Whitney [Whi32]. Ihm ist es gelungen zu zeigen, dass man bis auf eine Ausnahme den ursprünglichen Graphen G eindeutig rekonstruieren kann, wenn man seinen Kantengraphen H kennt. Im Jahr 1970 hat Beineke [Bei70] gezeigt, dass ein Kantengraph dadurch charakterisiert ist, dass darin genau neun Teilgraphen nicht vorkommen. Mit anderen Worten: Er hat eine Menge von neun Graphen konstruiert, die keine Kantengraphen sind, und er konnte zeigen, dass man, wenn man eine beliebige Teilmenge der Knoten eines Kantengraphen G auswählt und alle Kanten einfügt, die diese Knoten in G verbinden, nie einen der neun Graphen seiner Menge erhält. In der Erbangelegenheit bemerkt Manori, dass der von Bonvin gezeichnete Graph einer der neun Graphen aus Beinekes Liste ist.

Um Cindy im 5. Kapitel ihr Lachen wiederzugeben, verwendet Manori das Konzept der ›Paarung‹ in einem Graphen. Eine Paarung ist einfach eine Menge von Kanten, die keine gemeinsamen Endpunkte haben. Aus der Tabelle der bevorzugten Aufgaben der Hotelangestellten konstruiert Manori einen Graphen, in dem die Angestellten und die Aufgaben durch Knoten dargestellt sind. Ein Knoten, der für eine Angestellte steht, wird durch jeweils eine Kante mit denjenigen ›Aufgaben‹-Knoten verbunden, die in der Präferenzliste der Angestellten vorkommen. Eine Paarung ist in diesem Graphen also eine Zuordnung der Angestellten zu den Aufgaben, sodass jede Angestellte nur jeweils eine Aufgabe übernehmen muss und umgekehrt jede Aufgabe von genau einer Person erledigt wird. Der Graph, den Manori aus der Präferenzliste der Angestellten konstruiert hat, besitzt die Besonderheit, dass alle Paarungen mit neun Kanten zwangsläufig die Kante enthalten, die Cindy das Putzen der Bar zuordnet. Die Paarungen in Graphen waren Gegenstand zahlreicher Studien. Das Buch von Lovász und Plummer [LP86] stellt ein exzellentes Nachschlagewerk dar.

Manori gelingt es im 6. Kapitel, die herumspazierende Maus wiederzufinden, indem er sich eines sehr einfachen Satzes der Graphentheorie bedient, den alle Dozenten ihren Studenten im Allgemeinen bereits nach ein oder zwei Vorlesungen als Übung aufgeben. Wenn man sich von einem Knoten A über die Kanten eines Graphen zu einem Knoten B begibt, so stellt man ziemlich leicht fest, dass man sich genauso oft auf einen Knoten (die Knoten A und B ausgenommen) zubewegt, wie man sich von ihm wegbewegt. Wenn man einen solchen Weg zeichnet, dann ergibt sich daraus, dass der Grad jedes Knotens (Start- und Endknoten ausgenommen) gerade ist, was bedeutet, dass die Anzahl der Kanten, die an ihm liegen, gerade ist.

Um dem Kapuzenman ein Gesicht geben zu können, verwendet Manori im 7. Kapitel das Konzept der Färbung der Knoten eines Graphen. Wir haben darüber schon im Rahmen des 2. Kapitels gesprochen. Obwohl sich Francis Guthrie speziell für die Färbung der Knoten eines planaren Graphen interessierte, die immer mit vier Farben gefärbt werden können, lässt sich dieses Konzept auf alle Graphen übertragen. Es geht immer darum, jedem Knoten eine Farbe so zuzuweisen, dass die beiden Endpunkte einer Kante verschieden gefärbt sind. Zahlreiche Probleme können als Färbungsproblem für die Knoten eines Graphen formuliert werden. In Stundenplanproblemen weist man beispielsweise jeder geplanten Aufgabe einen Knoten zu und verbindet zwei Knoten durch eine Kante, wenn die beiden zugehörigen Aufgaben insofern inkompatibel sind, als dass sie nicht gleichzeitig erledigt werden können. Das Zusammenstellen eines Stundenplans besteht folglich darin, die Knoten eines Graphen zu färben, wobei jede Farbe einer Periode im Stundenplan entspricht. Indem man fordert, dass die Endpunkte einer Kante verschiedene Farben haben, schließt man aus, dass zwei inkompatible Aufgaben ein und derselben Periode zugeordnet werden. In dem Fall mit dem Kapuzenmann steht jeder Knoten für einen Gefangenen, und zwei Knoten sind durch eine Kante miteinander verbunden, wenn die Gefangenen nicht an demselben Ort gearbeitet haben. Da sich die 17 Gefangenen prinzipiell in einer der drei medizinischen Einrichtungen der Stadt Sion aufgehalten haben müssen, sollten theoretisch drei Farben reichen, um alle Knoten dieses Graphen zu färben. Manori ist aufgefallen, dass dies nicht der Fall ist, und es ist ihm gelungen zu zeigen, dass man nur Lambert aus dem Graphen zu streichen braucht (also den Knoten I), wenn man eine Färbung erhalten will, die den Zeugenaussagen nicht widerspricht.

Im Buch von Jensen und Toft [JT95] kann man mehr über Färbungsprobleme erfahren, während sich das Buch von Kubale [Kub04] besonders der Erweiterung und der Verallgemeinerung dieses Konzepts widmet, mit dem Ziel, knifflige Modelle so weit wie möglich an der Realität auszurichten.

Im 8. Kapitel gelingt es Manori zwei Probleme zu lösen, indem er den kürzesten und den längsten Weg bestimmt, auf dem man sich in einem Graphen von einem Knoten zum anderen begeben kann. Das Problem der Flucht der vier Gefangenen ist eigentlich nur eine Variante eines berühmten Rätsels, das man überall im Internet finden kann und dessen Ursprung folglich unbekannt ist. Es dreht sich darum, vier Personen von einem Ufer zum anderen zu bringen. Zur Verfügung steht ein Boot, das nur zwei Personen auf einmal transportieren kann. Manche ersetzen das Boot durch eine baufällige Brücke, die nur das Gewicht von maximal zwei Personen tragen kann. Es ist dunkle Nacht, weshalb eine Fackel gebraucht wird, sodass immer eine Person zurückkehren muss, nachdem zwei Personen die Brücke gemeinsam überquert haben. In meiner Geschichte der Gefangenen wurde die Brücke durch einen Tunnel ersetzt.

Es gibt etliche Methoden, um in einem Graphen in effektiver Weise den kürzesten oder den längsten Weg zu bestimmen. Die bekanntesten Methoden sind sicherlich die Algorithmen von Dijkstra, Bellman und Floyd, die man praktisch in jedem Einführungsbuch über die Graphentheorie findet, wie auch in [Wes01].

Schließlich hilft Manori unserem Sudoku-Lehrling im 9. Kapitel, indem er auf zwei Konzepte der Graphentheorie zurückgreift, die er schon während seines Aufenthalts in Lausanne verwendet hat. Das erste Gitter lässt sich erneut als Färbungsproblem der Knoten eines Graphen betrachten. Die sechs Kästchen, die er auswählt, führen auf einen Graphen, in dem die Knoten aufgrund möglicher Permutationen nicht mit drei Farben in eindeutiger Weise gefärbt werden können. Für das zweite Sudoku-Gitter hat Manori eine Formulierung in der Sprache der Paarung gewählt, wie in der Geschichte mit Cindy. Diesmal können den von ihm gewählten sechs Kästchen sechs Zahlen zugeordnet werden, die in der betrachteten Spalte noch fehlen.

Paarung, Färbung, planare Graphen, Kantengraphen, Intervallgraphen, Knotengrade, das sind Begriffe, die für viele Leute vielleicht abschreckend klingen. Doch ich hoffe, sie attraktiver gemacht zu haben, und ich wünsche mir darüber hinaus, dass es mir gelungen ist, Ihre Neugier auf diesen spannenden Zweig der Mathematik zu wecken, den man Graphentheorie nennt.

Anmerkungen zur ersten deutschen Auflage

Die Literaturhinweise aus dem französischen Original möchten wir an dieser Stelle noch durch einige Verweise auf deutsche Fachliteratur über Graphentheorie ergänzen.

Ein unterhaltsames Einsteigerbuch ist [Nit09]. Es wendet sich vor allem an interessierte Lehrer, Schüler und Studenten, sodass es gut an den Ton unseres Grafen der Graphen anknüpft. An denselben Leserkreis wendet sich das Buch von Hußmann und Lutz-Westphal [HLW07].

Ebenso unterhaltsam und für den populärwissenschaftlich interessierten Leser geeignet ist das Buch von Gritzmann und Brandenburg [GB04]. Wie Inspektor Manori lösen die Helden des Buches, die fünfzehnjährige Ruth und die mysteriöse künstliche Intelligenz Vim, Alltagsprobleme mithilfe der Graphentheorie.

Für Studierende geeignet ist das Buch von Aigner [Aig09], das sich in einem Hauptteil der Graphentheorie widmet. Es enthält zahlreiche Übungsaufgaben mit ausgewählten Lösungen. Auch das Buch von Beutelspacher und Zschiegner [BZ11] wartet mit vielen Übungsaufgaben auf, zu denen am Ende ausführliche Lösungen angegeben sind.

Ein echter Klassiker ist in der deutschsprachigen Literatur das Buch von Denes König [Kö36], ursprünglich aus dem Jahr 1936. Der ungarische Mathematiker, der in Budapest und Göttingen studierte, arbeitete bis zu seinem Tod 1944 intensiv im Bereich der Graphentheorie. Nach ihm ist der berühmte Satz von König benannt.

Abschließend sei erwähnt, dass eines der beiden französischen Werke [Ber58] von Claude Berge auch in einer englischen Übersetzung verfügbar ist [Ber62].

Danksagung

Dieses Buch hätte ohne die Ermutigungen, die Unterstützung und die Mithilfe vieler Menschen nie das Licht der Welt erblickt. Ich denke dabei an erster Stelle an meine Frau Muryel und an meine drei Töchter Anaëlle, Sarah und Céline, die immer an mein Projekt geglaubt haben und deren tagtägliche Unterstützung mir die Kraft gegeben hat, es zu Ende zu führen.

Während ich diese Zeilen schreibe, gedenke ich besonders Claude Berge, der 2002 gestorben ist. Er kam als Erster auf die Idee, eine kriminalistische Novelle zu schreiben, in welcher der Mörder mit Mitteln der Graphentheorie überführt wird. Er war für mich eine Quelle der Inspiration. Möge dieses Werk seinem Angedenken dienen.

Und wie könnte ich Dominique de Werra unerwähnt lassen, der seine Leidenschaft für die Graphen auf mich übertragen hat, als ich an der Eidgenössischen Technischen Hochschule Lausanne sein Student war? Bei ihm habe ich entdeckt, dass man auf unterhaltsame Weise lernen kann, und ich hoffe, dass dieses Buch einen spielerischen Einstieg in die Graphentheorie bietet.

Die von meinem Inspektor Manori gelösten Rätsel existierten zuerst in einer vereinfachten Form, bevor ich sie gesammelt und in eine Geschichte verpackt habe, in die mein Graf der Graphen verwickelt ist. Daher muss ich mich bei den Studenten aus meiner Vorlesung über Graphentheorie bedanken, die mir unwissentlich als Testpersonen für diese Rätsel dienten.

Mein tiefster Dank richtet sich auch an meine fünf Korrekturleser Sivan Altinakar, Jacqueline Chevalier, Sébastien Le Digabel, Patrick Saint-Louis und meine Tochter Anaëlle. Ihre Kommentare, die sie mir nach aufmerksamer Lektüre des ursprünglichen Manuskripts zukommen ließen, gaben mir die Möglichkeit, den Text in seiner Form und in seinem Inhalt zu verbessern. Sie haben wesentlich zur Plausibilität und zur Kohärenz der Rätsel beigetragen. Außerdem haben sie mir geholfen, den Hauptfiguren dieser kriminalistischen Verwicklungen mehr Breite und Tiefe zu verleihen.

Ich möchte auch dem gesamten Team des Verlages Presses internationales Polytechnique unter der Leitung von Constance Forest danken. Die beispielhafte Professionalität, insbesondere die von Martine Aubry, hat eine makellose Gestaltung dieses Werkes ermöglicht. Dazu zählt das Cover, das von den Graphikerinnen Caroline Desrosiers und Amélie Fleurant entworfen und in fabelhafter Weise umgesetzt wurde.

Es freut mich, dass die deutsche Ausgabe nun beim Vieweg+Teubner Verlag vorliegt. Ich danke Frau Micaela Krieger-Hauwede und Ines Laue für die hervorragende Übersetzung und Abigail Hauwede für die schönen Illustrationen, die den Anfang jedes Kapitels der deutschen Ausgabe und das Cover (der Graf der Graphen) schmücken.

Schließlich hat sich der Genfer Oberleutnant in dem Fall über den Wettlauf um das Erbe nicht wirklich geirrt, als er einen Silbendreher machte und meinen Graf der Graphen Inspektor Marino nannte. Beim Schreiben dieses Buches hatte ich immer wieder meinen besten Freund Marino Widmer vor Augen, wobei die größte Gemeinsamkeit mit meinem Inspektor nicht sein äußeres Erscheinungsbild ist, sondern vielmehr seine Sorge um den täglichen Telefonanruf bei seiner Frau, wenn er auf Dienstreise ist. Auch wenn ich ihn nicht um Erlaubnis gefragt habe, danke ich ihm, dass ich ihn auf diese Weise zu Papier bringen durfte.

Literaturverzeichnis

[AH89] APPEL, K. und W. HAKEN: *Every Planar Map is Four Colorable*, Band 98. American Mathematical Society, 1989.

[Aig09] AIGNER, M.: *Diskrete Mathematik*. Vieweg+Teubner, Wiesbaden, 6. Auflage, 2009.

[Bei70] BEINEKE, L W.: *Characterizations of Derived Graphs*. Journal of Combinatorical Theory, 9:129–135, 1970.

[Ber58] BERGE, C.: *Théorie des graphes et ses applications*. Dunod, Paris, 1958.

[Ber62] BERGE, C.: *The Theory of Graphs and its Applications*. Methuen London, London, 1962.

[Ber94] BERGE, C.: *Qui a tué le duc de Densmore?* Bibliothèque Oulipienne 67, 1994. Neuauflage. Bordeaux: Castor Astral, 2000.

[BZ11] BEUTELSPACHER, A. und M-A. ZSCHIEGNER: *Diskrete Mathematik für Einsteiger*. Vieweg+Teubner, Wiesbaden, 4. Auflage, 2011.

[Fis85] FISHBURN, P. C.: *Interval Orders and Interval Graphs*. Wiley, New York, 1985.

[GB04] GRITZMANN, P. und R. BRANDENBURG: *Das Geheimnis des kürzesten Weges: Ein mathematisches Abenteuer*. Springer-Verlag, Berlin Heidelberg New York, 3. Auflage, 2004.

[HLW07] HUSSMANN, S. und B. LUTZ-WESTPHAL: *Kombinatorische Optimierung erleben*. Vieweg+Teubner, Wiesbaden, 2007.

[JT95] JENSEN, T. R. und B. TOFT: *Graph Coloring Problems*. Wiley-Interscience Series in Mathematics, New York, 1995.

[Kö36] KÖNIG, D.: *Theorie der endlichen und unendlichen Graphen*. Akademische Verlagsgesellschaft Leipzig, 1936. Neuauflage. American Mathematical Society, 2001.

[Kub04] KUBALE, M. (Herausgeber): *Graph Colorings*, Band 352. Contemporary Mathematics, 2004.

[LP86] LOVÁSZ, L. und M. D. PLUMMER: *Matching Theory*, Band 29. Annals of Discrete Mathematics, 1986.

[NC88] NISHIZEKI, T. und N. CHIBA: *Planar Graphs: Theory and Algorithms*, Band 29. Annals of Discrete Mathematics, 1988.

[Nit09] NITZSCHE, M.: *Graphen für Einsteiger*. Vieweg+Teubner, Wiesbaden, 3. Auflage, 2009.

[RSST97] ROBERTSON, N., D. P. SANDERS, P. D. SEYMOUR und R. THOMAS: *The Four Colour Theorem*. Journal of Combinatorical Theory Series B, 70:2–44, 1997.

[Tro92] TROTTER, W. T.: *Combinatorics and Partically Ordered Sets*. John Hopkins University Press, Baltimore, 1992.

[Wes01] WEST, D. B.: *Introduction to Graph Theory*. Prentice Hall, Upper Saddle River, 2. Auflage, 2001.

[Whi32] WHITNEY, H.: *Congruent Graphs and the Connectivity of Graphs*. American Journal of Mathematics, 54(1):150–168, 1932.